Leander Kahney

Steve Jobs' kleines Weißbuch

Folgende Titel sind bisher in der Financial Times Deutschland Bibliothek erschienen:

Bernard Baumohl
Die Geheimnisse der Wirtschafts-
indikatoren

Michael Brückner
Uhren als Kapitalanlage

Michael Brückner
Megamarkt Luxus

Rolf Elgeti
Der kommende Immobilienmarkt
in Deutschland

Hans Joachim Fuchs
Die China AG

Charles R. Geisst
Die Geschichte der Wall Street

Adrian Gostick / Chester Elton
Zuckerbrot statt Peitsche

Robert L. Heilbroner
Die Denker der Wirtschaft

Leander Kahney
Steve Jobs' kleines Weißbuch

Steffen Klusmann
101 Haudegen der deutschen
Wirtschaft

Steffen Klusmann
Töchter der deutschen Wirtschaft

Dr. Karin Kneissl
Der Energiepoker

Jeffrey K. Liker
Der Toyota Weg

Jeffrey K. Liker / David P. Meier
Praxisbuch „Der Toyota Weg"

Jeffrey K. Liker / David P. Meier
Toyota Talent

Paul Millier
Auf dem Prüfstand

Geoffrey A. Moore
Darwins Erben

Howard Moskowitz / Alex Gofman
Selling Blue Elephants

Peter Navarro
Das komplette Wissen der MBAs

Daniel Nissanoff
FutureShop

J. Porras, S. Emery, M. Thompson
Der Weg zum Erfolg

Joachim Schwass
Wachstumsstrategien für
Familienunternehmen

www.finanzbuchverlag.de/ftd

Leander Kahney

Steve Jobs'
kleines
Weißbuch

Die bahnbrechenden
Managementprinzipien
eines Revolutionärs

FinanzBuch Verlag

Bibliografische Information der Deutschen Bibliothek:
Die Deutsche Bibliothek verzeichnet diese Publikation in der
Deutschen Nationalbibliografie; detaillierte bibliografische Daten
sind im Internet über http://dnb.ddb.de abrufbar.

Übersetzung: Moritz Malsch, Berlin
Lektorat: Magdalena Brnos, Berlin
Covergestaltung: Pamela Günther
Satz und Druck: Druckerei Joh. Walch, Augsburg

Leander Kahney · Steve Jobs' kleines Weißbuch
1. Auflage 2008
© 2008
FinanzBuch Verlag GmbH
Nymphenburger Straße 86
80636 München
Tel.: 089 651285-0
Fax: 089 652096

Den Autor erreichen Sie unter:
kahney@finanzbuchverlag.de

ISBN 978-3-89879-351-3

Weitere Infos zum Thema

www.finanzbuchverlag.de
Gerne übersenden wir Ihnen unser aktuelles Verlagsprogramm

Inhalt

Für meine Kinder Nadine, Milo, Olin und Lyle; meine Frau Tracy;
meine Mutter Pauline und meine Brüder Alex und Chris.
Und Hank, meinen lieben alten Vater, der ein großer Steve-Jobs-Fan war.

Einleitung

„Apple hat einige großartige Vermögenswerte, aber ich glaube,
wenn wir nicht aufpassen, könnte die Firma – ich suche nach
dem richtigen Wort –, könnte sie untergehen."

– Steve Jobs, als er am 18. August 1997 wieder Interim-CEO bei
Apple wurde, im *Time-Magazine*

Steve Jobs schenkt den Pappkartons, in denen seine Produkte verpackt
werden, fast so viel Aufmerksamkeit wie den Produkten selbst. Und das
nicht wegen der Exklusivität oder Eleganz der Verpackungen – obwohl das
Teil davon ist. Für Jobs ist der Vorgang des Auspackens ein wichtiger Teil
der Käufererfahrung, und wie bei allem, was er tut, denkt er vorher sehr
sorgfältig darüber nach.

Jobs sieht die Art und Weise, wie etwas verpackt wird, als eine sehr nützliche Methode, den Konsumenten neue unbekannte Technologien nahe-
zubringen. Nehmen wir zum Beispiel den original Mac, der 1984 ausgeliefert wurde. Bis dahin hatte noch niemand etwas Ähnliches gesehen. Er
wurde über dieses merkwürdige Ding gesteuert – eine Maus – nicht über

eine Tastatur wie andere Computer bis dahin. Um die Benutzer mit der Maus vertraut zu machen, sorgte Jobs dafür, dass diese separat verpackt wurde. Dadurch, dass der Benutzer gezwungen war, die Maus auszupacken, sie in die Hand zu nehmen und anzuschließen, würde ihm die Maus bei der ersten Benutzung nicht mehr ganz so fremd erscheinen. In den folgenden Jahren hat Jobs sorgfältig die „Auspackroutine" für jedes einzelne Apple-Produkt entworfen. Die iMac-Verpackung war so gestaltet, dass es offensichtlich war, wie man den Apparat ans Internet anschloss. Unter anderem war eine Styroporeinlage enthalten, die nur dafür da war, als Stütze für das schmale Benutzerhandbuch zu dienen. Wie die Verpackung kontrolliert Jobs auch jeden anderen Aspekt der Käufererfahrung – angefangen von den Fernsehwerbespots, die das Verlangen nach Appleprodukten stimulieren, bis hin zu den museumsartigen Geschäften, wo die Kunden sie kaufen; von der benutzerfreundlichen Bediensoftware des iPhones bis hin zu den iTunes-Läden im Internet, die es mit Songs und Videos bestücken.

Jobs ist ein Kontrollfreak par excellence. Er ist auch ein Perfektionist, er ist elitär und ein strenger Lehrmeister für seine Angestellten. Den meisten Quellen zufolge ist Jobs fast ein Verrückter. Er wird dargestellt als ein hoffnungsloser Fall, der Leute in Fahrstühlen ihre Kündigung überreicht, Geschäftspartner manipuliert und sich mit den Verdiensten anderer schmückt.[1] Neuere Biografien zeichnen das unvorteilhafte Bild eines Psychopathen, der durch die niederträchtigsten Wünsche geleitet wird: zu kontrollieren, zu dominieren, zu missbrauchen. Die meisten Bücher über Jobs sind eine deprimierende Lektüre. Sie sind voller Verachtung und lesen sich wie Kataloge von Wutanfällen und Missbräuchen. Kein Wunder, dass er sie „Axtschläge" genannt hat. Wo steckt da das Genie dahinter?

Ganz klar: Irgendetwas macht er richtig. Jobs rettete Apple ganz knapp vor dem Bankrott, und in zehn Jahren hat er das Unternehmen größer und effektiver gemacht, als es jemals vorher war. Er hat Apples Jahresumsatz verdreifacht, den Marktanteil des Macs verdoppelt und den Wert der Apple-Aktie um 1300 % gesteigert. Gegenwärtig verdient Apple mehr Geld und

---

1) Deutschman, Alan: *The Second Coming of Steve Jobs.* [Das unglaubliche Comeback des Steve Jobs. Campus Sachbuch, Frankfurt am Main/New York 2001] Broadway, New York 2001, S. 59,197, 239, 243, 254, 294f.; Simon, William L.: *Jeffrey S. Young: iCon: Steve Jobs, The Greatest Second Act in the History of Business.* John Wiley & Sons, New York 2005, S. 212, 213, 254.

liefert mehr Computer aus als jemals zuvor. Dank einer Reihe von erfolgreichen Produkten – und dank eines gigantischen Bestsellers.

Im Oktober 2001 wurde der iPod vorgestellt, der Apple veränderte. Genau wie Apple sich von einem Unternehmen der Ferner-liefen-Ränge in ein kraftstrotzendes globales Unternehmen verwandelte, hat sich der iPod von einem teuren exotischen Luxusartikel zu einer eigenen wichtigen Produktkategorie entwickelt. Unter Jobs' Führung wurde der teure Mac-Player iPod, den viele Leute ablehnten, zu einer Multimilliarden-Dollar-Branche, die Hunderte von Zulieferfirmen und viele Hersteller mit am Leben hielt.

Schnell und rücksichtslos wurden von Jobs immer neuere und bessere Modelle des iPod auf den Markt geworfen. Ein Online-Store wurde hinzugefügt, die Kompatibilität zu Windows hergestellt und um die Möglichkeit, Videos abzuspielen, erweitert. Das Resultat: Bis April 2007 wurden bereits mehr als 100 Millionen Stück verkauft, knapp die Hälfte seiner explodierenden Einnahmen. Das iPhone, ein iPod zum Telefonieren und zum Surfen im Internet, scheint schon der nächste Verkaufsschlager zu werden. Obwohl es erst im Juni 2006 eingeführt wurde, verändert das iPhone jetzt schon das riesige Handygeschäft radikal. Bereits jetzt teilen Experten das Handyzeitalter in zwei Perioden; die vor und die nach dem iPhone.

Betrachten wir einige Zahlen. Bis heute (November 2007) hat Apple bereits weit mehr als 100 Millionen iPods verkauft, und es ist realistisch, dass diese Zahl Ende 2008 bei 200 Millionen und Ende 2009 bei 300 Millionen liegen wird. Einige Analysten vermuten, dass Apple 500 Millionen iPods verkaufen kann, bis der Markt gesättigt ist. Damit ist der iPod ein Kandidat für den größten Verkaufsschlager im Bereich der Consumer Electronics aller Zeiten. Der gegenwärtige Rekordhalter, der Walkman von Sony, wurde während seiner 15-jährigen Alleinherrschaft in den 80er- und frühen 90er-Jahren 350 Millionen Mal verkauft.

Auf dem MP3-Player-Markt hält Apple ein Monopol, das an Microsoft erinnert. In den USA hat der iPod einen Marktanteil von nahezu 90 Prozent: neun von zehn MP3-Playern sind iPods.[2] Drei Viertel aller Autos des

---

2) Booth, Cathy: „Steves Job: Restart Apple". In: Time, 18. August 1997. (http://www.time. com/time/magazine/article/0,9171,986849,00.html)

Modelljahrgangs 2007 bieten die Möglichkeit, einen iPod anzuschließen. Nicht einen MP3-Player, sondern einen iPod. Apple hat 600 Millionen Exemplare seiner iTunes-Jukebox-Software unter die Leute gebracht, und der iTunes-Online-Store hat drei Milliarden Songs verkauft. „Wir sind selbst ziemlich erstaunt darüber", sagte Jobs bei einer Pressekonferenz im August 2007, bei welcher Gelegenheit er diese Zahlen bekannt gab. Der iTunes Music Store verkauft fünf Millionen Songs pro Tag – 80 Prozent aller online verkauften Musik. Der Online-Shop ist der drittgrößte Musikeinzelhändler in den USA, knapp hinter Wal-Mart und Best Buy. Bis Sie das hier lesen, haben sich die Zahlen wahrscheinlich verdoppelt, und aus dem iPod ist eine unaufhaltsame Dampfwalze geworden, mit der nicht einmal Microsoft konkurrieren kann.

Kommen wir nun zu Pixar. 1995 produzierte Jobs' kleines privates Filmstudio den ersten vollständig computeranimierten Film „Toystory". Dies war der erste in einer ganzen Reihe von Kinohits, die jährlich herauskamen. Jedes Jahr, regelmäßig und zuverlässig wie ein Uhrwerk. Disney kaufte Pixar 2006 für gigantische 7,4 Milliarden Dollar. Dies ist besonders wichtig, weil es Jobs zu Disneys größtem Einzelaktionär und damit zur wichtigsten Nervensäge in Hollywood machte. „Er ist der Henry J. Kaiser oder der Walt Disney seiner Zeit"[3], sagte Kevin Starr, Kulturgeschichtler und Chef der kalifornischen Staatsbibliothek.

Jobs kann eine bemerkenswerte Karriere vorweisen. Er hat einen riesigen Einfluss auf Computer, auf die Kultur und natürlich auf Apple. Ach ja, er ist ein Selfmade-Milliardär, einer der reichsten Männer der Welt. „In dem Computersegment, das wir Personal Computer nennen, war und ist er der einflussreichste Innovator", sagt Gordon Bell, der legendäre Informatiker und herausragende Computerhistoriker.[4]

Eigentlich hätte Jobs vor Jahren von der Bildfläche verschwinden sollen – und zwar 1985, um genau zu sein –, als er nach einem missglückten Machtkampf gezwungen wurde, Apple zu verlassen.

---

3) Markoff, John: „Oh, Yeah, He Also Sells Computers". In: New York Times, 25. April 2004.
4) Private E-mail von Gordon Bell, November 2007.

Steve wurde im Februar 1955 in San Francisco als Sohn zweier unverheirateter College-Studenten geboren, die ihn eine Woche nach seiner Geburt zur Adoption freigaben. Er wurde von Paul und Lara Jobs adoptiert, einem Arbeiterehepaar, das bald darauf nach Mountain View in Kalifornien, einem ländlich geprägten Städtchen voller Obstgärten, umzog. Dieses blieb allerdings nicht lange ländlich – Silicon Valley wuchs dort langsam aber sicher heran.

Während seiner Schulzeit wurde aus Steven Paul Jobs, der nach seinem Adoptivvater, einem Maschinisten, benannt war, fast ein Krimineller. Er sagte, sein Lehrer in der 4. Klasse rettete ihn, indem dieser Lehrer ihn mit Geld und Süßigkeiten bestach. „Ich wäre definitiv im Gefängnis gelandet", sagte er. Ein Nachbar führte ihn in die Wunderwelt der Elektronik ein, indem er ihm Heathkits schenkte (Hobby-Elektronik-Bausätze), die ihn das Innenleben verschiedener Produkte verstehen ließ. Selbst komplexe Dinge wie Fernseher waren ihm nun nicht mehr rätselhaft. „Diese Dinge waren kein Geheimnis mehr für mich", sagte er. „Ich sah, dass es sich dabei um Erfindungen von Menschen handelte und dass keine Magie im Spiel war."[5]

Jobs leibliche Eltern stellten bei seiner Freigabe zur Adoption die Bedingung, dass er später würde studieren können, aber nach dem ersten Semester flog er aus dem Reed-College in Oregon. Allerdings besuchte er inoffiziell weiter Kurse, die ihn interessierten, wie z. B. Kalligraphie. Da er absolut pleite war, recycelte er Cola-Flaschen, übernachtete bei Freunden auf dem Fußboden und aß im örtlichen Hare-Krishna-Tempel kostenlos. Er experimentierte mit einer reinen Apfeldiät rum, von der er hoffte, dass sie ihm das Waschen ersparen würde. Sie tat es nicht.

Jobs kehrte nach Kalifornien zurück und nahm für kurze Zeit einen Job bei Atari an, einem der ersten Hersteller von Computerspielen, um so Geld für eine Indienreise zusammenzusparen. Er kündigte jedoch sehr schnell und machte sich zusammen mit einem Kindheitsfreund auf die Suche nach Erleuchtung.

---

5) Morrow, David: „Steve Jobs". In: Smithsonian Institution Oral and Video Histories, 20. April 1995. (http://americanhistory.si.edu/collections/comphist/sji.html)

Nach seiner Rückkehr verbrachte er seine Zeit mit einem anderen Freund: Steve Wozniak, einem Elektronikgenie, der nur zum Spaß seinen eigenen privaten PC baute, aber kein Interesse daran hatte, ihn zu verkaufen. Jobs hatte andere Pläne. Zusammen gründeten sie Apple Computer Inc. in Jobs' Schlafzimmer, und bald darauf schraubten sie mit ein paar anderen Teenagern in der Garage seiner Eltern Computer per Hand zusammen, Um ihr Geschäft zu finanzieren, verkaufte Jobs seinen VW-Bus und Wozniak seinen Taschenrechner. Jobs war 21, Wozniak 26.

Apple sprang gerade noch auf den Zug der frühen PC-Revolution auf und hob ab wie eine Rakete. Der Börsengang 1980 war der größte seit dem von Ford 1956 und machte aus den Angestellten, die Aktienoptionen besaßen, auf einen Schlag Multimillionäre. 1983 stieg Apple als Nummer 411 in die Fortune-500-Liste ein, der schnellste Aufstieg einer Firma in der Wirtschaftsgeschichte. „Ich besaß knapp über eine Million Dollar, als ich 21 war, über zehn Millionen Dollar mit 24 und 100 Millionen mit 25, doch all das war nicht wichtig, weil ich es nie für Geld tat", sagte Jobs.

Wozniak war das Hardwaregenie, der Chipingenieur, aber Jobs sah den Gesamtzusammenhang. Dank Jobs' Ideen im Bereich Design und Werbung wurde aus dem Apple II der erste erfolgreiche Computer für den Massenmarkt – was Apple zum Microsoft der frühen 80er-Jahre machte. Doch das langweilte Jobs, und er wandte sich dem Mac zu, der ersten kommerziellen Anwendung der revolutionären graphischen Benutzeroberfläche, die in Computerlaboratorien entwickelt worden war. Jobs erfand die graphische Benutzeroberfläche, die heute in fast jedem Computer benutzt wird, einschließlich der vielen Millionen von Bill-Gates-Windows-PCs, nicht, aber er brachte sie auf den Massenmarkt, denn das war von Anfang an Jobs' erklärtes Ziel: benutzerfreundliche Technologie für das größtmögliche Publikum zu produzieren.

1985 wurde Jobs von Apple herausgeschmissen, weil er unproduktiv und völlig außer Kontrolle geraten war. Nachdem er den Machtkampf mit dem damaligen CEO John Sculley verloren hatte, kündigte Jobs, bevor er herausgeschmissen werden konnte. Er sann auf Rache und gründete NeXT, mit dem Ziel, hochmoderne Computer an Schulen zu verkaufen und Apple so das Geschäft zu vermiesen. Für zehn Millionen Dollar kaufte er außerdem eine schwächelnde Computergrafikfirma von dem Star-Wars-

Regisseur George Lucas, der Bargeld für seine Scheidung brauchte. Er benannte die Firma in Pixar um und päppelte das ums Überleben kämpfende Unternehmen zehn Jahre lang mit 60 Millionen Dollar seines privaten Vermögens auf, bis es am Ende einen Kinohit nach dem anderen produzierte und Hollywoods erstes Animationsstudio wurde.

NeXT hingegen kam nie auf die Beine. In acht Jahren verkaufte das Unternehmen nur 50.000 Computer und musste am Ende das Hardwaregeschäft aufgeben, um sich darauf zu konzentrieren, Software für Nischenkunden wie die CIA zu produzieren. An dieser Stelle hätte Jobs aus der Öffentlichkeit verschwinden können. Nach dem Scheitern von NeXT hätte Jobs seine Memoiren schreiben und Risikokapitalgeber wie viele andere vor ihm werden können. Aber rückblickend war NeXT ein erstaunlicher Erfolg, denn die NeXT-Software war am Ende der Grund für Jobs' Rückkehr zu Apple, und sie wurde zur Grundlage mehrerer Schlüsselinnovationen von Apple, insbesondere für das hochangesehene und einflussreiche Betriebssystem Mac OXS.

Jobs' Rückkehr zu dem Unternehmen 1996, das erste Mal seit elf Jahren, dass er seinen Fuß auf den Cupertino-Campus setzte, wurde zum großartigsten Comeback in der Wirtschaftsgeschichte. „Apple hat den Vorhang zum wahrscheinlich bemerkenswertesten zweiten Akt, der je in der Welt der Technologie gespielt wurde, geöffnet", verriet Eric Schmidt, Googles CEO dem *Time Magazine.* „Die Wiederauferstehung des Unternehmens ist einfach phänomenal und wahrlich beeindruckend."[6]

Jobs machte einen geschickten Schachzug nach dem anderen. Der iPod ist ein Hit, und das iPhone scheint auch einer zu werden. Sogar der Mac, einstmals abgeschrieben als teures Spielzeug für ein Nischenpublikum, legt ein rauschendes Comeback auf die Bühne. Der Mac, wie Apple selbst, ist jetzt so richtig im Mainstream angekommen. In zehn Jahren hat Jobs kaum einen Fehler gemacht. Außer einem großen. Er übersah Napster und die digitale Musikrevolution im Jahr 2000. Während die Kunden CD-Brenner wollten, stellte Apple iMacs mit DVD-Laufwerken her und be-

---

6) Caplan, Jeremy: „Google's Chief Looks Ahead". In: Time, 2. Oktober 2006. (http://www.time.com/time/business/article/0,8599,1541446,00.html)

warb diese als Videobearbeitungsgeräte. „Ich war ein Idiot", verriet er dem
Fortune-Magazin.[7]

Natürlich war nicht alles genauestens von Jobs geplant. Jobs hatte auch
Glück. Eines frühen Morgens im Jahr 2004 offenbarte eine ärztliche Untersuchung einen Tumor in seiner Bauchspeicheldrüse. Es war ein Todes-
urteil. Bauspeichelkrebs führt sicher und schnell zum Tod. „Mein Arzt riet
mir, nach Hause zu gehen und meine Angelegenheiten zu regeln, was so
viel bedeutet wie: Bereiten Sie sich aufs Sterben vor", sagte Jobs. „Es bedeutet, seinen Kindern möglichst alles in ein paar Monaten zu sagen, was
man ihnen eventuell in den nächsten zehn Jahren hätte sagen wollen. Es
bedeutet, sicherzustellen, dass alles erledigt ist, damit es für die Familie so
einfach wie möglich wird. Es bedeutet, Abschied zu nehmen." Doch am
Abend desselben Tages zeigte sich bei einer histologischen Untersuchung,
dass der Tumor einer extrem seltenen Krebsart zuzuordnen war, die man
operativ behandeln kann. Jobs wurde also operiert.[8]

Heute ist Jobs in seinen Fünfzigern und lebt zurückgezogen mit seiner
Frau und seinen vier Kindern in einem großen prunkvollen Haus in einer
Vorstadt von Palo Alto. Er ist Buddhist und Fischvegetarier und läuft oft
barfuß zum Bioladen an der Ecke, um Obst oder etwas Süßes zu kaufen. Er
arbeitet viel und macht gelegentlich Urlaub auf Hawaii. Sein Jahresgehalt
beträgt einen Dollar, aber er wird durch seine Aktienoptionen immer rei-
cher – dieselben Optionen, die ihm fast Ärger mit der SEC (der US-Börsenaufsicht) beschert hätten –, und er fliegt in seinem persönlichen 90 Millionen Dollar teuren Gulfstream V Jet, der ihm vom Apple-Vorstand zur
Verfügung gestellt wurde, durch die Gegend.

Momentan konzentriert sich Jobs voll und ganz darauf, Apple weiterzuentwickeln. Der Apple-Motor läuft auf vollen Touren, doch sein Geschäftsmodell ist 30 Jahre veraltet. Apple ist eine Anomalie in einer Branche, die
sich vor langer Zeit auf Microsoft-Standards festgelegt hat. Apple sollte
längst beim großen Kaffeklatsch im Himmel sitzen, wie Osborne, Amiga
und Hunderte andere Computerfirmen, die an ihrer eigenen inkompatib-

---

7) Schlender, Brent: „How Big Can Apple Get? ". In: Fortune, 21. Februar 2005.
8) Jobs, Steve: Rede vor Absolventen der Stanford Universität. 12. Juni 2005. (http://news-
service.stanford.edu/news/2005/june15/jobs-061505.html)

len Technologie festhielten. Aber stattdessen ist Apple zum ersten Mal seit Jahrzehnten in der Lage, größer, mächtiger und präsenter zu werden als je zuvor – was neue Märkte öffnet, die potenziell viel größer sind als die Computerindustrie, deren Vorreiter Apple in den 1970er-Jahren war. Denn Apple hat sich in einen sehr revolutionären Bereich der Technologie vorgewagt: die digitale Unterhaltungsindustrie und Telekommunikation.

Der Arbeitsplatz wurde vor langer Zeit durch Computer revolutioniert, und er gehört Microsoft. Es gibt keine Chance für Apple, hier die Kontrolle an sich zu reißen, aber die eigenen vier Wände sind eine andere Sache. Unterhaltung und Kommunikation werden digitalisiert, Menschen kommunizieren über Mobiltelefone, Instant-Messaging und E-Mail. Und zur gleichen Zeit werden Musik- und Spielfilme zunehmend online gekauft. Jobs ist gut positioniert, um abzuräumen. All die Eigenschaften, all die Instinkte, die ihn in der Geschäftswelt fehl am Platz erscheinen lassen, sind perfekt für die Welt der Unterhaltungselektronik. Seine Design-Besessenheit, sein Können im Bereich Werbung und Vermarktung und sein Beharren darauf, eine perfekte Gesamterfahrung für die Benutzer zu kreieren, sind der Schlüssel für den Verkauf von Hightech-Produkten an ein Massenpublikum.

Apple ist das perfekte Vehikel geworden, um Jobs' langgehegte Träume zu verwirklichen, und zwar, benutzerfreundliche Technologie für Privatkunden zu entwickeln. Er hat Apple nach seinen ganz eigenen Vorstellungen erschaffen – und wiedererschaffen. „Apple ist Steve Jobs' mit 10.000 Leben", sagte Guy Kawasaki, Apples ehemaliger Chef-Verkünder, zu mir.[9] Nur wenige Unternehmen sind so genaue Spiegelbilder ihrer Gründer. „Apple hat immer das Beste und das Schlimmste von Steves Charakter widergegeben", sagte Gil Amelio, der CEO, den Jobs ablöste. „[Frühere CEOs] John Sculley, Michael Spindler und ich hielten den Laden am Laufen, aber wir veränderten die Identität der Firma nicht entscheidend. Obwohl ich mich über einiges bei Jobs ärgern könnte, erkenne ich an, dass vieles an Apple, das ich liebe, durch seine Persönlichkeit zustande gekommen ist."[10]

---

9) Kawasaki, Guy: Persönliches Interview, 2006.
10) Amelio, Gil, William L. Simon: *On the Firing Line: My 500 Days at Apple*. Harper Business, New York: 1999), S. X.

17

Jobs führt Apple mit einer einzigartigen Mischung aus kompromissloser Kunstfertigkeit und großartigen geschäftlichen Know-how Er ist eher Künstler als Geschäftsmann, aber er verfügt über die brillante Fähigkeit, mit seinen Kreationen Geld zu verdienen. In gewisser Weise ähnelt er Edwin Land, dem Wissenschaftler-Industriellen, der die Polaroidkamera erfand. Land ist eines von Jobs' Vorbildern. Land traf geschäftliche Entscheidungen auf der Grundlage dessen, was er als Wissenschaftler für richtig hielt, und da er Unterstützer von Bürger- und Frauenrechten war, war er weniger ein hartherziger Geschäftsmann. Jobs trägt auch ein wenig von Henri Ford in sich, einem weiteren Vorbild. Ford war ein Demokratisierer der Technik, dessen Methoden der Massenproduktion einem Massenpublikum den Zugang zu Automobilen ermöglichte. Außerdem erinnert er ein wenig an einen Medici der Neuzeit. Er ist ein Mäzen der Künste, dessen Unterstützung von Jonathan Ive eine Renaissance des Industriedesigns eingeläutet hat.

Jobs hat seine Interessen und Charaktereigenschaften – Besessenheit, Narzissmus, Perfektionismus – zum Markenzeichen seiner Karriere gemacht.

Er ist ein Snob, der die meisten Leute für Idioten hält, aber er baut Apparate, die so leicht zu bedienen sind, dass ein Idiot sie bedienen kann.

Er wird von launischer Besessenheit mit unvorhersehbaren Wutanfällen gesteuert und hat dennoch eine Reihe produktiver Allianzen mit kreativen Weltklasse-Mitarbeitern geschmiedet: mit Steve Wozniak, Jonathan Ive und dem Pixar-Regisseur John Lasseter.

Auch kulturell ist er ein Snob, der jedoch Trickfilme für Kinder produziert. Er ist ein Ästhet und Antimaterialist, der zugleich in asiatischen Fabriken Massenprodukte vom Fließband laufen lässt. Er vermarktet sie mithilfe seines Steckenpferds, der Werbung.

Er ist ein Autokrat, der eine große, ineffektive Firma in ein schlankes, diszipliniertes Schiff verwandelt hat, das seine sehr anspruchsvollen Produktpläne einhält.

Jobs nutzte seine natürlichen Gaben und Talente, um Apple zu erneuern. Er verschmolz Hightech mit Design, Branding und Mode. Apple ähnelt weniger einer langweiligen Computerfirma als einem multinationalen Markenkonzern wie Nike oder Sony: einem einzigartigen Zusammenspiel aus Technologie, Design und Vermarktung.

Sein Verlangen, Apples komplette Kundenerfahrung zu gestalten, sichert Apple die Kontrolle über Hardware, Software, Online-Angebote und alles andere. Und trotzdem schafft er es, Produkte herzustellen, die nahtlos zusammenarbeiten und nur selten abstürzen (sogar Microsoft, der Inbegriff der gegenteiligen Herangehensweise des Open-Licensing-Modells, übernimmt beim Verkauf der Xbox-Spielkonsolen und der Zune-MP3-Player die gleiche Arbeitsweise).

Jobs' Charme und Charisma führen zu den besten Produkteinführungen der Branche, einer Verbindung aus Theater und Infomercial. Seine anziehende Persönlichkeit hat ihm auch ermöglicht, großartige Verträge mit Disney, den Plattenfirmen und AT&T zu verhandeln, obwohl diese beim Aushandeln von Deals sonst nicht gerade zimperlich sind. Disney gab ihm bei Pixar vollständige kreative Freiheit und einen riesigen Anteil an den Profiten. Musiklabels halfen dabei, dass aus dem Experiment des iTunes-Musikshops eine Bedrohung für sie wurde. Und AT&T schloss den Vertrag über das iPhone ab, ohne je ein Auge auf den Prototyp geworfen zu haben.

Doch wo einige nur Kontrollzwang sehen, sehen andere den Wunsch, eine nahtlose und komplette Benutzererfahrung zu kreieren. Nicht Perfektionismus wird angestrebt, sondern Exzellenz. Und statt sich ausgenutzt zu fühlen, spürt man den Wunsch, eine Spur im Universum zu hinterlassen.

Wir haben es mit jemandem zu tun, der seine Persönlichkeit zu einer Geschäftsphilosophie gemacht hat.

Lesen Sie im Folgenden, wie.

Kapitel 1

Schwerpunkt: Wie Neinsagen Apple gerettet hat

„Ich suche nach Lösungen mit einer soliden Basis, ich bin bereit, Mauern einzureißen, Brücken zu bauen, Feuer anzuzünden. Ich habe viel Erfahrungen gesammelt, Unmengen an Energie zur Verfügung, ein bisschen von dieser ,visionären Sache', und ich habe keine Angst davor, von vorne zu beginnen."

– Steve Jobs' Resümee auf Apples Mac-Website

An einem sonnigen Morgen im Juli 1997 kehrte Steve Jobs zu dem Unternehmen zurück, das er 20 Jahre zuvor in seinem Schlafzimmer mitbegründet hatte.

Apple befand sich in einer tödlichen Spirale. Das Unternehmen war nur sechs Monate vom Bankrott entfernt. Innerhalb weniger Jahre schrumpfte Apple von einem der größten Computerhersteller der Welt zu einem Ferner-liefen-Namen. Geld und Marktanteile verflüchtigten sich, niemand kaufte Apple-Computer, die Aktien waren so viel wert wie Toilettenpapier, und die Presse sagte sein unmittelbar bevorstehendes Ende voraus.

Apples führende Mitarbeiter wurden früh am Morgen zu einem Meeting in der Chefetage versammelt. Der damalige CEO, Gilbert Amelio, der seit ungefähr 18 Monaten im Amt war, wurde entlassen. Er hatte an dem Unternehmen herumgeflickt, aber darin versagt, das kreative Feuer neu zu entfachen. „Für mich ist es Zeit, zu gehen", sagte er und verließ still den Raum. Bevor irgendjemand reagieren konnte, kam Steve Jobs herein und sah aus wie ein Penner. Er trug Shorts, Turnschuhe und einen Dreitagebart. Er ließ sich in einen Sessel fallen und begann, langsam laut zu denken: „Sagen Sie mir, was in diesem Laden falsch läuft", sagte er. Bevor irgendjemand antworten konnte, platzte es aus ihm heraus: „Es sind die Produkte. Die Produkte sind MIST! An ihnen ist nichts mehr sexy."[1]

Apples Absturz

Apples Absturz ging schnell und dramatisch vonstatten. 1994 nannte Apple annähernd 10 % des weltweiten Multimilliardendollar-Markts für PCs sein Eigen. Apple war der zweitgrößte Computerhersteller der Welt, direkt hinter dem Computerriesen IBM.[2] 1995 lieferte Apple mehr Computer aus als je zuvor – 4,7 Millionen Macs weltweit –, aber das reichte nicht. Es wollte sein wie Microsoft. Mehrere Computerhersteller, u. a. Power Computing, Motorola, Umax erhielten Lizenzen für das Betriebssystem für Macintosh. Die Intention des Apple-Managements war dabei, dass diese „geklonten" Maschinen den Gesamtmarkt für Macs vergrößerten. Aber es funktionierte nicht. Der Mac-Markt blieb relativ klein, und die Klonhersteller nahmen einfach Marktanteile weg.

Im ersten Quartal 1996 bilanzierte Apple einen Verlust von 69 Millionen Dollar und entließ 1.300 Mitarbeiter. Im Februar entließ der Aufsichtsrat

---

1) Burrows, Peter, Grover, Ronald, Heather Green: „Steve Jobs' Magic Kingdom. How Apple's demanding visionary will shake up Disney and the world of entertainment". In: *Business Week*. 6. Februar 2006. (http://www.businessweek.com/magazine/content/06_06/b3970001.htm)
2) „IBM had a 10.8 percent market share; Apple 9.4 percent; and Compaq Computer 8.1 percent, according to market research firm *IDC*". In: *NewYork Times,* 26. Januar 1995, Vol. 144, No. 49953.

den CEO Michael Spindler und berief stattdessen Gil Amelio, einen alten Hasen der Chipbranche, der in dem Ruf stand, ein Turnaround-Künstler zu sein. Aber in den 18 Monaten seiner Amtszeit stellte er sich als ineffektiv und unbeliebt heraus. Apple machte einen Verlust von 1,6 Milliarden Dollar, der Marktanteil fiel von zehn Prozent auf drei Prozent, und die Aktie kollabierte. Amelio entließ Tausende Mitarbeiter, aber er selbst scheffelte etwa sieben Millionen Dollar an Gehalts- und Bonuszahlungen und saß laut *New York Times* auf einem Aktienberg, der 26 Millionen Dollar wert war. Er ließ die Chefetage von Apple großzügig renovieren und hatte, wie bald bekannt wurde, ein goldenes Sicherheitspolster ausgehandelt, das etwa sieben Millionen Dollar wert war. Die *New York Times* nannte Apple unter Amelio eine „Kleptokratie".[3]

Aber Amelio hat auch einiges richtig gemacht. Er stoppte eine Reihe von Verlustprojekten und -produkten und schrumpfte das Unternehmen gesund, um die Verluste bewältigen zu können. Am wichtigsten war, dass er Jobs' Firma NeXT kaufte, in der Hoffnung, dass deren modernes und robustes Betriebssystem an die Stelle des Macintosh-Betriebssystems treten könnte, das nach und nach alt und anfällig geworden war.

Der Kauf von NeXT wurde durch einen Zufall in die Wege geleitet. Amelio war daran interessiert, BeOS zu kaufen, ein junges Betriebssystem, das von einem früheren Apple-Vorstand, Jean Louis Gassée, entwickelt wurde. Doch während sie noch feilschten, rief Garret L. Rice, ein Vertriebler von NeXT, aufs Geratewohl Apple an und schlug vor, sich mal zu unterhalten. Apples Ingenieure hatten nicht einmal an NeXT gedacht.

Sein Interesse war geweckt, und Amelio bat Jobs, das NeXT-Betriebssystem vorzustellen.

Im Dezember 1996 führte Jobs Amelio auf beeindruckende Weise das NeXT-Betriebssystem vor. Anders als BeOS war NeXT bereits ausgereift. Auch bot NeXT eine ganze Palette fortgeschrittener und sehr hoch angesehener Programmiertools, die es anderen Unternehmen sehr leicht machten, Software dafür zu schreiben. „Seine Leute hatten sehr viel Zeit damit

---

3) Carreso, Denise: „Apple's Executive Mac Math: The Greater the Lows, the Greater the Salary". In: *New York Times,* 14. Juli 1997.

verbracht, über Schlüsselfragen wie Networking und die Welt des Internets nachzudenken – viel mehr als alle anderen weit und breit. Das Ergebnis war besser als alles, was Apple hervorgebracht hatte, besser als NT und möglicherweise besser als das, was Sun zu bieten hatte", schrieb Amelio.[4]

Bei den Verhandlungen verhielt sich Jobs sehr zurückhaltend. Seine Angebote waren nicht überteuert. Er bot „eine erfrischend ehrliche Herangehensweise, besonders für Steve Jobs' Verhältnisse", sagte Amelio.[5] „Ich war erleichtert, dass er nicht ankam wie ein Hochgeschwindigkeitszug. Die Präsentation bot Raum zum Nachdenken, zum Hinterfragen und zum Diskutieren."

Die beiden arbeiteten den Vertrag bei einer Tasse Tee in Jobs' Küche in Palo Alto aus. Die erste Frage war der Preis, der auf dem Aktienkurs basierte. Die zweite Frage betraf die Aktienoptionen, die seine NeXT-Mitarbeiter hielten. Amelio war beeindruckt, dass er auf die Belange seiner Angestellten Rücksicht nahm. Traditionell sind Aktienoptionen eine der wichtigsten Formen der Bezahlung in Silicon Valley, und Jobs hat sie viele Male benutzt, um wichtige Mitarbeiter zu rekrutieren und zu halten, wie wir später in Kapitel 5 sehen werden. Doch im November 2006 leitete die Börsenaufsicht eine Untersuchung in mehr als 130 Unternehmen, einschließlich Apple, ein, die Jobs in Anschuldigungen verwickelte, er habe irregulär Optionen zurückdatiert, um deren Wert zu erhöhen. Jobs bestritt, bewusst das Gesetz gebrochen zu haben. Doch die Ermittlungen der Börsenaufsicht sind noch immer im Gange.

Jobs schlug Amelio einen Spaziergang vor, der für diesen eine Überraschung, aber für Jobs eine Standardtaktik war.

„Steves Energie und Enthusiasmus hatten mich in den Bann gezogen", sagte Amelio. Ich erinnere mich sehr gut daran, wie das Gehen ihn anregt, wie seine kompletten geistigen Fähigkeiten zum Tragen kommen, wenn er rauskommt und sich bewegt, wie er sich dabei besser ausdrücken kann. Wir kehrten zum Haus um, und der Handel war perfekt."[6]

---

4) Amelio, Gil, William L. Simon: *On the Firing Line: My 500 Days at Apple.* Harper Business, New York: 1999), S. 192.
5) Ebd., S. 193.
6) Ebd., S. 199.

Zwei Wochen später, am 20. Dezember 1996, gab Amelio bekannt, dass Apple NeXT für 427 Millionen Dollar kaufen würde. Jobs kehrte als Amelios Sonderberater zu Apple zurück, um beim Übergang zu helfen. Zum ersten Mal seit fast elf Jahren hatte Jobs das Firmengelände betreten. Jobs hatte Apple 1985 nach einem gescheiterten Machtkampf gegen den damaligen CEO John Sculley verlassen. Jobs hatte gekündigt, bevor er selbst entlassen werden konnte, und hatte NeXT als direkten Rivalen Apples gegründet, um Apple das Geschäft zu vermiesen. Nun dachte er, dass es schon zu spät sein könnte, um Apple zu retten.

Der Auftritt des iCEO

Anfangs hatte Jobs gezögert, bei Apple wieder eine Aufgabe zu übernehmen. Er war bereits der Geschäftsführer einer anderen Firma – Pixar, die dank des riesigen Erfolgs ihres ersten Spielfilms *Toy Story* gerade begann abzuheben. Angesichts diesen Erfolges in Hollywood scheute sich Jobs, bei Apple wieder ins Technologiegeschäft einzusteigen. Jobs war es leid, neue technologische Produkte auszuhecken, die sowieso bald überholt waren. Er wollte Dinge von längerer Dauer erschaffen. Einen guten Spielfilm zum Beispiel, denn eine gute Geschichte lebt Jahrzehnte. 1997 verriet Jobs der *Time*:

„Ich glaube nicht, dass sie in 20 Jahren noch in der Lage sein werden, einen Computer zu booten, aber der Film *Schneewittchen* wurde 28 Millionen Mal verkauft, und er ist eine 60 Jahre alte Produktion. Die Leute lesen ihren Kindern nicht mehr Herodot oder Homer vor, aber jeder sieht sich Spielfilme an. Dies sind unsere heutigen Mythen. Disney bringt diese Mythen in unsere Kultur ein, und Pixar wird dies hoffentlich auch tun."[7]

Noch wichtiger war vielleicht, dass Jobs Apple ein Comeback nicht zutraute. Er war so skeptisch, dass er im Juni 1997 die 1,5 Millionen Aktien, die er für den Kauf von NeXT erhalten hatte, zu einem unglaublich schlechten Kurs verkaufte – alle bis auf eine symbolische Aktie. Er glaubte nicht, dass Apple eine Zukunft hatte, die mehr als eine Aktie wert war.

---

7) Booth, Cathy: „Steves Job: Restart Apple". In: *Time*, 18. August 1997. (http://www.time.com/time/magazine/article/0,9171,986849,00.html)

Doch Anfang Juli 1997 bat Apples Vorstand Amelio um seinen Rücktritt, nachdem es eine Reihe katastrophaler Quartalsbilanzen gegeben hatte, u. a. eine, in der ein Verlust von einer Dreiviertelmilliarde Dollar ausgewiesen wurde, dem größten Quartalsverlust, den jemals ein Unternehmen des Silicon Valley ausgewiesen hatte.[8]

Die gängigste Interpretation ist, dass Jobs Amelio verdrängte, indem er ihm bei einem sorgfältig geplanten Chefetagen-Coup in den Rücken fiel. Aber es gibt keine Hinweise, die nahelegen, dass Jobs das Unternehmen an sich reißen wollte. Das Gegenteil scheint der Fall zu sein. Mehrere Leute, die für dieses Buch interviewt wurden, sagten, dass Jobs anfangs keinerlei Interessen hatte, zu Apple zurückzukehren. Er war zu sehr mit Pixar beschäftigt, und er hatte zu wenig Hoffnung, dass Apple gerettet werden könnte.

Selbst Amelios Autobiografie verdeutlicht, wenn man einmal von Amelios Versicherungen des Gegenteils absieht, dass Jobs kein Interesse daran hatte, das Ruder bei Apple an sich zu reißen. „Er hatte niemals vorgehabt, sich darauf einzulassen, dass der Vertrag ihn dazu verpflichtete, Apple mehr als einen Teil seiner Aufmerksamkeit zu schenken",[9] schrieb Amelio. Am Anfang seines Buches bemerkte Amelio, dass Jobs für den Kauf von NeXT in bar bezahlt werden wollte; er wollte keine Apple-Aktien. Aber Amelio bestand darauf, einen großen Teil in Aktien zu bezahlen, weil er nicht wollte, dass Jobs das Unternehmen wieder verließ. Er wollte Jobs an Apple binden, er wollte, dass er „seinen Arsch für Apple verwettete".[10]

Amelio wirft Jobs in der Tat mehrere Male vor, seine Entlassung inszeniert zu haben, so dass er, Jobs, das Steuer übernehmen konnte, aber er präsentiert keine Beweise. Für Amelio ist es natürlich bequemer, seine Entlassung Jobs Manövern zuzuschreiben als der ehrlicheren Erklärung, dass der Apple-Vorstand das Vertrauen zu ihm verloren hatte.

Nachdem Amelio gefeuert war, wusste der Vorstand von Apple nicht, an wen er sich wenden sollte. Jobs hatte dem Unternehmen bereits in seiner

---

8) Im ersten Quartal 1996 verzeichnete Apple einen Verlust von 740 Million US-Dollar.
9) Amelio, Gil mit William L. Simon: *On the Firing Line: My 500 Days at Apple*. Harper Business, New York: 1999), S. 200.
10) Ebd., S. 198.

Rolle als Amelios Sonderberater Ratschläge erteilt (nichts daran ist besonders skrupellos). Der Vorstand bat Jobs, das Kommando zu übernehmen. Er sagte zu – vorübergehend. Nach sechs Monaten nahm Jobs den Titel des Interim-CEO oder iCEO, wie er innerhalb des Unternehmens genannt wurde, an. Im August machte der Vorstand Jobs offiziell zum Interim-CEO, suchte aber weiterhin nach einem dauerhaften Ersatz. Spaßvögel behaupteten, dass Apple beim Kauf von NeXT nicht etwa Jobs mitgekauft habe, sondern Jobs Apple. Aber er habe es so clever arrangiert, dass Apple ihn dafür bezahlte.

Als Job das Steuer übernahm, hatte Apple etwa 40 verschiedene Produkte im Angebot – vom Tintenstrahldrucker bis zum Newton-PDA. Wenige davon waren Marktführer. Die Produktpalette bei Computern war besonders rätselhaft. Es gab mehrere große Produktlinien – Quadras, Power Macs, Performas und PowerBooks –, jede davon mit einem Dutzend verschiedener Modelle. Aber zwischen den Modellen gab es kaum einen Unterschied, außer ihren verwirrenden Produktnamen – der Performa 5200CD, Performa 5210CD, Performa 5215CD und Performa 5220CD.

„Was ich bei meiner Ankunft vorfand, waren Myriaden von Produkten", soll Jobs später gesagt haben. „Es war erstaunlich, und ich fragte Leute, warum würden Sie mir lieber einen 3400 als einen 4400 empfehlen? Warum sollte jemand zu einem 6500 wechseln und nicht zu einem 7300? Nach drei Wochen hatte ich es immer noch nicht herausgefunden. Und wenn ich es nicht herausfinden konnte, wie sollten die Kunden es herausfinden?"[11]

Einer der Ingenieure, die ich befragte, der Mitte der 90er-Jahre bei Apple gearbeitet hat, erinnert sich an ein Plakat mit Flussdiagramm, das im Apple-Hauptquartier an eine Wand geheftet war. Das Plakat war überschrieben HOW TO CHOSE YOUR MAC und sollte die Kunden durch das Dickicht der Möglichkeiten führen, aber es illustrierte nur, wie widersprüchlich Apples Produktstrategie war. „Man merkt, dass etwas falsch läuft, wenn man ein Poster braucht, um seinen Mac auszuwählen", sagte der Ingenieur.

---

11) Apple's World Wide Developers Conference. 11. Mai 1998.

Apples Organisationsstruktur war in ähnlicher Unordnung. Apple hatte sich in ein großes, aufgeblasenes Fortune-500-Unternehmen verwandelt mit Tausenden von Ingenieuren und noch mehr Managern. „Apple war vor Jobs' Rückkehr glanzvoll, tatkräftig, chaotisch und nicht funktional", erinnert sich Don Norman, der die Advanced Technology Group von Apple leitete, als Jobs übernahm. Diese Gruppe, die ATG genannt wurde, war Apples sagenumwobene Forschungs- und Entwicklungsabteilung und hat mehrere wichtige Technologien auf den Weg gebracht.

„Als ich 1993 zu Apple kam, war es wunderbar", verriet er mir in einem Telefoninterview. „Man konnte kreative und innovative Dinge tun, aber es war chaotisch. So funktioniert ein Unternehmen nicht. Man braucht ein paar kreative Leute, und der Rest muss dafür sorgen, dass die Arbeit erledigt wird."[12] Laut Norman wurden die Apple-Ingenieure dafür belohnt, dass sie einfallsreich und erfinderisch waren, und nicht dafür, sich unterzuordnen und die Dinge zum Laufen zu bringen. Sie beschäftigten sich den ganzen Tag mit Erfindungen, aber taten kaum jemals, was man von ihnen verlangte. Norman als Vorgesetzten trieb dies in den Wahnsinn. Es wurden Anweisungen erteilt, und unglaubliche sechs Monate später hatte sich noch nichts getan. „Es war unglaublich", sagte Norman.

John Warnock von Adobe, einem von Apples größten Softwarepartnern, sagte, dass sich dies nach Jobs' Rückkehr rasch änderte. „Er hat einen sehr starken Willen, und man muss ihm folgen oder den Platz räumen", sagte Warnock. „Man muss Apple auf diese Weise führen – sehr direkt, sehr autoritär. Man darf es nicht auf die leichte Schulter nehmen. Wenn Steve ein Problem angeht, geht er es mit aller Macht an. Ich glaube, dass er während der NeXT-Jahre zahmer geworden war, aber heute ist er alles andere als zahm."[13]

---

12) Norman, Don: Persönliches Interview, Oktober 2006.
13) Deutschman, Alan: *The Second Coming of Steve Jobs*. [Das unglaubliche Comeback des Steve Jobs. Campus Sachbuch, Frankfurt am Main/New York 2001] Broadway, New York 2001, S. 256.

Steves Bestandsaufnahme

Nach seiner Berufung als iCEO von Apple ging Jobs innerhalb von wenigen Tagen an die Arbeit. Nachdem er sich einmal dazu verpflichtet hatte, hatte Jobs es eilig, Apple wieder auf die Beine zu verhelfen. Er begann sofort mit einer gründlichen Bestandsaufnahme für jedes einzelne Produkt, das Apple je produziert hatte. Er ging das Unternehmen Stück für Stück durch und fand heraus, worin das Unternehmenskapital bestand. „Er musste so ziemlich alle Abläufe neu durchdenken", sagte Jim Oliver, der nach Jobs' Rückkehr mehrere Monate lang sein Assistent war. „Er sprach mit allen Produktgruppen. Er wollte von jeder Entwicklungsgruppe deren Verantwortungsbereich und Größe wissen. Er sagte beispielsweise: ‚Alles muss gerechtfertigt sein. Brauchen wir wirklich eine Betriebsbibliothek?'"

Jobs richtete sich in einem großen Konferenzraum ein und bat ein Produktteam nach dem anderen zu sich herein. Sobald sich alle versammelt hatten, ging es sofort an die Arbeit. „Es gab keine Einführung, absolut keine", erinnert sich Peter Hoddie. Hoddie ist ein Star-Programmierer, der später der Chef-Architekt von Apples QuickTime-Multimedia-Software wurde. „Doch irgendjemand machte sich Notizen. Steve sagte: ‚Sie brauchen sich keine Notizen zu machen. Wenn es wichtig ist, werden Sie sich daran erinnern.'"

Die Ingenieure und Programmierer erklärten detailliert, woran sie gerade arbeiteten. Sie beschrieben ihre Produkte bis in alle Einzelheiten, erklärten, wie sie funktionierten, wie sie verkauft wurden und was als Nächstes anstand. Jobs hörte genau zu und stellte eine Menge Fragen. Er war voll dabei. Ganz am Ende der Präsentationen stellte er manchmal hypothetische Fragen wie „Was würden Sie tun, wenn Geld keine Rolle spielen würde?"[14]

Jobs' Bestandsaufnahme dauerte mehrere Wochen. Sie ging ruhig und systematisch vonstatten. Es gab keine Wutanfälle, für die Jobs berüchtigt ist. „Steve sagte, dass das Unternehmen einen Schwerpunkt haben müsse, jede einzelne Gruppe müsse am selben Strang ziehen", sagte Oliver. „Die Atmosphäre war formell. Es war sehr ruhig. Er sagte: ‚Apple ist in ernsten

---

14) Oliver, Jim: Persönliches Interview, Oktober 2006.

finanziellen Nöten, und wir können es uns nicht leisten, irgendetwas Überflüssiges zu tun.' Er sagte dies zwar leise, aber bestimmt."

Jobs löste nicht einfach wahllos Gruppen auf. Er bat jede Produktgruppe, Vorschläge zu machen, was gekürzt und was erhalten bleiben sollte. Wenn die Gruppe ein Projekt am Leben erhalten wollte, musste sie Jobs zuerst überzeugen – und das mit allem Einsatz. Verständlicherweise sprachen sich einige Teams dafür aus, Projekte zu erhalten, die zwar marginal, aber von strategischer Bedeutung waren oder die beste am Markt verfügbare Technologie boten. Jobs antwortete daraufhin regelmäßig: Was keinen Gewinn erzielt, wird eingestellt. Oliver erinnerte sich, dass die meisten Teams freiwillig ein paar Opferlämmer anboten, worauf Jobs antwortete: „Das reicht nicht."

„Wenn Apple überleben soll, müssen wir mehr kürzen", sagte Jobs laut Oliver. „Es wurde nicht rumgeschrien, niemand beschimpfte einen anderen. Die Botschaft war einfach: ,Wir müssen uns konzentrieren und das machen, was wir am besten können.'" Mehrmals zeichnete Jobs in Olivers Gegenwart ein einfaches Diagramm von Apples jährlichen Umsatzerlösen auf eine Tafel. Das Diagramm zeigte den scharfen Rückgang von zwölf Milliarden pro Jahr auf zehn Milliarden und dann auf sieben Milliarden. Jobs erklärte, dass Apple nicht als Zwölf-Milliarden-Dollar-Unternehmen profitabel sein könne, nicht einmal als Zehn-Milliarden-Dollar-Unternehmen, aber es könne profitabel sein mit sechs Milliarden Dollar Umsatz.[15]

Apples Kapital

Während der nächsten paar Wochen nahm Jobs mehrere wichtige Veränderungen vor.

Spitzenmanagement. Er ersetzte die meisten von Apples Vorstandsmitgliedern mit Verbündeten aus der Hightech-Industrie, u. a. mit einem Freund, dem Oracle-Mogul Larry Ellison. Mehrere von Jobs' Adjutanten bei NeXT hatten bereits Top-Positionen bei Apple übernommen: David

---

15) Oliver sagte, er sei später erstaunt gewesen, dass Apples Umsätze ihren Tiefpunkt tatsächlich bei etwa 5,4 Milliarden Dollar erreichten.

Manovich wurde zum Chef der Vertriebsabteilung gemacht; Jon Rubinstein übernahm die Hardware-Abteilung; Avadis „Avie" Tevanian die Soft-
ware-Abteilung. Jobs machte sich daran, auch den Rest der Vorstandsmitglieder auszutauschen, jedoch mit einer Ausnahme. Er behielt Fred
Anderson, den Chef der Finanzabteilung, der erst kürzlich von Amelio
eingestellt worden war und dem man nicht unterstellte, der alten Garde
anzugehören.

Microsoft. Jobs löste einen langjährigen und verheerenden Patentrechts-
streit mit Microsoft. Die Plagiatsvorwürfe, die das Windows-Betriebssys-
tem betrafen, wurden fallen gelassen, und Jobs überzeugte Gates davon,
im Austausch dafür die alles entscheidende Office-Suite weiterhin für den
Mac zu entwickeln. Ohne Office war der Mac zum Scheitern verurteilt.
Jobs bekam Gates auch dazu, das Unternehmen in aller Öffentlichkeit mit
einem 150-Millionen-Dollar-Investment zu unterstützen. Diese Investition war weitgehend symbolisch, aber die Wall Street war begeistert: Die
Apple-Aktie schoss um 30 % in die Höhe. Wiederum im Gegenzug überzeugte Gates Jobs, den Internet Explorer von Microsoft zum Standard-
Webbrowser des Mac zu machen. Ein wichtiges Zugeständnis, da Microsoft von Netscape die Kontrolle über das Web erobern wollte.

Jobs begann die Verhandlungen mit Gates persönlich, doch später sandte
dieser Microsofts Finanzvorstand, Gregory Maffei, um ein Abkommen
auszuarbeiten. Maffei ging zu Jobs nach Hause, und Jobs schlug vor, einen
Spaziergang durch das grüne Palo Alto zu machen. Jobs ging barfuß. „Das
war ein ziemlich radikaler Einschnitt für die Beziehung zwischen den zwei
Unternehmen", sagte Maffei. [Jobs] war flexibel und charmant. Er sagte:
‚Dies sind die Dinge, die uns am Herzen liegen und die wichtig sind.' Und
so konnten wir die Liste der Verhandlungspunkte kürzen. Mit Amelio hatten wir eine Menge Zeit verbracht, und sie hatten einen Haufen Ideen, die
sich als Rohrkrepierer erwiesen. Jobs war weitaus kompetenter. Er stellte
nicht 23.000 Bedingungen, er betrachtete das Gesamtbild und fand heraus, was er brauchte. Und wir hatten das Gefühl, dass er die Glaubwürdigkeit besaß, die Apple-Leute zu überzeugen und ihnen den Deal zu
verkaufen."[16]

---

16) Booth, Cathy: „Steves Job: Restart Apple". In: *Time*, 18. August 1997. (http://www.time.
   com/time/magazine/article/0,9171,986849,00.html)

Die Marke. Jobs verstand, dass die Produkte zwar nichts taugten, Apple als Marke jedoch immer noch großartig war. Er betrachtete die Marke Apple als Kernstück des Firmenkapitals, vielleicht als das entscheidende Kernstück. Doch es musste mit neuem Leben gefüllt werden. „Wie heißen die großartigsten Marken? Levis, Coca Cola, Disney, Nike", sagte Jobs 1998 zur *Time*.[17] „Die meisten Leute würden Apple in genau diese Kategorie einordnen. Man könnte Milliarden Dollar ausgeben, um eine Marke zu erschaffen, die weniger gut ist als Apple, und dennoch hatte Apple nichts mit diesem ungeheuren Kapital angefangen. Denn was ist Apple im Grunde? Apple wendet sich an Leute, deren Denkweise jenseits eingefahrener Strukturen liegt, Leute, die Computer benutzen wollen, um die Welt zu verändern, um Dinge zu erschaffen, die etwas bewirken, und nicht nur, um ihre Arbeit zu erledigen."

Jobs veranstaltete auf Apples Rechnung einen Wettbewerb zwischen drei Top-Werbeagenturen, er bat diese, eine große, breite Kampagne für die Erneuerung der Marke zu entwerfen. Der Gewinner war TBWA/Chiat/Day, die bereits Apples legendäre Anzeige für den allerersten Mac zur Superbowl 1984 entworfen hatten. TBW kreierte in enger Zusammenarbeit mit Jobs die „Think Different"-Kampagne (mehr über „Think Different" in Kapitel 4).

Jobs fand, dass Apples zweites großes Kapital seine Kunden waren – zu dieser Zeit etwa 25 Millionen Mac-User. Sie waren treue Kunden, einige davon die treuesten Kunden irgendeines Unternehmens überhaupt. Wenn sie weiterhin Apples Rechner kaufen würden, wären sie ein großartiges Fundament für ein Comeback.

Die Klone. Jobs beendete das Klongeschäft. Der Schritt war höchst umstritten, sogar im Unternehmen selbst, aber er ermöglichte Apple, sofort den gesamten Mac-Markt wieder an sich zu reißen, indem man die Wettbewerber eliminierte. Die Kunden konnten nicht länger einen billigeren Mac von Power Computing oder Motorola oder Umax kaufen. Der einzige Konkurrent war Windows, und das Angebot von Apple unterschied sich von diesem. Die Klone zu töten, war bei den Mac-Usern, die sich

---

17) Ebd.

daran gewöhnt hatten, von den Klon-Herstellern zu kaufen, unpopulär. Aber die Entscheidung war für Apple der richtige strategische Zug.

Die Zulieferer. Jobs handelte neue Verträge mit Apples Zulieferern aus. Damals belieferten sowohl IBM als auch Motorola Apple mit Chips. Jobs entschied sich, die beiden gegeneinander auszuspielen. Er teilte ihnen mit, dass Apple sich für einen von beiden entscheiden würde und dass er von dem Hersteller, den er auswählte, große Zugeständnisse verlangte. Am Ende ließ er keinen der beiden Anbieter fallen, aber weil Apple der einzige Großkunde von PowerPC-Chips beider Firmen war, bekam er die Zugeständnisse, die er wollte und noch wichtiger: Garantien, dass die Chips weiterhin entwickelt werden würden. „Es ist, wie ein großes Tankschiff umzusteuern", sagte Jobs dem *Time Magazine*. „Es gab eine Menge miserabler Verträge, die wir nun rückgängig machten."[18]

Die Pipeline. Die allerwichtigste Sache, die Jobs in Angriff nahm, war die radikale Vereinfachung von Apples Produktpipeline. In seinem bescheidenen Büro in der Nähe des Konferenzsaals der Firma (Berichten zufolge hasste er Amelios renovierte Büroräume und weigerte sich, in diese einzuziehen) zeichnete Jobs ein sehr einfaches Raster mit zwei Mal zwei Feldern an die Tafel. Über die eine Spalte schrieb er „Consumer" und über die andere „Professional". Die Reihen betitelte er „Portable" und „Desktop". Fertig war Apples neue Produktstrategie. Sie bestand aus nur vier Geräten: zwei Notebooks und zwei Desktoprechnern, von denen sich jeweils einer an private und einer an professionelle Benutzer richtete.

Die Produktpipeline zu schrumpfen war zunächst ein extrem mutiger Schritt. Er brauchte gute Nerven, um eine Multimilliarden-Dollar-Firma auf ihr Grundgerüst zu reduzieren. Alles abzuschaffen und sich nur auf vier Geräte zu konzentrieren, war radikal. Mache nannten es auch verrückt oder selbstmörderisch. „Wir waren fassungslos, als wir davon hörten", sagte der ehemalige Apple-Aufsichtsratsvorsitzende Edgar Woolard jr. gegenüber der *Business Week*. „Aber es war brillant."[19]

---

18) Ebd.
19) Burrows, Peter / Grover, Ronald und Heather Green: „Steve Jobs' Magic Kingdom. How Apple's demanding visionary will shake up Disney and the world of entertainment". In: *Business Week*. 6. Februar 2006. (http://www.businessweek.com/magazine/content/06_06/b3970001.htm)

Jobs wusste, dass Apple nur ganz wenige Monate vom Bankrott entfernt war, und die einzige Möglichkeit, das Unternehmen zu retten, bestand darin, den Fokus auf genau das zu richten, was es am besten konnte: benutzerfreundliche Computer für Konsumenten und Kreativprofis zu bauen.

Jobs sagte Hunderte Software-Projekte und fast alle Hardwareprojekte ab. Amelio hatte bereits nahezu 300 Projekte bei Apple gestoppt – von Computer-Prototypen bis hin zu neuer Software – und Tausende Arbeiter entlassen, aber an dieser Stelle musste er aufhören. „Ein einzelner CEO kann nur eine bestimmte Menge an Kürzungen vornehmen", sagte Oliver. „Als er es tat, lastete ein enormer Druck auf ihm. Das hat es für Steve viel einfacher gemacht, die 50 Projekte, die übrig waren, zusammenzustreichen."

Die Monitore, Drucker und – was höchst umstritten war – der Newton-PDA fielen Jobs' radikalen Kürzungen zum Opfer. Ein Schritt, der Newton-Fans veranlasste, mit Plakaten und Lautsprechern auf Apples Firmenparkplatz zu protestieren. NEWTON KANN MICH MAL stand auf einem Plakat zu lesen. NEWTON IST MEIN PILOT stand auf einem anderen.

Die Streichung des Newton wurde allgemein als Racheakt an dem früheren CEO John Scully, der Jobs in den späten Achtzigern von der Apple-Spitze verdrängt hatte, angesehen, denn Newton war Scullys Erfindung, und nun schien Jobs diesen aus Rache umzubringen. Dabei hatte die Newton-Abteilung gerade Überschüsse erzielt und war dabei, in eine separate Firma ausgegliedert zu werden. Eine ganz neue Branche für Handheld-Computer schoss aus dem Boden, die bald darauf durch den Palm-Pilot dominiert werden sollte.

Aber für Jobs war der Newton eine Ablenkung. Apple war im Computer-Geschäft, und das bedeutete, sich auf Computer zu konzentrieren. Das Gleiche galt für Laserdrucker. Apple war eine der ersten Firmen im Laserdruckergeschäft und hatte sich einen großen Marktanteil gesichert. Viele dachten, dass Jobs auf mehrere Millionen Dollar Gewinn verzichtete, wenn er auf den Newton verzichtete.

Aber Jobs argumentierte, dass Apple Premium-Computer verkaufen sollte: gut designte, gut konstruierte Geräte für die anspruchsvollen Kunden, wie Luxusautos. Jobs erklärte, dass alle Autos das Gleiche tun würden – von A nach B fahren –, aber eine Menge Leute zahlten eine Menge Geld für einen BMW oder Chevy. Jobs gestand zu, dass die Analogie hinkte (Autos fuhren mit jedem Benzin, aber Macs konnten nichts mit Windows-Software anfangen), aber er hielt dafür, dass Apples Kundenbasis groß genug war, um Apple gute Margen zu ermöglichen. Für Jobs war das die Schlüsselfrage. Es gab und hatte immer Druck auf Apple gegeben, spottbillige Computer zu verkaufen, aber Jobs bestand darauf, dass Apple niemals in den Wettbewerb auf dem Billigcomputer-Markt einsteigen würde, der ein Wettrennen nach unten ist. Dell, Compaq und Gateway sowie ein halbes Dutzend anderer Computerbauer machten im Grunde alle das gleiche Produkt und unterschieden sich nur im Preis. Anstatt es mit Dell im Kampf um den billigst möglichen Computer aufzunehmen, sollte Apple erstklassige Produkte herstellen, um weitere erstklassige Produkte zu entwickeln. Das Absatzvolumen würde dann für Preissenkungen sorgen. Die Zahl der Produkte zu reduzieren, war operationell ein guter Schachzug. Weniger Produkte bedeuteten geringere Lagerbestände und einen unmittelbaren Einfluss auf die Unternehmensergebnisse. Jobs hat es in nur einem Jahr geschafft, Apples Lagerbestände von über 400 Millionen Dollar auf unter 100 Millionen Dollar zu senken.[20] Zuvor war das Unternehmen gezwungen gewesen, Abschreibungen auf unverkäufliche Geräte in Millionenhöhe vorzunehmen. Dadurch, dass die Anzahl der Produkte auf ein Minimum reduziert wurde, minimierte Jobs das Risiko, von teuren Abschreibungen, die leicht den Todesstoß für das Unternehmen hätten bedeuten können, getroffen zu werden.

Die Kürzungen und Umstrukturierungen waren für Jobs nicht einfach. Er verbrachte lange, zermürbende Stunden damit. „Ich bin in meinem ganzen Leben nicht so müde gewesen", verriet Jobs *Fortune* im Jahre 1998. „Ich kam regelmäßig gegen zehn Uhr abends nach Hause und fiel ins Bett, quälte mich am nächsten Morgen um sechs aus dem Bett, duschte und ging zur Arbeit. Es ist das Verdienst meiner Frau, dass ich weitermachte. Sie unterstützte mich und hielt die Familie zusammen, während ihr Ehemann ständig abwesend war."[21]

---

20) Ebd.
21) Schlender, Brent und Steve Jobs: „The Three Faces of Steve. In this exclusive, personal conversation, Apple's CEO reflects on the turnaround, and on how a wunderkind became an old pro". In: *Fortune,* 9. November 1998. (http://money.cnn.com/magazines/ fortune/fortune_archive/1998/11/09/250880/index.htm)

Er fragte sich manchmal, ob er das Richtige tat. Er war bereits CEO von Pixar, das gerade den Erfolg von *Toy Story* genoss. Er wusste, dass seine Rückkehr Pixar, seine Familie und seinen Ruf unter Druck setzen würde. „Ich wäre nicht ehrlich, wenn ich nicht zugeben würde, dass ich an manchen Tagen daran zweifelte, dass ich die richtige Entscheidung getroffen hatte, mich darauf einzulassen", sagte er dem *Time Magazine*.[22] „Aber ich glaube, nichts im Leben passiert zufällig."

Es war Jobs' größte Sorge, zu scheitern. Apple hatte entsetzliche Probleme, und vielleicht war er nicht in der Lage, Apple zu retten. Er hatte sich bereits einen Platz in den Geschichtsbüchern verdient, nun wollte er diesen nicht ruinieren. In dem *Fortune*-Interview von 1998 sagte Jobs, dass er sich von seinem Vorbild Bob Dylan inspirieren ließ. Eines der Dinge, die Jobs an Dylan bewunderte, war seine Weigerung, stillzustehen. Viele erfolgreiche Künstler erstarren zu irgendeinem Zeitpunkt ihrer Karriere. Sie tun weiterhin das, womit sie am Anfang Erfolg hatten, aber sie entwickeln sich nicht mehr. „Wenn sie weiterhin riskieren, zu scheitern, sind sie weiterhin Künstler", sagte Jobs. „Dylan und Picasso riskierten immer, zu scheitern."

„Gesteved" werden

Obwohl es nach Jobs' Übernahme der Unternehmensleitung in den Medien keine Berichte über Massenentlassungen Tausender Mitarbeiter gab, fanden diese dennoch statt. Die meisten, wenn nicht sogar alle davon, wurden durch Produktmanager ausgeführt, die die meisten Mitarbeiter entließen, nachdem Projekte gestoppt waren. Doch dies ging sehr still vor sich und wurde aus den Zeitungen herausgehalten.

Es gibt – wahrscheinlich erfundene – Geschichten, aus denen hervorgeht, dass Jobs Angestellte in Fahrstühlen in die Ecke getrieben und sie über ihre Rolle im Unternehmen ausgefragt haben soll. Wenn die Antworten nicht zufriedenstellend gewesen seien, wären sie auf der Stelle entlassen worden. Diese Praxis wurde als „gesteved" werden bekannt. Der Ausdruck ist mittlerweile Teil des technischen Jargons und meint alle Projekte, die

---

22) Booth, Cathy: „Steves Job: Restart Apple". In: *Time*, 18. August 1997. (http://www.time.com/time/magazine/article/0,9171,986849,00.html)

kurzerhand begraben werden: „Mein Online-Strickmuster-Generator ist gesteved worden."

Jim Oliver bezweifelt, dass irgendein Angestellter persönlich im Fahrstuhl „gesteved" wurde. Jobs mag jemanden auf der Stelle gefeuert haben, aber nicht in Olivers Gegenwart – und er begleitete Jobs drei Monate lang fast überallhin als dessen persönlicher Assistent. Falls Jobs irgendjemanden so entließ, bezweifelt Oliver, dass er es mehr als einmal getan hat. „Aber diese Geschichten machten in der Tat die Runde und hielten die Leute auf Trab", sagte Oliver. „Diese Geschichten werden ständig wiederholt, aber ich habe nie die Person gefunden, der er dies angeblich antat."[23]

Nach dem, was er gehört hatte, erwartete Oliver, dass Jobs ein unberechenbarer, cholerischer und hoffnungsloser Fall war, und er war positiv überrascht, als er ihn ziemlich entspannt vorfand. „Jobs' Wutausbrüche werden übertrieben", sagte Oliver. Er wurde zwar Zeuge einiger Temperamentsausbrüche, aber diese waren „sehr selten" und oft vorsätzlich. „Die öffentlichen Standpauken waren ganz klar kalkuliert", sagte Oliver. (Jobs hat allerdings eine Tendenz, die Dinge zu polarisieren. Er hat einen bestimmten Lieblingskugelschreiber der Marke Pilot, und alle anderen bezeichnet er als „Mist". Menschen sind entweder Genies oder Idioten.)

Jobs hatte zwar den Newton begraben, aber er behielt den größten Teil des Newton-Teams, die er als gute Ingenieure einstufte. Er brauchte sie, um eines der Geräte seiner vereinfachten Produktmatrix zu bauen: den Consumer Portable, der später iBook genannt wurde. Während Jobs die Bestandaufnahme seiner Produkte durchführte, tat er das Gleiche mit den Angestellten. Das Kapital der Firma waren nicht nur die Produkte, sondern genauso die Mitarbeiter. Und es fanden sich einige Juwelen. „Vor zehn Monaten fand ich das beste Industriedesign-Team vor, das ich je gesehen habe", sagte Jobs später und meinte damit Jonathan Ive und sein Designer-Team. Ive arbeitete bereits vorher für Apple – er war seit vielen Jahren bei Apple und hatte sich zum Chef des Design-Teams hochgearbeitet. (Über Ive wird in Kapitel 3 ausführlicher gesprochen.)

---

23) Oliver, Jim: Persönliches Interview, Oktober 2006.

Jobs suchte aufmerksam nach den Talenten in den Produktteams, selbst wenn sie nicht die Leute waren, die das Sagen hatten. Peter Hoddie sagte, dass Jobs ihn nach der Präsentation von QuickTime, während der er viel über die Software sprach, nach seinem Namen gefragt hatte. „Ich wusste nicht, ob das ein gutes oder ein schlechtes Zeichen war", sagte Hoddie. „Aber er erinnerte sich an meinen Namen." Später wurde Hoddie der leitende Architekt von QuickTime.

Jobs' Vorhaben war schlicht: kürzen, damit das Hauptteam – sein Kader ehemaliger NeXT-Verantwortlicher sowie die besten Programmierer, Ingenieure, Designer und Vertriebsleute des Unternehmens – wieder innovative Produkte entwickeln, verbessern und auf den neuesten Stand bringen konnte. „Wenn wir vier großartige Produktplattformen erschaffen können, ist das alles, was wir brauchen", erklärte Jobs in einem Interview 1998. „Wir können unsere A-Mannschaft an jede einzelne davon setzen, anstatt bei einigen mit einer B- oder C-Mannschaft arbeiten zu müssen. Wir kommen viel schneller mit deren Entwicklung voran."[24] Wie wir in einem späteren Kapitel sehen werden, ist es eine von Jobs' Schlüsselstrategien in Jobs' Karriere gewesen, die talentiertesten Leute, die er finden konnte, zu rekrutieren.

Jobs stellte sicher, dass der Organisationsapparat von Apple schlank und wenig verzweigt war. Seine neue Managementstruktur war ziemlich einfach: Jon Rubinstein leitete die Technikabteilung, Avie Tevanian leitete die Softwareabteilung, Jonathan Ive kümmerte sich um die Designgruppe, Tim Cook um das operationelle Geschäft und Mitch Mandich um den weltweiten Vertrieb. Jobs insistierte auf einer klaren Befehlskette von ganz oben nach ganz unten: Jeder im Unternehmen wusste, an wen er sich halten musste und was von ihm erwartet wurde. „Die Organisation ist gradlinig, einfach zu verstehen und sehr nachvollziehbar", sagte Jobs der *Business Week*.[25] „Wir haben alles vereinfacht. Das war eines meiner Mantras – einen Schwerpunkt festlegen und für Einfachheit sorgen."

24) Seybold San Francisco/Publishing '98: Web Publishing Conference, Eröffnungsrede Steve Jobs', 31. August 1998.
25) Reinhart, Andy: „Steve Jobs on Apple's Resurgence: ‚Not a One-Man Show', " In: *Business Week Online*, 12. Mai 1998. (http://www.businessweek.com/bwdaily/dnflash/may1998/nf80512d.htm)

Dr. No

Jobs' radikale Schwerpunktfestlegung funktionierte. Apple stellte im Verlauf der nächsten zwei Jahre vier Geräte vor, die sich als eine Reihe von Verkaufsschlagern erwiesen.

Zuerst kam der Power Macintosh G3, ein schnelles Profigerät, das im November 1997 vorgestellt wurde. Es ist heute weitgehend in Vergessenheit geraten, aber der G3 war unter Apples Kernkunden – den Profi-Usern – ein großer Hit und wurde in seinem ersten Jahr in einer sehr respektablen Stückzahl von einer Million Einheiten verkauft. G3 folgten das vielfarbige iBook und das seidig titanfarbene PowerBook, die beide Bestseller waren. Der Verkaufsrenner Nummer 1 wurde aber der iMac. Ein bonbonfarbener Rechner in der Form eines Regentropfens. Vom iMac wurden sechs Millionen Stück verkauft, und er war damit der am häufigsten verkaufte Computer aller Zeiten. Der iMac wurde ein kulturelles Phänomen und löste eine Welle durchsichtiger Plastikprodukte aus, von Zahnbürsten bis zu Föhnen. Bill Gates war durch den Erfolg des iMac irritiert. „Es gibt eine Sache, in der Apple nun führend ist, nämlich die Farben", sagte er. „Ich glaube aber, es wird nicht lange dauern, bis wir in diesem Bereich aufholen."[26] Gates sah einfach nicht, dass jenseits der ungewöhnlichen Farbgebung des iMacs der Computer noch anderes aufweisen konnte, was ihn bei Verbrauchern zum Verkaufshit machte: Er verfügte über ein einfaches Set-Up, eine benutzerfreundliche Software und war einfach einmalig!

Jobs setzte den Schwerpunkt von Apple auf eine kleine Auswahl von Produkten, die Apple gut beherrschte. Doch der Akt der Festlegung an sich hat auch in Bezug auf die einzelnen Produkte Anwendung gefunden. Um „Feature Creep" – die wachsende Liste neuer Funktionen, die oft während der Designphase und auch nach der ersten Markteinführung neuen Produkten hinzugefügt wurden – zu vermeiden, besteht Jobs darauf, einen Schwerpunkt festzulegen. Viele Mobiltelefone sind leuchtende Beispiele des „Feature Creep". Sie können alles Vorstellbare, aber grundlegende Funktionen wie die Anpassung der Lautstärke oder das Abrufen von Voicemails werden manchmal durch die überbordende Komplexität der Ge-

---

26) CNET News.com: „Gates Takes a Swipe at iMac". 26. Juli 1999. (http://www.news.com/ Gates-takes-a-swipe-at-iMac/2100-l001_13-229037.html).

räte erschwert. Um zu vermeiden, dass der Verbraucher durch eine end-
lose Reihe komplizierter Entscheidungen verwirrt wird, ist eines von Jobs'
Lieblingsmantras bei Apple: „Einen Schwerpunkt zu setzen bedeutet, Nein
zu sagen."

Einen Schwerpunkt zu setzen bedeutet auch, Selbstbewusstsein zu haben,
Nein zu sagen, wenn alle anderen Ja sagen. Als Jobs den iMac einführte,
hatte dieser z. B. kein Diskettenlaufwerk, was damals noch zur Standard-
ausrüstung aller Computer gehörte. Heute wirkt es albern, aber damals
gab es Protestgeheule von Kunden und Presse. Viele Experten sagten voraus, dass das Fehlen eines Diskettenlaufwerkes ein fataler Fehler sei, der
den iMac zum Scheitern verurteile. „Der iMac ist klar, elegant, diskettenfrei
– und zum Scheitern verurteilt", schrieb Hiawatha Bray im *Boston Globe* im
Mai 1998.[27]

Jobs war sich bei der Entscheidung selbst nicht hundertprozentig sicher,
sagte Hoddie. Aber er vertraute seinem Bauchgefühl, dass das Diskettenlaufwerk dabei war, überflüssig zu werden. Der iMac war als Internet-
Computer konzipiert, und die Besitzer würden das Netz benutzen, um Dateien zu übertragen oder Software zu downloaden, überlegte Jobs.
Außerdem war der iMac einer der ersten Computer auf dem Markt mit einer USB-Schnittstelle, einem neuen Standard zum Anschließen von Peripheriegeräten, der von niemandem außer Intel benutzt wurde (er war sogar von Intel erfunden worden). Doch die Entscheidung, auf Disketten zu
verzichten und USB zu nutzen, gab dem iMac den Glanz eines Voraus-
schauenden. Er wirkte wie ein futuristisches Produkt, ob dies beabsichtigt
war oder nicht.

Jobs sorgt auch dafür, dass Apples Produktpalette sehr einfach und schwer-
punktbezogen ist. Während der gesamten späten 1990er und frühen
2000er brachte Apple höchstens ein halbes Dutzend größerer Produktlinien auf den Markt: je zwei größere Desktop-Computer und -Laptops,
einige Monitore, den iPod und iTunes. Später kamen der Mac mini, das
iPhone, AppleTV und einige iPod-Accessoires wie Wollsocken und Arm-
bänder hinzu. Stellen Sie sich einmal Jobs' Beharren auf einem Schwerpunkt ganz im Gegensatz zu anderen Unternehmen in der High-Tech-

---

27) Bray, Hiawatha: „Thinking Too Different". In: *Boston Globe,* 14. Mai 1998.

Industrie vor, insbesondere den Giganten Samsung oder Sony, die den Markt am laufenden Bande mit Hunderten verschiedener Produkte bombardieren. Im Laufe der Jahre hat Sony 600 verschiedene Modelle des Walkman verkauft. Sonys CEO, Sir Howard Stringer, hat einmal seinem Neid auf Unternehmen mit einer engen Produktpalette Ausdruck verliehen. „Manchmal wünsche ich mir, dass wir nur drei Produkte hätten", lamentierte er.[28]

Sony kann kein Produkt, egal welches, auf den Markt bringen, ohne gleich beim Start vielfältige Varianten anzubieten. Dies wird normalerweise als gut für den Kunden erachtet. Grundsätzlich gilt, dass mehr Auswahl immer eine gute Sache ist. Aber jede Variante kostet das Unternehmen Zeit, Energie und Ressourcen. Während einem Riesen wie Sony diese Mittel vielleicht zur Verfügung stehen, musste Apple sich konzentrieren und die Zahl der Varianten reduzieren, um überhaupt irgendetwas auf den Markt zu bringen.

Natürlich hat Apple beim iPod heute eine Angebotspalette, die Sony ähnelt. Es gibt mehr als ein halbes Dutzend Modelle, von der reduzierten Standardausführung bis hin zum High-End-Video-iPod und dem iPhone, deren Preise jeweils im 50-Dollar-Abstand zwischen 100 Dollar und 350 Dollar liegen. Aber um dahin zu kommen, brauchte Apple mehrere Jahre – nicht nur einen einzigen Starttermin.

Persönliche Schwerpunktlegung

Auf der persönlichen Ebene konzentriert sich Jobs auf die Gebiete, auf denen er stark ist, und delegiert alles andere. Bei Apple hat er ein genaues Auge auf die Gebiete, in denen er sich genau auskennt: die Entwicklung neuer Produkte, die Überwachung des Marketing und das Halten von Schlüsselreden. Bei Pixar war er das genaue Gegenteil. Er delegierte den Prozess des Filmemachens an seine fähigen Mitarbeiter. Jobs' wichtigste Funktion bei Pixar war, Geschäfte mit Hollywood abzuschließen, eine

---

28) Szalai, Georg: „Stringer: Content Drives Digitization". In: *TheHollywood Reporter*, 9. November 2007. (http://www.hollywoodreporter.com/hr/content_display/business/news/e3idd293825dd51c45cff4f1036c8398c0e)

Fähigkeit, die er hervorragend beherrscht. Lassen Sie uns diese verschiedenen Gebiete einmal gegenüberstellen.

Worin Jobs gut ist:

Neue Produkte zu entwickeln.

Jobs ist ein Meister darin, sich neue innovative Produkte auszudenken und bei deren Verwirklichung zu helfen. Jobs erfindet leidenschaftlich gerne neue Produkte, angefangen beim Mac über den iPod zum iPhone.

Produktpräsentationen.

Steve Jobs ist das Gesicht von Apple. Wenn das Unternehmen ein neues Produkt hat, ist Jobs derjenige, der es der Welt präsentiert. Darauf bereitet er sich wochenlang vor.

Geschäfte abschließen.

Jobs ist ein Meister im Verhandeln. Er schloss großartige Verträge mit Disney ab, um die Pixar-Filme zu vertreiben, und überzeugte alle fünf großen Plattenlabels, über iTunes Musik zu verkaufen.

Worin Jobs nicht gut ist:

Bei Spielfilmen Regie zu führen.

Bei Apple hat Jobs den Ruf eines Mikro-Managers und Einmischers. Bei Pixar hat er sich nicht besonders viel eingemischt. Jobs kann nicht Regie führen, also versucht er es nicht einmal (mehr über Pixar in Kapitel 4).

Sich um die Wall Street zu kümmern.

Jobs hat wenig Interesse daran, sich mit der Wall Street zu beschäftigen. Jahrelang vertraute er die Finanzen des Unternehmens seinem Finanzvorstand Fred Anderson an. Bis zum Aktienoptionsskandal 2006 und 2007 wurde Anderson überall dafür bewundert und respektiert, wie gut er die finanziellen Angelegenheiten des Unternehmens im Griff hatte.

Der operative Geschäftsbereich.

Auf dieselbe Weise delegiert Jobs den kniffligen Job des operativen Geschäfts an seinen altgedienten Leiter des operativen Geschäfts Tim Cook, der allgemein als seine rechte Hand angesehen wird (als Jobs' Krebserkrankung behandelt wurde, übernahm Cook zeitweise das Amt des CEO). Unter Cook hat Apple extrem schlanke und effiziente Betriebsabläufe entwickelt. Jobs prahlt damit, dass Apple effizienter ist als Dell, dem angeblichen Maß aller Dinge in der Branche (mehr darüber in Kapitel 6).

Den Schwerpunkt aufrechtzuerhalten.

Im Laufe der Jahre ist die Liste der Produkte, die Jobs nicht produziert hat, ziemlich lang geworden: angefangen von PDAs über Webtablets bis hin zu schlichten Billigcomputern. „Wir sprechen hier von sehr vielen Dingen, aber ich bin genauso stolz auf die Dinge, die wir nicht gemacht haben, wie auf die, die wir gemacht haben", teilte Jobs dem *Wall Street Journal* mit.[29]

Apples Laboratorien sind mit Produktprototypen, die es nie in die Läden geschafft haben, zugestellt. Das Produkt, auf dessen Nichterschaffung Jobs am meisten stolz ist, ist ein PDA, ein Personal Digital Assistent, dem Nachfolger des Newton, dessen Entwicklung er 1998 abgebrochen hatte. Jobs hat zugegeben, dass er über einen PDA lange *nachgedacht* hat, aber zu der Zeit, als Apple dann so weit war – in den frühen 2000ern – entschied er, dass die große Zeit der PDAs schon vorbei war. Die PDAs wurden schnell durch Mobiltelefone mit Adressbüchern und Kalenderfunktionen ersetzt. „Es gab einen enormen Druck auf uns, einen PDA zu machen. Aber wir sahen es uns an und sagten: ,Moment mal, 90 Prozent der Leute, die diese Dinger benutzen, wollen nur Informationen aus ihnen herauskriegen. Sie wollen nicht unbedingt regelmäßig Informationen in sie hineingeben. Und diesen Teil werden die Mobiltelefone übernehmen'", sagte Jobs gegenüber dem *Wall Street Journal*.[30] Er hatte recht: Sehen Sie sich das iPhone an (und der PDA, der nicht mit dem iPhone kompatibel ist, hängt jetzt in den Seilen).

Es hat auch Ratschläge gegeben, dass Apple an das Big Business, den sogenannten Geschäftskundenmarkt, verkaufen solle. Jobs hat dem widerstanden, weil Verkäufe an Firmen – wie groß auch immer der potentielle Markt sein mochte – nicht zu Apples Schwerpunkt gehörte. Seit Jobs'

---

29) Mossberg, Walter S.: „The Music Man: Apple CEO Steve Jobs Talks About the Success of iTunes, Mac's Future, Movie Piracy". In: *Wall Street Journal*, 14. Juni 2004. (http://online. wsj. com/article_email/SB108716565680435835-IrjfYNolaV3nZyqaHmHcKmGm4.html)
30) Ebd.

Rückkehr hat sich Apple auf die Konsumenten konzentriert. „Apples Ursprung ist das Bauen von Computern für Menschen, nicht für Firmen", hat Jobs einmal gesagt. „Die Welt braucht keinen weiteren Dell oder Compaq."[31]

Man kann mit einem 3.000 Dollar teuren Gerät wesentlich größere Profite machen als mit einem 500 Dollar teuren Gerät, selbst wenn man weniger davon verkauft. Indem Apple auf das mittlere und höhere Segment des Marktes zielte, kam es in den Genuss einiger der besten Umsatzrenditen in der Branche: ungefähr 25 Prozent. Die Umsatzrendite von Dell liegt nur bei ungefähr 6,5 Prozent. Die von Hewlett Packard liegt noch niedriger, ungefähr bei fünf Prozent.

Im Sommer 2007 war Dell mit einem erstaunlichen Anteil von 30 Prozent am US-Markt der größte PC-Hersteller der Welt. Apple kam als Dritter über die Ziellinie mit einem viel kleineren Marktanteil von 6,3 Prozent.[32] Im dritten Quartal 2007 bilanzierte Apple jedoch einen Rekordgewinn von 818 Millionen Dollar, während Dell mit mehr als fünfmal so viel verkauften Geräten lediglich 2,8 Millionen Dollar verdiente. Ja, ein großer Anteil von Apples Profiten kam durch den Verkauf von iPods zustande, und Dell durchlief gerade eine Restrukturierung. Jedoch verdient Apple mit dem Verkauf eines 3.500 Dollar teuren High-End MacBook Pro Laptop mehr Geld (und zwar 875 Dollar), als Dell an einem 500 Dollar teuren PC verdient (ungefähr 25 Dollar). Deswegen kaufte Dell 2006 Alienware, einen Hersteller von PC-Systemen, die speziell auf die Bedürfnisse von Computerspielern und deren Hardwareanforderungen zugeschnitten sind. Es ist seit Jahren klar, dass Apple nicht den gleichen Markt bedient wie die PC-Firmen, aber viele Jahre lang wurde das geschäftliche Wohlergehen des Unternehmens daran gemessen, wie viele Computer verkauft wurden, nicht wie viel diese Computer wert waren. Der Erfolg auf dem Computermarkt wurde traditionell über die Quantität, nicht über die Qualität gemessen. Experten sowie der Branchenbeobachter Gartner Inc. riefen Apple regelmäßig dazu auf, das Hardwaregeschäft abzugeben, weil der Marktanteil in den 2000ern auf niedrige einstellige Prozentzahlen sank.

---

31) Krantz, Michael und Steve Jobs: „Steve Jobs at 44". In: *Time,* 10. Oktober 1999.
32) IDC, Top 5 Vendors, United States PC Shipments, Third Quarter 2007. (http://www.idc.com/getdoc.jsp;jsessionid=Z53BVCY1DTPR2CQJAFICFGAKBEAUMIWD?containerId=prUS20914007)

Aber Apple holt sich das profitabelste Segment des Marktes und nicht die höchste Anzahl der verkauften Geräte, obwohl sich dies beginnt zu ändern.

Steves Lehren

- *Packen Sie es an.* Krempeln Sie die Ärmel hoch, und fangen Sie sofort mit der Arbeit an.
- *Stellen Sie sich schwierigen Entscheidungen geradewegs.* Jobs musste einige schwere und schmerzhafte Entscheidungen treffen, aber er stellte sich der Situation.
- *Werden Sie nicht emotional.* Beurteilen Sie die Probleme Ihrer Firma mit einem kühlen klaren Kopf.
- *Seien Sie konsequent.* Es kann nicht gerade einfach gewesen sein, aber als Jobs zu Apple zurückkehrte und seine radikale Umstrukturierung einleitete, verhielt er sich konsequent und fair. Er wusste, was getan werden musste. Er nahm sich die Zeit, es zu erklären, und er erwartete von den Mitarbeitern, mitzuziehen.
- *Raten Sie nicht, informieren Sie sich.* Inspizieren Sie die Firma gründlich, und treffen Sie Ihre Entscheidungen auf der Basis von Daten, nicht von Gefühlen. Das ist hart, aber fair.
- *Sehen Sie sich nach Hilfe um.* Versuchen Sie nicht, die Last allein zu schultern. Jobs bittet das Unternehmen um Hilfe und bekommt sie. Das Management hilft Ihnen, die Last aller Einschnitte zu tragen.
- *Einen Schwerpunkt festzulegen bedeutet, Nein zu sagen.* Jobs legte Apples Schwerpunkt auf eine kleine Anzahl von Projekten, die Apple gut beherrschte.
- *Bleiben Sie fokussiert; vermeiden Sie „Feature Creep".* Machen Sie es nicht zu kompliziert, Einfachheit ist in einer Welt übertrieben komplexer Technologie eine Tugend.
- *Konzentrieren Sie sich auf das, worin Sie gut sind; delegieren Sie alles andere.* Jobs führt nicht in Animationsfilmen Regie oder fordert die Wall Street heraus. Er konzentriert sich auf das, was er kann.

Kapitel 2

Despotismus:
Apples Ein-Mann-Fokusgruppe

„Wir lassen die Buttons auf dem Bildschirm so gut aussehen,
dass Sie sie am liebsten ablecken wollen."

– Steve Jobs am 24. Januar 2000 gegenüber *Fortune* über das
neue Mac OS X Benutzerinterface

Bevor Jobs zu Apple zurückkehrte, hatte das Unternehmen mehrfach er-
folglos versucht, eine moderne Version des Macintosh-Betriebssystems zu
entwickeln. Seit seiner Einführung im Jahre 1984 hat sich das alte Mac OS
zu einem überladenen, instabilen Patchwork aus Programmiercodes entwickelt. Verwaltung und Aktualisierung waren zu einem Alptraum geworden, was ständige Abstürze, eingefrorene Bildschirme und Neustarts zur
Folge hatte – außerdem eine Menge Datenverlust, Frustration und Ärger.

Weil ein Großteil des Mac OS immer noch aus altersschwachen Codes bestand, entschied sich Apple, ganz von vorne anzufangen. 1994 fingen die

Programmierer an, das Betriebssystem von Grund auf neu zu schreiben; das Ganze ging unter dem Codenamen Copland, nach dem berühmten amerikanischen Komponisten, vonstatten. Jedoch wurde nach einigen Jahren klar, dass das Projekt gigantischen Ausmaßes war und nie vollendet sein würde. Das Apple-Vorstands-Team entschied, dass es einfacher (und klüger) wäre, das Betriebssystem der nächsten Generation von einem anderen Unternehmen zu kaufen, anstatt selbst eines zu entwickeln. Die Suche führte am Ende zum Kauf von Steve Jobs' NeXT.

Apple interessierte sich für den Kauf von NeXTstep, einem erstaunlich ausgereiften und vielseitigen Betriebssystem, das Jobs während seiner Jahre in der Wildnis, fern von Apple, entwickelt hatte. NeXTstep bot alles, was das alte Mac OS vermissen ließ. Es war schnell, stabil und fast absturz-sicher. Es bot moderne Netzwerkfunktionen – essentiell im Internet-Zeit-alter – und einen modularen Aufbau, der einfach zu modifizieren und zu aktualisieren war. Außerdem war ein umfangreiches Paket großartiger Programmiertools im Paket enthalten, was es den Softwareentwicklern sehr einfach machte, Programme dafür zu schreiben. Programmiertools sind ein riesiger Wettbewerbsvorteil in der Hightech-Industrie. Computer-plattformen sind zum Scheitern verurteilt, wenn talentierte Programmie-rer kein Interesse daran zeigen und Anwendungen für sie schreiben, ge-nau wie Spielkonsolen scheitern, wenn sie keine großartigen Spiele hervorbringen. Egal, ob Mac, Palm Pilot oder Xbox, der Erfolg einer Platt-form ist in allererster Linie von der Software bestimmt, die darauf läuft. In einigen Fällen ist dies die sogenannte Killerapplikation – eine notwendige Software wie Office für Windows oder das Spiel Halo auf der Xbox, das den Erfolg der Plattform garantiert.

Was kam als Nächstes?

Nach dem Kauf von NeXT musste Apple herausfinden, wie es NeXTstep zu einem Macintosh-Betriebssystem machen konnte. Zuerst schien diese Aufgabe so schwierig, dass die Programmierer von Apple sich entschie-den, die alte Benutzeroberfläche von Mac OS 8 auf die Codebasis von NeXTstep zu übertragen. Laut Cordell Ratzlaff, dem Manager, der dieses Projekt betreuen sollte, sah die Übertragung der alten Oberfläche nicht nach einer riesigen Herausforderung aus. „Wir betrauten einen einzigen

Grafiker mit OS X", erinnert er sich. „Seine Aufgabe war ziemlich lang-weilig: das neue Zeug aussehen zu lassen wie das alte Zeug."

Doch Ratzlaff fand es schade, eine hässliche Fassade auf so ein elegantes System zu übertragen, und bald ließ er Grafiker Entwürfe neuer Oberflächendesigns entwickeln. Ratzlaff sagte mir, dass diese Entwürfe den Sinn hatten, viele der fortgeschrittenen Technologien unter Anwendung von NeXTstep aufzuzeigen – insbesondere die starken grafischen und Animationsfähigkeiten.[1]

Ratzlaff, der zurückhaltende Kreativdirektor von Frog Design, der legendären und international bekannten Designschmiede, arbeitete neun Jahre lang bei Apple. Er begann als Grafiker und kletterte die Karriereleiter empor, bis er die Benutzeroberflächengruppe für Mac OS leitete. In dieser Funktion war Ratzlaff für das Aussehen und die Wirkung von Apples Betriebssystemen verantwortlich, von Mac OS 8 bis zum ersten OS X.

Heutzutage sind Benutzeroberflächen bunt und dynamisch, aber in den späten 1990ern waren sowohl Apples als auch Microsofts Betriebssysteme schlicht und grau, mit rechteckigen Fenstern, scharfen Kanten und einer ziemlich verpixelten Oberfläche. Doch dann kam Apple mit dem iMac in Regentropfenform heraus, einem Computer mit einem transparenten Plastikkorpus und kurvigen organischen Linien. Er war für Ratzlaff und seine Kollegen eine große Inspirationsquelle. Bald hatten sie Prototypen mit farbigen, luftigen Oberflächen, durchsichtigen Menüs, weichen Kanten und runden, organischen Buttons vorbereitet.

Ratzlaffs Chef Bertrand Serlet, der heute Apples Vizevorstandsvorsitzender und zuständig für den Bereich Software-Engineering ist, bewunderte die Entwürfe, aber er sagte klar und deutlich, dass weder Zeit noch Ressourcen vorhanden waren, diese zu verwenden. Der einsame Grafiker von OS X übertrug also weiter die alte Mac-Benutzeroberfläche auf NeXTstep.

Nachdem Apple einige Monate an OS X gearbeitet hatte, wurde außerhalb des Unternehmens ein Treffen für alle Ingenieurgruppen, die an OS X beteiligt waren, veranstaltet, um einen Zwischenbericht einzuholen. Ratzlaff

---

1) Ratzlaff, Cordell: Persönliches Interview, September 2006.

wurde gebeten, seine Oberflächenentwürfe vorzuführen, vorwiegend zur Unterhaltung. Sein Vortrag sollte nach einer langen und arbeitsintensiven Woche etwas Entspannung bringen. Er war als letzter Sprecher am letzten Tag vorgesehen. Heimlich hoffte er aber, dass es Unterstützung für die neuen Designs geben würde und dass diese doch noch verwirklicht werden würden, obwohl er sich keine wirklich großen Chancen ausrechnete. Im Verlauf der zweitätigen Veranstaltung wurde immer deutlicher, was für ein enormes Projekt OS X war. Jeder fragte sich, wie man jemals damit fertig werden sollte. „Und dann, ganz am Ende, stand ich da und sage: ‚Ach, und hier ist übrigens eine neue Oberfläche. Sie ist durchsichtig, es gibt Echtzeitanimationen und einen kompletten Alpha-Channel‘“, erinnerte sich Ratzlaff. „Es brach schallendes Gelächter aus, weil es absolut unwahrscheinlich war, dass wir die Benutzeroberfläche überarbeiten durften. Ich war danach ziemlich deprimiert.“

„Ihr seid ein Haufen Idioten“

Zwei Wochen später bekam Ratzlaff einen Anruf von Steve Jobs' Assistent. Jobs hatte die Entwürfe bei der Tagung nicht gesehen – er hatte nicht teilgenommen –, aber nun wollte er einen Blick darauf werfen. Zu diesem Zeitpunkt war Jobs immer noch bei seiner Bestandsaufnahme aller Produktgruppen. Ratzlaff und seine Grafiker saßen in einem Konferenzraum und warteten auf Jobs, als dieser plötzlich hereinkam und sie „einen Haufen Amateure“ nannte.

„Ihr seid doch die Typen, die Mac OS entworfen haben, richtig?“, fragte er sie. Betreten nickten sie. „Nun, ihr seid ein Haufen Idioten.“

Jobs rasselte all die Dinge herunter, die er an der alten Mac-Oberfläche hasste, was so ziemlich alles war. Eine Sache, die er mit am meisten hasste, waren die vielen verschiedenen Optionen, Fenster und Ordner zu öffnen. Es gab mindestens acht verschiedene Möglichkeiten, auf Ordner zuzugreifen – Drop-down-Menüs, Pop-up-Menüs, den DragStrip, den Launcher und den Finder. „Das Problem war, dass man zu viele Fenster hatte“, sagte Ratzlaff. „Steve wollte die Fensterorganisation vereinfachen.“ Weil Ratzlaff derjenige war, der primär für diese Funktion verantwortlich war, fürchtete er so langsam um seinen Arbeitsplatz. Aber nach 20 Minuten harscher

Kritik verstand Ratzlaff, dass sein Arbeitsplatz sicher war. „Ich dachte, wenn er uns rausschmeißen wollte, hätte er es schon längst getan", sagte Ratzlaff.

Jobs, Ratzlaff und die Grafiker begannen eine eingehende Diskussion über die alte Mac-Oberfläche und wie sie überarbeitet werden könnte. Ratzlaffs Team zeigte Jobs die Entwürfe, und das Meeting nahm doch noch eine positive Wendung. „Bauen Sie diese Entwürfe aus, und zeigen Sie sie mir", sagte Jobs.

Das Grafikerteam arbeitete drei Wochen lang Tag und Nacht und baute Prototypen mit Micromedia Director, einem Multimedia-Programmiertool, das oft dazu verwendet wird, maßgeschneiderte Oberflächen für Software oder Internetseiten zu entwerfen. „Wir wussten, dass unsere Arbeitsplätze auf der Kippe standen, also haben wir uns ziemliche Sorgen gemacht", sagte er. „Er [Jobs] kam rüber zu unseren Büros, und wir verbrachten den gesamten Nachmittag mit ihm. Er war begeistert. Von da an war klar, dass es eine neue Benutzeroberfläche für OS X geben würde."

Jobs war so beeindruckt, dass er zu Ratzlaff sagte: „Dies ist der erste Hinweis bei Apple auf einen dreistelligen Intelligenzquotienten." Ratzlaff freute sich über das Kompliment. Für Jobs' Verhältnisse ist die Bestätigung, dass man einen IQ hat, der über 100 liegt, ein Zeichen glühender Verehrung. Zuversichtlich, dass ihre Arbeitsplätze nun gesichert waren, feierten Ratzlaff und die Grafiker mit ein paar Sixpacks Bier. Doch als sie Jobs zusammen mit Phil Schiller, Apples Vertriebschef, den Korridor entlang kommen sahen, wurden sie nervös. Glücklicherweise war Jobs zufrieden. Als Jobs näherkam, hörten sie ihn aufgeregt zu Schiller sagen: „Du musst dir das unbedingt anschauen."

„Von diesem Augenblick an hatten wir keine Probleme mehr", sagte Ratzlaff.

Jedes kleinste Detail ist wichtig

Während der folgenden 18 Monate hatte Ratzlaffs Team jede Woche ein Meeting mit Jobs, bei dem sie ihm ihre neuesten Entwürfe zeigten. Jobs verlangte für jedes Element der neuen Oberfläche – die Menüs, die Dialoge, die Radiobuttons – mehrere Varianten, sodass er von diesen die besten auswählen konnte. Wie wir später sehen werden, verlangt Jobs immer mehrere Varianten der Produkte, die gerade entwickelt werden – das gilt sowohl für Hardware als auch für Software. Bei den Meetings mit Ratzlaff gab Jobs eine Menge Anregungen, wie die Designs verbessert werden konnten, und nur wenn er zufrieden war, konnte eine Aufgabe abgehakt werden.

Die Prototypen des Designteams in Macromedia Director waren zwar dynamisch, aber sie waren keine funktionierende Software. Jobs konnte Fenster öffnen und schließen, Drop-down-Menüs ansehen und einen Eindruck gewinnen, wie das System funktionieren würde, aber es handelte sich nur um Animationen, nicht um funktionierenden Programmiercode. Das Team ließ den funktionierenden Code auf einem anderen Rechner, der direkt neben den Macromedia-Director-Animationen aufgestellt war, laufen. Als sie Jobs den tatsächlichen Programmiercode zeigten, lehnte er sich vor, die Nase dicht am Bildschirm, und untersuchte ihn genau. Dabei bewegte er sich zwischen den Animationen und den Prototypen hin und her.

„Er verglich sie Pixel für Pixel, um zu sehen, ob sie übereinstimmten", sagte Ratzlaff. „ Er kümmerte sich um jedes einzelne Detail, er suchte alles ab, bis hin zu den einzelnen Pixel." „Wenn sie nicht übereinstimmten", sagte Ratzlaff, „wurde irgendein Entwickler angeschrien."

Ratzlaffs Team verbrachte unglaubliche sechs Monate damit, die Scrollbars zu Jobs' Zufriedenheit zu verbessern. Scrollbars sind zwar ein wichtiger Teil jedes Betriebssystems, aber sie sind kaum das sichtbarste Element auf der Benutzeroberfläche. Dennoch bestand Jobs darauf, dass die Scrollbars genau so aussahen, wie er sie sich vorstellte. Also programmierte Ratzlaffs Team eine Version nach der anderen. „Es musste ganz genau stimmen", sagte Ratzlaff und lachte über den Aufwand für solch ein scheinbar nebensächliches Detail.

Anfangs fand das Grafikerteam es sehr schwierig, die Scrollbar-Details richtig hinzubekommen. Die kleinen Pfeile hatten die falsche Größe oder befanden sich an der falschen Stelle, oder die Farbe stimmte nicht. Die Scrollbars mussten unterschiedlich aussehen, je nachdem, ob das Fenster gerade aktiv oder im Hintergrund war. „Es war ziemlich schwierig, sie während all dieser Phasen jeweils passend zu dem restlichen Design hinzubekommen", sagte Ratzlaff mit einem Anflug von Müdigkeit in der Stimme. „Wir blieben dran, bis alles so war, wie es sein sollte. Wir arbeiteten sehr lange daran."

Die Vereinfachung der Benutzeroberfläche

Die Oberfläche von OS X wurde für gänzlich neue Benutzer konzipiert. Weil das System für alle neu sein würde – selbst für erfahrene Mac-User – konzentrierte sich Jobs darauf, sie so weit wie möglich zu vereinfachen. Beispielsweise waren im alten Mac OS die meisten Einstellungen, die das Systemverhalten beeinflussten, in Myriaden von Systemerweiterungen und Controlpanel-Menüs sowie speziellen Dialogboxen der verschiedenen Systemkomponenten verborgen. Eine Internetverbindung herzustellen bedeutete, an bis zu sechs verschiedenen Stellen knifflige Einstellungen vorzunehmen.

Um alles zu vereinfachen, wollte Jobs so viele Einstellungen wie möglich in eine einzige Systemeinstellungsbox legen lassen, welche sich in einem neuen Navigationselement, dem sogenannten „Dock", befand. Das Dock ist eine Leiste mit Symbolen, die sich unten auf dem Bildschirm befindet. Dort findet man häufig benutzte Anwendungen sowie den Systempapierkorb. Außerdem ist dort beispielsweise Platz für häufig benutzte Ordner bis hin zu Miniprogrammen, die „Scripte" genannt werden.

Jobs bestand darauf, so viele Oberflächenelemente wie möglich wegzulassen, weil er der Meinung war, dass der Inhalt der Fenster wichtig war, nicht so sehr die Fenster selbst. Sein Wunsch, Dinge wegzulassen und zu vereinfachen, setzte mehreren größeren Funktionen ein Ende. Unter anderem einem Einzelfenstermodus, an dem das Entwurfsteam viele Monate gearbeitet hatte.

Jobs hasste es, wenn viele Fenster gleichzeitig geöffnet waren. Jedes Mal, wenn ein neuer Ordner oder ein neues Dokument geöffnet wurde, erzeugte das ein neues Fenster. Dadurch war der Bildschirm sehr schnell mit überlappenden Fenstern angefüllt. Also kreierten die Entwickler einen speziellen Einzelfenstermodus. Alles wurde im gleichen Fenster angezeigt, egal, in welchem Programm der Benutzer gerade arbeitete. Das Fenster würde beispielsweise erst ein Tabellenkalkulationsprogramm, dann ein Textdokument und dann ein digitalisiertes Foto anzeigen. Der Effekt war, wie in einem einzigen Browserfenster von Website zu Website zu springen, außer dass man eben zwischen Dokumenten wechselte, die auf der lokalen Festplatte gespeichert waren.

Manchmal funktionierte dieses Fenstersystem sehr gut, aber die Fenstergröße musste oft angepasst werden, um verschiedene Arten von Dokumenten anzuzeigen. Wenn man mit einem Textdokument arbeitete, war das Fenster am besten schmal, um das Hoch- und Herunterscrollen im Text zu vereinfachen, wenn der Benutzer dagegen ein breites Landschaftsbild öffnete, musste man das Fenster verbreitern.

Aber das war noch nicht das größte Problem. Entscheidend für Jobs war, dass zum Ein- und Ausschalten des Systems ein eigener Button in der Werkzeugleiste geschaffen werden musste. Jobs entschied im Interesse der Einfachheit, den Button wegzulassen. Er konnte damit leben, dass die Größe der Fenster angepasst werden musste, aber nicht mit dem zusätzlichen Button, der die Menüleiste vollstopfte. „Der zusätzliche Button war durch die Funktionalität nicht gerechtfertigt", sagte Ratzlaff.

Während die Grafiker an der neuen Oberfläche arbeiteten, schlug Jobs häufig Dinge vor, die zuerst verrückt schienen, sich aber später als gute Ideen herausstellten. Bei einem Meeting untersuchte er beispielsweise die drei winzigen Buttons in der oberen linken Ecke jedes Fensters, die zum Schließen, Verkleinern beziehungsweise Maximieren der Fenster dienten, ganz genau. Die Grafiker hatten alle drei Buttons im gleichen gedeckten Grau entworfen, damit sie den Benutzer nicht ablenkten. Es war jedoch schwer zu erkennen, wozu die Buttons jeweils zuständig waren. Daraufhin wurde vorgeschlagen, dass die Funktionen durch Animationen illustriert werden sollten, die dadurch ausgelöst wurden, dass man mit der Maus darüber ging.

Doch dann machte Jobs einen scheinbar merkwürdigen Vorschlag: Die Buttons sollten der Farbgebung einer Ampel entsprechen: rot zum Schließen des Fensters, gelb zum Verkleinern und grün zum Maximieren. „Als wir das hörten, dachten wir, dass es seltsam war, eine Ampel mit einem Computer in Verbindung zu bringen", sagte Ratzlaff. „Aber wir arbeiteten eine Weile daran, und es stellte sich heraus, dass er recht hat." Die Farbe des Buttons ließ einen intuitiv die Folge des Klickens darauf erahnen. Dies galt insbesondere für den roten Button, der „Gefahr" suggerierte, falls der Benutzer das Fenster nicht schließen wollte.

Die Vorstellung von OS X

Jobs wusste, dass OS X eine riesige Protestwelle seitens der externen Software-Entwicklungsabteilung von Apple auslösen würde, die nun ihre gesamte Software neu schreiben musste, damit sie auf dem neuen System lief. Trotz der neuen Programmiertools von OS X war Widerstand von den Entwicklern zu erwarten. Jobs und seine Führungskräfte überlegten intensiv, wie sie die Software-Community dafür begeistern konnten. Am Ende dachten sie sich eine Strategie aus: Wenn sie nur drei der größten Unternehmen überzeugen konnten, OS X zu akzeptieren, würden alle anderen folgen. Die drei Großen waren: Microsoft, Adobe und Macromedia.

Es funktionierte – zumindest letzten Endes. Microsoft unterstützte OS X dank Jobs' Vereinbarung mit Bill Gates aus dem Jahre 1998, die einen Software-Support für fünf Jahre festgeschrieben hatte, von Beginn an. Doch Adobe und Macromedia waren nicht so begeistert davon, ihre großen Anwendungen wie Foto-Shop und Dreamweaver anzupassen. Beide Hersteller portierten sie am Ende, aber sie weigerten sich, ihre Applikationen für OS X neu zu schreiben; eine Entscheidung, die Apple dazu veranlasste, seine eigenen Applikationen und indirekt den iPod zu entwickeln (mehr dazu später).

Zwar war es kein Geheimnis, dass Apple an OS X arbeitete, aber die Tatsache, dass es eine neue Oberfläche bekommen sollte, war eines. Die Oberfläche war in strenger Geheimhaltung entworfen worden. Sehr wenige Leute bei Apple wussten überhaupt, dass die Oberfläche überholt wurde, und nur eine Handvoll Menschen arbeitete daran. Eine von Jobs' ausdrücklichen Begründungen für die Geheimhaltung war, andere – besonders Microsoft – davon abzuhalten, sie zu kopieren.

Noch wichtiger aber war, dass Jobs dem zukünftigen Verkauf des gegenwärtigen Macintosh-Betriebssystems nicht schaden wollte. Jobs wollte das vermeiden, was als Osborne-Effekt bekannt ist, in dem ein Unternehmen durch die Ankündigung beeindruckender neuer Technologien, die noch nicht fertig entwickelt sind, Selbstmord begeht.

Ab dem Zeitpunkt, an dem Entwicklung von OS X begann, verbot Jobs allen Apple-Mitarbeitern, das gegenwärtige Mac OS in der Öffentlichkeit zu kritisieren. Seit Jahren hatten die Apple-Programmierer ziemlich offen über die Probleme und Unzulänglichkeiten des Systems gesprochen. „Mac OS X war seine Erfindung. Deswegen wusste er, wie großartig es war", sagte Peter Hoddie. „Er sagte, in den nächsten Jahren müssten wir uns auf Mac OS konzentrieren, weil wir ohne dieses nie zum Ziel gelangen würden. Er war wie Chruschtschow, der seinen Schuh auf den Tisch knallte. ‚Ihr müsst Mac OS unterstützen, Kinder. Schreibt euch das hinter die Ohren.'"[2]

Nachdem etwa 1.000 Programmierer fast zweieinhalb Jahre an Mac OS X gearbeitet hatten, lüftete Jobs im Januar 2000 bei der Macworld das Geheimnis um Mac OS X. Es war ein kolossales Unterfangen. Es war – und ist vielleicht immer noch – die ausgefeilteste Computeroberfläche, die bis heute entworfen wurde, mit komplexen Echtzeitgrafikeffekten wie Transparenz, Schatten und Animationen. Sie musste trotzdem auf jedem G 3-Prozessor, den Apple auf dem Markt hatte, funktionieren, und sie musste mit nicht mehr als acht Megabyte Video Memory auskommen. Das war ein ziemlich anspruchvolles Ziel.

Als er OS X bei der Macworld vorstellte, verkündete Jobs gleichzeitig, dass er Apples fester CEO werden würde, was riesigen Applaus von den Wichtigen der Branche nach sich zog. Mehrere Apple-Mitarbeiter haben angemerkt, dass Jobs erst nach der Auslieferung von OS X im März 2001 der feste CEO des Unternehmens wurde. Zu diesem Zeitpunkt hatte Jobs seit zweieinhalb Jahren die Leitung von Apple inne und hatte so gut wie alle

---

2) Hoddie, Peter: Persönliches Interview, September 2006.

Führungskräfte und Abteilungsleiter ausgetauscht, Marketing und Werbung auf den neuesten Stand gebracht, die Hardware-Abteilung mit dem iMac gestärkt und den Vertrieb reorganisiert. Ratzlaff bemerkte, dass Jobs mit OS X das gesamte Unternehmen und alle wichtigen Produkte von Apple überholt hatte. „Er wartete, bis auch die letzten größeren Teile des Unternehmens nach seinen Maßstäben funktionierten, und erst dann übernahm er die Rolle des Apple-CEO", sagte Ratzlaff.

Jobs' Design-Prozess

Viele Jahre lang wurde bei Apple auf die strenge Befolgung seiner Human Interface Guidelines Wert gelegt, ein Buch mit Standards, das entwickelt wurde, um eine einheitliche Benutzererfahrung über alle Software-Anwendungen hinweg zu gewährleisten. Die Guidelines schrieben den Entwicklern vor, wo sie die Menüs hinzusetzen hatten, welche Art von Befehlen diese enthalten sollten und wie die Dialogboxen aussehen mussten. Der Gedanke dahinter war, dass alle Mac-Software sich gleich verhalten würde, egal, von welchem Hersteller sie produziert wurde.

Die Guidelines wurden in den 80er Jahren entwickelt, als Computer vorwiegend dafür genutzt wurden, Dokumente zu erstellen und auszudrucken. Doch im Zeitalter des Internets werden Computer mindestens genauso sehr für Kommunikation und Medienkonsum eingesetzt wie zum Drucken von Dokumenten und zur Videobearbeitung. Software zum Abspielen von Filmen oder für Videokonferenzen mit Freunden kann viel einfacher sein als Anwendungen wie Photoshop oder Excel. Oft werden nur einige wenige Funktionen benötigt, damit alle Dropdown-Menüs und Dialogboxen über Bord geworfen werden können, weil ein paar einfache Buttons diese ersetzen. In den späten 1990er und frühen 2000er Jahren gab es sowohl beim Mac (Widgets) als auch bei Windows (Gadgets) einen kontinuierlichen Trend in Richtung auf Minianwendungen mit einem einzigen Zweck.

Apples QuickTime Player konnte von einer Überarbeitung der Benutzeroberfläche profitieren, da er zum Abspielen von Multimediadateien, vor allen Dingen für Musik und Videos, der Player lediglich einige wenige Funktionen zum Starten und Anhalten von Filmen und zum Anpassen der

Lautstärke benötigte. Es wurde entschieden, dass der QuickTime Player eines der ersten Programme sein sollte, das ein einfaches anwendungsbezogenes Erscheinungsbild erhielt.

Die Oberfläche des Players wurde von Tim Wasko, einem zurückhaltenden Kanadier, entworfen, der später auch die Oberfläche des iPod designte. Wasko wechselte von NeXT zu Apple. Er hatte zuvor bei NeXT mit Jobs zusammengearbeitet. Wasko gilt bei Apple als Design-Gott. „Mit Photoshop kennt er sich teuflisch gut aus", sagte Hoddie. „Man konnte sagen, wie wäre es mit diesem oder jenem, und er würde klick, klick, klick machen" – Hoddie imitierte das Geräusch von Fingern, die über eine Tastatur flogen – „und schon hatte er es umgesetzt."

Das Design-Team für den QuickTime Player bestand aus Hoddie, Wasko und einem halben Dutzend Grafikern und Programmierern. Ein halbes Jahr lang trafen sie sich ein- bis zweimal die Woche mit Jobs. Jede Woche stellte das Team ihm ein Dutzend oder mehr neue Designs vor, wobei oft mit verschiedenen Strukturen und Stilen herumgespielt wurde. Unter den frühen Ideen waren ein gelbes Plastikmotiv, das durch Sonys Sport Walkman inspiriert war, und diverse Holz- oder Metalloberflächen. Alles war möglich. „Steve forciert neue Designs nicht unbedingt, aber er ist bereit, Neues auszuprobieren", sagte Hoddie.

Zunächst wurden die Entwürfe an einem Computer präsentiert. Aber das Team fand das Hin- und Herschalten am Bildschirm bald zu mühsam, sodass sie dazu übergingen, die Entwürfe auf großen Bögen Hochglanzpapier auszudrucken. Die Ausdrucke wurden auf einem großen Konferenztisch verteilt und konnten schnell durchgesehen werden. Jobs und die Designer fanden es sehr viel bequemer, die Entwürfe, die ihnen gefielen, aus dem Stapel herauszugreifen und zu sagen, welche Oberfläche mit welcher Form kombiniert werden sollte. Diese Methode erwies sich als so effektiv, dass die meisten Apple-Designer sie inzwischen übernommen haben.

Nach den Meetings nahm Jobs manchmal einige der Ausdrucke mit und zeigte sie anderen Leuten. „Er hat einen großartigen Sinn für Design, aber er hört auch zu", sagte Hoddie.

Nach mehreren Wochen der Herumprobiererei mit verschiedenen Entwürfen wartete Wasko mit einem metallischen Look auf, der Jobs gefiel,
der allerdings seiner Meinung nach noch nicht perfekt war. Bei dem
nächsten Meeting hatte Jobs eine Broschüre von Hewlett-Packard dabei,
auf der das HP-Logo in mattiertem Metall abgebildet war. Es sah aus wie
ein Luxus-Küchengerät. „Das hier gefällt mir", sagte Jobs der Gruppe.
„Schauen Sie, was Sie tun können."

Beim nächsten Mal brachte das Team ein mattiertes Metalldesign für den
QuickTime Player mit, das von da an zum vorherrschenden und bei Apples gesamter Software sowie seiner Highend-Hardware extensiv genutz-
tem gestalterischem Motiv wurde. Während der frühen 2000er Jahre bekamen die meisten Apple-Programme vom Safari Web Browser bis zum iCal
Calender ein mattiertes Metalldesign verpasst.

Jobs nimmt sehr intensiv am Designprozess teil. Er hat eine Menge Ideen
und macht immer wieder Vorschläge, um die Gestaltung zu verbessern.
Jobs wählt nicht nur aus, was ihm gefällt und nicht gefällt. „Er sagt nicht
nur ‚das ist gut, das ist schlecht'", sagte Hoddie. „Er nimmt wirklich an der
Gestaltung teil."

Trügerische Einfachheit

Jobs interessiert sich nie für Technologie um der Technologie willen. Er
lässt sich nie durch irgendwelchen Schnickschnack verführen oder stopft
Funktionen in ein Produkt, weil sie ganz einfach leicht hinzuzufügen sind.
Er tut das genaue Gegenteil. Jobs reduziert die Komplexität seiner Produkte so lange, bis sie so einfach und leicht wie möglich zu benutzen sind.
Viele Apple-Produkte werden aus der Perspektive des Benutzers heraus
entworfen.

Nehmen Sie z. B. den iTunes Online Music Store, der im Jahr 2001 gestartet wurde, als das File Sharing gerade auf dem Höhepunkt seiner Popularität angekommen war. Viele Leute stellten damals die Frage, wie der
Onlineshop mit der Piraterie würde konkurrieren können. Warum sollte
man einen Dollar pro Song ausgeben, wenn man den gleichen Song
umsonst bekommen konnte? Jobs' Antwort darauf war: „Kundenbequem-

lichkeit." Anstatt ihre Zeit in File-Sharing-Portalen damit zu verschwenden, Songs zu finden, konnten Musikfans sich bei iTunes einloggen und Songs mit einem einzigen Klick kaufen. Mit diesem einen Klick erhielt man garantierte Qualität und Zuverlässigkeit. „Wir wissen nicht, wie man die Leute davon überzeugen will, keine Diebe mehr zu sein; es sei denn, man bietet ihnen eine Karotte an – und nicht nur einen Stock", sagte Jobs. „Und die Karotte ist: Wir bieten ihnen ein besseres Erlebnis an … und es kostet sie nur einen Dollar pro Song."[3]

Jobs ist extrem kundenorientiert. In Interviews sagte Jobs, dass der Ausgangspunkt für den iPod nicht eine kleinere Festplatte oder ein neuer Chip war, sondern die Benutzererfahrung. „Steve beobachtete sehr früh, dass es vor allem um die Organisation der Inhalte ging", sagte Jonny Ive über den iPod. „Es ging darum, sich zu konzentrieren und nicht zu versuchen, mit dem Gerät zu viel erreichen zu wollen – was eine Verkomplizierung und daher seinen Tod bedeutet hätte. Die Administrationsfunktionen sind nicht ganz leicht zu finden, weil das Wichtigste war, Dinge loszuwerden."[4]

Beim Entwicklungsprozess achtet Apple vor allem darauf, Dinge zu vereinfachen. Die Einfachheit der Apple-Produkte rührt daher, dass Entscheidungen vorab für den Kunden getroffen werden. Für Jobs ist weniger immer mehr. „Da die Komplexität der Technologie voranschreitet, ist Apples Kernkompetenz, zu wissen, wie man sehr komplizierte Technik einfachen Sterblichen verständlich macht, wichtiger denn je", sagt er gegenüber der *Times*.[5]

John Sculley, Apples CEO von 1983 bis 1993, sagte, dass Jobs sich genauso sehr auf das konzentrierte, was er weglässt, wie auf das, das er einschloss. „Was Steves Methode von derjenigen aller anderen Leute unterscheidet, ist, dass er daran glaubt, dass es wichtiger ist, etwas nicht zu tun, als etwas zu tun", sagte Sculley zu mir.[6]

---

3) Goodell, Jeff: „Steve Jobs: The Rolling Stone Interview. He changed the computer industry. Now he's after the music business". Gepostet am 3. Dezember 2003. (http://www.rollingstone.com/news/story/5939600/steve_Jobs_the_rolling_stone_interview)
4) Walker, Rob: „The Guts of a New Machine". In: *New York Times Magazine,* 30. November 2003. (http://www.nytimes.com/2003/11/30/magazine/3 0IPOD.html)
5) Ebd.
6) Sculley, John: Persönliches Interview, Dezember 2007.

Laut einer Studie von Elke den Ouden von der Technischen Universität Eindhoven gaben fast die Hälfte aller Kunden Produkte nicht zurück, weil sie kaputt waren, sondern weil deren neue Eigentümer einfach nicht herausfinden konnten, wie sie funktionierten. Sie entdeckte, dass der durchschnittliche amerikanische Verbraucher an einem neuen Gerät nur durchschnittlich 20 Minuten herumfummelt, bis er aufgibt und das Gerät wieder zurückgibt. Das galt für Mobiltelefone, DVD-Player und MP3-Player in gleichem Maße. Noch überraschender: Sie bat mehrere Manager von Philips (der niederländische Elektronik-Riese ist einer ihrer Kunden), einige Produkte übers Wochenende mit nach Hause zu nehmen und aus-zuprobieren. Die Manager, von denen die meisten technikerfahren waren, haben ihre eigenen Produkte nicht zum Laufen gebracht. „Produktent-wickler, die zu Zeugen des Kampfes von Durchschnittsverbrauchern ge-macht worden waren, staunten, was sie für ein Chaos angerichtet hatten", schrieb sie.

Den Ouden schloss daraus, dass die Produkte in frühen Entwicklungssta-dien nicht gut genug definiert worden waren: Niemand hatte klar artiku-liert, was die primäre Funktion des Produkts sein sollte. Das hatte zur Folge, dass die Entwickler die Produkte mit Funktionen und Fähigkeiten überhäuften, bis diese nur noch ein verwirrendes Chaos bildeten. Dies kommt in den Bereichen Consumer Electronics und Software-Entwick-lung leider sehr oft vor. Ingenieure tendieren dazu, Produkte zu kreieren, die nur sie selbst verstehen können. Nehmen Sie z. B. die ersten MP3-Player wie die Nomad Jukebox von Creatives, die eine undurchschaubare Oberfläche hatte, die höchstens einem Computer-Freak gefallen konnte.

Viele elektronische Geräte werden mit der Vorstellung entwickelt, dass mehr Funktionen einen größeren Wert bedeuten. Ingenieure stehen oft-mals unter Druck, neuen Versionen neue Funktionen hinzuzufügen, da-mit die Produkte dann als „neu und verbessert" vermarktet werden kön-nen. Ein großer Teil dieser schleichenden Erweiterung kommt durch die Verbrauchererwartungen zustande. Man erwartet von neuen Modellen neue Funktionen. Warum sollte man sonst umsteigen? Außerdem suchen Kunden meistens nach den Geräten, die so viel Funktionen wie möglich aufweisen. Mehr Funktionen stehen für einen höheren Wert. Apple ver-sucht, dem zu widerstehen. Mit der Hardware des ersten iPods hätte man Radio empfangen und Stimmen aufnehmen können. Jedoch wurden diese

Funktionen nicht implementiert, damit sie das Gerät nicht verkomplizierten. „Interessant daran ist, dass diese Einfachheit, eine fast ... schamlose Zurschaustellung von Einfachheit, ein völlig anderes Produkt hervorbrachte", sage Ive. „Doch etwas anders zu machen, war gar nicht das Ziel. Es ist eigentlich sehr einfach, etwas Anderes zu erschaffen. Aufregend daran ist nur, dass diese Tatsache eine Konsequenz des Strebens nach Einfachheit war."

Viele Unternehmen behaupten gerne, sie seien kundenorientiert. Sie gehen auf ihre Kunden zu und fragen sie, was sie wollen. Diese sogenannte kundenorientierte Innovation wird durch Feedback und Gesprächsrunden vorangetrieben. Jobs jedoch meidet aufwändige Studien mit in Konferenzräume gesperrten Usern. Er spielt selbst mit der neuen Technologie herum, hält seine eigenen Reaktionen fest, die er an seine Ingenieure weiterleitet. Wenn etwas zu schwierig zu benutzen ist, gibt Jobs die Anweisung, es zu vereinfachen. Alles, was unnötig oder verwirrend ist, muss entfernt werden. Wenn er damit klarkommt, kommen auch die Apple-Kunden damit klar.

John Sculley sagte mir, dass Jobs sich immer auf die Benutzererfahrung konzentriert. „Er betrachtete die Dinge immer aus der Perspektive der Benutzererfahrung", sagte Sculley. „Aber anders als viele Leute, die heutzutage im Produktmarketing arbeiten und die Konsumentenbefragungen durchführen, glaubte Steve nicht an so etwas. Er sagte: ‚Wie kann ich jemanden fragen, was ein grafikbasierter Computer können muss, wenn derjenige keine Ahnung hat, was ein grafikbasierter Computer überhaupt ist. Noch hat ja niemand je einen gesehen.'"[7]

Bei der Kreativität in der Kunst wie auch in der Technologie geht es um individuellen Ausdruck. Genau wie ein Künstler kein Gemälde produzieren könnte, indem er eine Gesprächsrunde veranstaltet, benötigt auch Jobs eine solche nicht. Jobs kann nichts verbessern, indem er die Teilnehmer einer Gesprächsrunde fragt, was sie wollen – sie wissen nicht, was sie wollen. Wie Henry Ford einst sagte: „Wenn ich meine Kunden fragen würde, was sie wollen, würden sie sagen, ein schnelleres Pferd."

---

7) Ebd.

Patrick Whitney, der Direktor des Institute of Design am Illinois Institute of Technology, der größten Graduiertenschule für Design in den Vereinigten Staaten, sagte, dass Benutzer-Gesprächsrunden nicht dazu geeignet sind, technologische Innovationen voranzubringen. Schon seit langem führt die Hightech-Branche sorgfältig überwachte Studien über neue Produkte, speziell Benutzeroberflächen, durch. Diese Studien über die Interaktion zwischen Mensch und Computer werden normalerweise durchgeführt, nachdem ein Produkt entwickelt wurde, um herauszufinden, was funktioniert wie geplant und was noch verbessert werden muss. Per Definition setzen diese Studien Benutzer voraus, die nicht mit der Technologie vertraut sind, sonst würden sie eine Verzerrung verursachen. „Benutzergruppen brauchen unwissende Benutzer", erklärte Whitney. „Aber genau diese Benutzer können ihnen nicht sagen, was sie wollen. Sie müssen sie beobachten, um herauszufinden, was sie wollen."

Whitney sagte, dass Sony niemals den Walkman erfunden hätte, wenn es auf seine Käufer gehört hätte. Bevor er auf den Mark kam, hat das Unternehmen tatsächlich eine Menge recherchiert. „Alle Erhebungen sagten aus, dass der Walkman scheitern würde. Es war eindeutig, niemand würde ihn kaufen. Aber [der Gründer Akio] Marita drückte ihn trotzdem durch. Er wusste Bescheid. Und Jobs tut das auch. Er braucht keine Benutzergruppen, weil er ein Experte für Benutzererfahrung ist."[8]

„Wir haben eine Menge Kunden, und wir führen eine Menge Erhebungen durch", sagte Jobs der *Business Week*. „Auch Branchentrends beobachten wir sorgfältig. Jedoch ist es in so einem komplizierten Bereich sehr schwierig, Produkte mithilfe von Fokusgruppen zu entwickeln. Sehr oft wissen die Leute einfach nicht, was sie wollen, bis man es ihnen zeigt."[9]

Jobs ist Apples Ein-Mann-Fokusgruppe. Eine seiner größten Stärken ist, dass er kein Ingenieur ist. Jobs hat keine formelle Ausbildung als Ingenieur oder Programmierer. Er besitzt auch keinen BWL-Abschluss. Er besitzt eigentlich überhaupt keinen Abschluss. Er ist ein Studienabbrecher. Jobs denkt daher nicht wie ein Ingenieur. Er denkt wie ein Laie, was ihn zum perfekten Tester für Apple-Produkte macht. Er ist Apples Jedermann,

---

8) Whitney, Patrick: Persönliches Interview, Oktober 2006.
9) „Steve Jobs on Apples Resurgence".

der ideale Apple-Kunde. „Was die Technik betrifft, kennt er sich aus wie ein ernsthafter Amateur", sagte Dag Spicer, leitender Kurator des Museums für Computergeschichte in Mountain View, Kalifornien. „Er besitzt keine formelle Ausbildung, aber er hat die technische Entwicklung verfolgt, seit er ein Teenager war. Er ist technikbewusst genug, um Trends zu folgen, wie ein guter Aktienanalyst. Er hat die Perspektive eines Laien. Das ist ein großes Plus."[10]

Guy Kawasaki, Apples ehemaliges Hauptsprachrohr, sagte mir, dass Apples Budget für Fokusgruppen und Marktbefragungen im negativen Bereich liegt – und er übertrieb dabei nur ganz leicht. Apple gibt, wie die meisten Unternehmen, Geld für Marktforschung aus, aber Jobs lässt keinesfalls die Benutzer abstimmen, wenn es um neue Produktentwicklungen geht. „Steve Jobs macht keine Marktbefragungen", sagte Kawasaki. „Marktbefragungen sind für Jobs, als würde die rechte Gehirnhälfte mit der linken sprechen."[11]

10) Spicer, Dag: Persönliches Interview, Oktober 2006.
11) Kawasaki, Guy: Persönliches Interview, Oktober 2006.

Steves Lehren

- *Seien Sie ein Despot.* Irgendeiner muss das Sagen haben. Jobs ist Apples Ein-Mann-Fokusgruppe. Andere Unternehmen machen es anders, aber es funktioniert auch so.

- *Schaffen Sie verschiedene Alternativen, und suchen Sie die beste heraus.* Jobs besteht darauf, mehrere Möglichkeiten zur Auswahl zu haben.

- *Entwickeln Sie ein Pixel nach dem anderen.* Kümmern Sie sich um jedes noch so kleine Detail. Jobs schenkte auch noch so kleinen Details Aufmerksamkeit. Sie sollten das auch tun.

- *Vereinfachen Sie.* Vereinfachung bedeutet, zu kürzen. Hier liegt Jobs Schwerpunkt wieder auf dem Neinsagen.

- *Haben Sie keine Angst, noch einmal ganz von vorn zu beginnen.* Mac OS X war es wert, neu überarbeitet zu werden, auch wenn es drei Jahre ununterbrochener Schwerstarbeit von 1.000 Programmierern bedeutete.

- *Vermeiden Sie den Osborne-Effekt.* Halten Sie ein neues Produkt geheim, bis es fertig zur Auslieferung ist, damit die Kunden nicht aufhören, die bisherigen Produkte zu kaufen, weil sie auf die neuen warten.

- *Beschmutzen Sie nicht ihr eigenes Nest.* Apples Ingenieure hassten das alte Mac OS, doch Jobs verlangte eine positive Einstellung dazu.

- *Wenn es um neue Ideen geht, ist alles erlaubt.* Jobs ist niemand, der unbedingt neue Designs durchsetzen will, aber er ist bereit, neue Dinge auszuprobieren.

- *Finden Sie eine Möglichkeit, möglichst einfach neue Ideen zu präsentieren.* Wenn das bedeutet, Hochglanzpapier auf einem großen Konferenztisch auszubreiten, besorgen Sie sich einen leistungsstarken Drucker.

- *Hören Sie nicht auf Ihre Kunden.* Sie wissen nicht, was sie wollen.

Kapitel 3

Perfektionismus: Produktdesign und das Streben nach Exzellenz

„Seien Sie ein Maßstab für Qualität. Einige Leute sind nicht an ein Umfeld gewöhnt, in dem Exzellenz erwartet wird."

– Steve Jobs.

Im Januar 1999, einen Tag vor der Einführung einer neuen Produktlinie vielfarbiger iMacs, übte Steve Jobs seine Präsentation in einem großen Vortragssaal in der Apple-Zentrale. Ein Reporter vom *Time-Magazine* saß in dem leeren Saal und beobachtete Jobs dabei, wie er den großen Moment, in dem die neuen iMacs das Licht der Öffentlichkeit erblicken würden, probte. Fünf der Geräte in strahlenden Farben waren auf einem beweglichen Podest angebracht, das hinter einem Vorhang verborgen war, und standen bereit, um auf Jobs' Stichwort im Rampenlicht zu stehen.

Jobs wollte, dass der Moment, wenn sie hinter dem Vorhang hervorgleiten, auf eine große Video-Leinwand über der Bühne übertragen würde. Die Techniker bauten alles auf, aber Jobs fand, dass die Beleuchtung den transparenten Maschinen nicht gerecht wurde. Die iMacs sahen auf der Bühne gut aus, aber auf der Projektionsleinwand strahlten sie nicht genug. Jobs wollte, dass die Lichter stärker aufgedreht und früher eingeschaltet wurden. Er wies den Produzenten an, es noch einmal zu probieren. Über sein Headset gab der Produzent der Bühnen-Crew entsprechende Anweisungen. Die iMacs glitten zurück hinter den Vorhang, und auf Steves Stichwort glitten sie wieder heraus.

Aber das Licht stimmte immer noch nicht. Jobs kam den halben Gang heruntergejoggt, fiel in einen Sitz und ließ die Beine über den Stuhl vor ihm baumeln. „Lassen Sie es uns so lange probieren, bis wir es richtig hinbekommen, okay?", befahl er.

Die iMacs rollten also wieder zurück hinter den Vorhang und wieder heraus, aber es stimmte immer noch nicht. „Nein, nein", sagte er kopfschüttelnd. „Das geht so nicht." Sie probierten es ein weiteres Mal. Dieses Mal strahlten die Lichter hell genug, aber sie kamen zu spät. Jobs begann die Geduld zu verlieren. „Ich verliere langsam meine Geduld", knurrte er.

Die Crew versuchte es ein viertes Mal, und endlich stimmte die Beleuchtung. Die neuen Computer glitzerten auf der riesigen Leinwand. Jobs war euphorisch. „Ja, genau so. Das ist großartig!", ruft er. „Das ist perfekt!"

Während dieser ganzen Zeit beobachtete der *Times*-Reporter das Vorhaben völlig verblüfft. Warum wurde so viel Energie in das richtige Timing der Beleuchtung investiert? Es schien so viel Arbeit für so einen kleinen Teil der Show zu sein. Warum sollte man einen solchen Aufwand betreiben, nur damit jedes kleine Detail genau richtig saß? Zuvor hatte Jobs Lobeshymnen über die neuen Schraubverschlüsse von Odwalla Saftflaschen zum Besten gegeben, für den Reporter ein weiteres Mysterium. Wen interessierten Schraubverschlüsse, und wen interessierte, dass die Bühnenlichter genau eine Sekunde vor dem Öffnen des Vorhangs angingen? Was machten diese Dinge für einen Unterschied?

Doch als die iMacs hervorglitten und die Lichter strahlend hell auf sie herab schienen, war der Reporter extrem beeindruckt. Er schrieb: „Wissen Sie was? Er hat recht. Die iMacs sehen tatsächlich besser aus, wenn die Lichter eine Sekunde früher angehen. Odwalla-Flaschen sind besser mit Schraubverschluss. Der Normalbürger will tatsächlich bunte Computer, die ihm einen Plug-and-Play-Zugang zum Internet ermöglichen."[1]

Jobs' Streben nach Perfektion

Jobs ist ein Verfechter des Details. Er ist ein kleinlicher pedantischer Perfektionist, der seine Untergebenen mit seinen pingeligen Wünschen verrückt macht. Doch wo manche kleinliche Haarspalterei sehen, sehen andere das Streben nach Exzellenz.

Jobs' kompromissloses Ethos ist Vorbild für eine einzigartige Herangehensweise an die Produktentwicklung bei Apple geworden. Unter Jobs' Anleitung werden Produkte in endlosen Entwurfs- und Prototypstadien, die immer wieder überarbeitet und modifiziert werden, entwickelt. Das gilt sowohl für Hardware als auch für Software. Die Produkte werden zwischen Designern, Programmierern, Ingenieuren und Managern hin- und hergereicht, um dann wieder an ihren Ausgangspunkt zurückzukehren. Es gibt keine festgelegte Reihenfolge. Es gibt Unmengen an Meetings und Brainstorming-Sessions. Mal um Mal wird die Arbeit korrigiert, wobei der Schwerpunkt auf der kontinuierlichen Vereinfachung liegt. Es ist ein fließender, sich wiederholender Prozess, der manchmal dazu führt, dass man zurück zum Zeichentisch muss oder das Produkt komplett eingestellt wird.

Wie bei der Markteinführung der iMacs werden Dinge immer wieder neu überarbeitet, bis alles stimmt. Nachdem er auf den Markt kam, wurde der iMac kontinuierlich überarbeitet. Zusätzlich zu den Upgrades bei Chips und Festplatten wurde das cyanblaue Gehäuse des iMac durch eine Reihe strahlender Farben ersetzt – zuerst Blaubeere, Weintraube, Limette, Erd-

---

1) Krantz, Michael: „Steve's Two Jobs". In: *Time,* 10. Oktober 1999. (http:// www.time.com. time/magazine/article/0,9171,32209-2,00.html)

beere und Mandarine, später kamen gesetztere Farben wie Grafit, Indigo, Rubin, Salbei und Schnee hinzu.

Jobs legt grundsätzlich Wert darauf, dass jedem Detail ein ungeheures Maß an Beachtung geschenkt wird. So stellt er sicher, dass Apple-Produkte mit der Passgenauigkeit und Vollendung eines Handwerksmeisters hergestellt werden. Apples Produkte haben regelmäßig große und kleine Designpreise gewonnen und rufen bei Kunden eine fast an Wahnsinn grenzende Loyalität hervor.

Jobs' Streben nach Exzellenz ist das Geheimnis von Apples großartigem Design. Für Jobs ist Design nicht gleichbedeutend mit Dekoration. Es ist nicht nur das äußere Erscheinungsbild eines Produktes, es geht dabei nicht nur um die Farbe oder die stilistischen Details. Für Jobs bestimmt das Design die Funktion eines Produktes. Design ist *Funktion,* nicht Form. Und um herauszufinden, wie das Produkt funktioniert, muss es während des Designprozesses gründlich auseinandergenommen werden. Jobs erklärte es in einem Interview mit dem *Wired*-Magazin, 1996 so: „Design ist ein lustiges Wort. Manche Leute denken, Design bedeutet, wie etwas aussieht. Wenn man sich jedoch genauer damit beschäftigt, geht es natürlich darum, wie etwas funktioniert. Das Design des Mac bestand nicht darin, wie er aussah, obwohl das ein Teil dessen war. Es ging vorwiegend darum, wie er funktionierte. Um etwas wirklich gut designen zu können, muss man es verstehen. Mann muss wirklich kapieren, worum es dabei geht. Man muss sich leidenschaftlich darum bemühen, um etwas wirklich gründlich zu verstehen. Man muss es gründlich kleinkauen und nicht einfach runterschlucken. Die meisten Leute nehmen sich nicht die Zeit, das zu tun."

Wie der rumänische Bildhauer Constantin Brancusi es ausdrückte: „Einfachheit ist aufgelöste Komplexität." Der Designprozess des ursprünglichen Macintosh dauerte drei Jahre; drei Jahre unglaublich harter Arbeit. Er wurde nicht nach dem typischen hektischen Zeitplan vieler technologischer Produkte auf den Markt geworfen. Er durchlief eine Revision nach der anderen. Jeder Aspekt seines Designs, von dem genauen Beige-Ton seines Gehäuses bis hin zu den Symbolen auf der Tastatur, wurde bis zur Erschöpfung immer wieder überarbeitet, bis alles stimmte.

„Wenn man sich mit einem Problem beschäftigt und anfangs denkt, dass es leicht zu lösen sei, ist einem nicht bewusst, wie kompliziert das Problem tatsächlich ist", sagte Jobs 1983 zu den Mac-Designern. „Wenn Sie sich einmal in das Problem eingearbeitet haben ... werden Sie sehen, dass es schwierig ist, und daraufhin werden lauter komplizierte Lösungen präsentiert. An dieser Stelle hören die meisten Leute auf, sich damit zu beschäftigen, und die Lösungen funktionieren meistens eine Zeit lang. Aber die wirklich guten Leute machen weiter, erkennen das eigentlich zugrunde liegende Problem und finden eine elegante Lösung, die auf jeder Ebene funktioniert. Und genau dort wollten wir mit dem Mac hin."[2]

Die Anfänge

Natürlich *ist* Ästhetik ein Teil des Designs. Jobs' Interesse an Computer-Ästhetik lässt sich bis zu dem ersten Computer des Unternehmens, dem Apple I, zurückverfolgen. Er wurde von Steve Wozniak entworfen und per Hand in der Garage von Jobs' Eltern zusammengeschraubt. Der Apple I war damals kaum mehr als ein schlichtes, in ein paar Chips verpacktes Motherboard. Damals wurden Heimcomputer an eine winzige Nischenzielgruppe verkauft: bärtige Ingenieure und Hobbytüftler. Sie kauften ihre Computer in Einzelteilen und löteten sie auf einer Werkbank zusammen. Sie fügten ihre eigene Energieversorgung, ihren eigenen Monitor und ihr eigenes Gehäuse hinzu. Die meisten Gehäuse waren aus Holz gebaut, normalerweise alten Bananenkisten. Einer verpackte sein Apple-I-Motherboard in eine lederne Aktentasche, aus deren Rückseite sich ein normales Lampenkabel schlängelte – der erste Laptop war geboren.

Jobs gefiel diese amateurhafte Bastler-Ästhetik nicht. Er wollte fertige Computer an zahlende Kunden verkaufen, je mehr, desto besser. Um normale Kunden anzusprechen, mussten Apples Computer aussehen wie richtige Produkte, nicht wie halbfertige Heathkits-Bausätze. Was die Computer brauchten, waren schöne Gehäuse, die ihre Funktion als Gebrauchsgegenstände signalisierten. Seine Idee war, komplett zusammengebaute Rechenmaschinen anzubieten, Maschinen, die sofort funktionierten, ohne

---

2) Kunkel, Paul, Rick English: *Apple Design: The Work of the Apple Industrial Design Group.* Watson-Guptill Publications, 1997, S. 22.

dass sie erst montiert werden mussten. Man sollte sie einfach anschließen und sofort loslegen können.

Jobs' Design-Feldzug begann mit dem Apple II, der kurz nach der Unternehmensgründung 1976 entworfen wurde. Während Wozniak an der bahnbrechenden Hardware arbeitete (die ihm einen Platz in der National Inventors Hall of Fame sicherte), konzentrierte sich Jobs auf das Gehäuse. „Mir war klar, dass auf jeden Hobby-Hardware-Bastler, der seinen eigenen Computer zusammenschrauben wollte, 1.000 Leute kamen, die das nicht konnten, aber sich am Programmieren versuchen wollten ... genau wie ich, als ich zehn war. Mein Traum für den Apple II war, den ersten Computer in einem Gehäuse zu verkaufen ... und irgendetwas hatte mich geritten, dass ich den Computer in einem Plastikgehäuse haben wollte."[3]

Niemand anders steckte Computer in Plastikgehäuse. Um herauszufinden, wie das aussehen könnte, sah sich Jobs zur Inspiration in Kaufhäusern um. Er fand, was er suchte, in der Küchenabteilung von Macy's, als er Cuisinart-Küchenmaschinen betrachtete. Hier stand, was der Apple II brauchte: ein schön geformtes Plastikgehäuse mit abgerundeten Ecken in gedeckten Farben und mit einer leicht strukturierten Oberfläche.

Da er nichts über Industriedesign wusste, suchte Jobs nach einem professionellen Designer. Wie es seine Art ist, begann er seine Suche ganz oben. Er wandte sich an zwei von Silicon Valleys führenden Design-Firmen, wurde aber zurückgewiesen, weil er nicht genug Geld hatte. Er bot ihnen Apple-Aktien an, die zu dieser Zeit wertlos waren. Sie sollten ihre Entscheidung später bereuen.

Er hörte sich also um und fand am Ende Jerry Manock, einen freiberuflichen Designer, der gerade einen Monat zuvor Hewlett-Packard verlassen hatte und Arbeit brauchte. Sie passten gut zusammen. Jobs hatte sehr wenig Geld und Manock war fast pleite. „Als Steve mich bat, das Gehäuse für den Apple II zu entwerfen, kam mir gar nicht in den Sinn, Nein zu sagen", sagte er. „Aber ich habe darum gebeten, im Voraus bezahlt zu werden."[4]

---

3) Ebd., S. 13.
4) Ebd.

Manock entwarf ein funktionales Gehäuse, dessen Form durch Wozniaks Motherboard vorgegeben wurde. Die wichtigste Überlegung war, dass es schnell und billig gegossen werden konnte. Manock setzte die eingebaute Tastatur auf einen ansteigenden Keil und erhöhte das Gehäuse, um hinten die Erweiterungsschächte unterzubringen. Jobs wollte, dass das Gehäuse hübsch aussah, wenn die Benutzer es öffneten, und bat Manock, es von innen zu verchromen. Aber Manock ignorierte seine Bitte, und Jobs bestand nicht darauf.

Um das Gehäuse rechtzeitig für das große Debüt des Apple II bei der ersten West Coast Computer Faire im April 1977 fertigzustellen (die heute als die Veranstaltung angesehen wird, die die Geburt der Personalcomputer-Branche einleitete), ließ Manock eine kleine Ladung Gehäuse in einer örtlichen Billig-Computer-Gusswerkstatt anfertigen. Als die Abgüsse eintrafen, waren sie ziemlich rau. Sie mussten abgeschliffen werden, damit die Deckel auf die Unterteile passten, und einige mussten ausgebessert und angemalt werden, damit sie präsentabel aussahen. Manock bereitete 20 Stück für die Messe vor, doch nur drei Stück waren mit allen Schaltplatinen im Inneren ausgestattet. Jobs stellte diese drei auf die Theke, die übrigen leeren Maschinen stapelte er sehr professionell im hinteren Teil des Standes. „Verglichen mit dem primitiven Zeug, das sonst überall auf der Messe ausgestellt wurde, hauten unsere fertigen Plastikteile alle Leute um", erinnert sich Manock. „Obwohl Apple erst ein paar Monate alt war, ließen die Plastikgehäuse den Eindruck entstehen, dass wir bereits in die Massenproduktion gegangen waren."[5]

Das modellierte Gehäuse half Jobs dabei, den Apple II als Konsumartikel zu positionieren, genau wie Hewlett-Packard es mit dem Taschenrechner getan hatte. Bevor Bill Hewlett den ersten „Taschen-"Rechner entworfen hatte, waren die meisten Rechner große teure Modelle für den Schreibtisch. Laut früheren Marktstudien von HP, gab es ungefähr einen Markt für den Absatz von 50.000 Taschenrechnern. Aber Bill Hewlett spürte, dass Wissenschaftler und Ingenieure einen kleinen, in der Tasche transportierbaren Rechner in einem schmalen Plastikgehäuse lieben würden. Er hatte recht. HP verkaufte von dem ikonischen HP 35-Rechner bereits in den ersten Monaten 50.000 Stück.

---

5) Ebd., S. 15.

Auf die gleiche Weise verwandelte das Plastikgehäuse des Apple II den Personalcomputer von einem Bastlerprojekt für Computer versessene Hobbybastler in ein Plug and Play-Gerät für normale Kunden. Jobs hatte gehofft, dass der Apple II auch Software-Junkies ansprechen würde und nicht nur Bastler, die an Elektronik herumpfuschen wollten, und genau so war es auch. Zwei studentische Programmierer aus Harvard, Dan Bricklin und Bob Frankston erfanden VisiCalc – das erste Tabellenkalkulationsprogramm –, das bald die „Killer-Applikation" des Apple II werden sollte. Visi-Calc automatisierte lästige geschäftliche Kalkulationen. Die Buchführung, die früher viele Stunden mühevoller Rechnerei seitens der Buchhalter bedeutete, war plötzlich ganz einfach geworden. VisiCalc – und damit der Apple II – wurden so für jedes Unternehmen zum Muss. Die Umsätze mit dem Apple II stiegen von 770.000 Dollar im Jahr 1977 auf 7,9 Millionen Dollar im nächsten Jahr, auf 49 Millionen Dollar im Jahr 1979 – womit der Apple II der meistverkaufte Personalcomputer seiner Zeit war.

Jobs konvertiert zur Design-Religion

Nach dem durchschlagenden Erfolg des Apple II machte Jobs in Sachen Industrie-Design Ernst. Design war ein Schlüsselmerkmal, das Apples Herangehensweise der Anwenderfreundlichkeit und des Sofort-Funktionierens von den minimalistischen, nüchternen Verpackungen früher Rivalen wie IBM unterschied.

Im März 1982 entschied Jobs, dass Apple einen „weltklasse" Industrie-Designer benötigte, einen Designer mit internationalem Ruf. Jerry Manock und die übrigen Mitglieder des Apple-Design-Teams wurden dem nicht gerecht. In den frühen 1980er Jahren wurde Design zu einem wichtigen Faktor in der Industrie, insbesondere in Europa. Der Erfolg von Memphis, einem Produkt- und Möbel-Design-Kollektiv aus Italien, überzeugte Jobs, dass es an der Zeit war, das Flair und die Qualität hoher Designkunst ins Computergeschäft zu übertragen. Jobs war vor allem daran interessiert, eine einheitliche Designsprache für alle Produkte des Unternehmens herzustellen. Er wollte der Hardware die gleiche gestalterische Konsistenz geben, die Apple zur selben Zeit im Bereich der Software erreichte, sodass etwas auf den ersten Blick als Apple-Produkt erkennbar war. Das Unternehmen veranstaltete einen Design-Wettbewerb, bei dem die Kandidaten, die man sich aus Design-Magazinen wie *I. D.* zusammengesucht hatte, sieben Produkte zeichnen mussten, von denen jedes den Namen eines von Schneewittchens sieben Zwergen trug.

Der Gewinner war Hartmut Esslinger, Mitte 30 und ein deutscher Industrie-Designer, der wie Jobs das Studium abgebrochen hatte und sehr ehrgeizig und ambitioniert war. Esslinger hatte sich mit dem Gestalten von Fernsehern für Sony einen Namen gemacht. 1983 wanderte Esslinger nach Kalifornien aus und eröffnete sein eigenes Studio Frog Design, Inc. Er arbeitete für beispiellose 100.000 Dollar pro Monat plus Stundenvergütung und Spesen für Apple. [6]

Der Apple erhielt durch Esslinger ein wiedererkennbares Aussehen, das als die „Snow-White-Design-Sprache" bekannt wurde, welche das Design von Computergehäusen – und zwar nicht nur der Apple-Computer, sondern in der gesamten Computerbranche – über ein ganzes Jahrzehnt dominierte.

Esslingers Snow-White-Kennzeichen waren der geschickte Gebrauch von Rillen, Schrägen und abgerundeten Ecken. Ein gutes Beispiel dafür ist der Macintosh SE, ein ikonischer Komplett-Computer, den man heutzutage häufig als Aquarium sieht. Viele Besitzer brachten es nicht übers Herz, ihre geliebten Rechner wegzuschmeißen, und machten einfach ein Aquarium draus!

Wie Jobs hatte auch Esslinger ein Auge fürs Detail. Unverkennbar war der Gebrauch von vertikalen und horizontalen Streifen, die die sperrigen Linien der Gehäuse geschickt aufbrachen, wodurch sie kleiner aussahen, als sie waren.

Viele dieser Streifen nahmen auch Belüftungsschlitze wieder auf und überschnitten sich mit diesen an präzise gearbeitete S-förmigen Kreuzungen, die Objekte wie Papierschnitzel daran hinderten, ins Innere gezogen zu werden. Esslinger beharrte auch darauf, den qualitativ hochwertigsten Herstellungsprozess zu verwenden, und überredete Jobs, ein spezielles Formungsverfahren zu übernehmen, welches Zero-Draft ge-

---

6) Ebd., S. 28ff.

nannt wurde. Die Zero-Draft-Formung war zwar teuer, machte die Apple-Gehäuse jedoch klein und präzise und war so passgenau verarbeitet, wie Jobs es schätzte. Es machte es Nachahmern auch schwer, die Gehäuse zu kopieren, denn Apple kämpfte zu der Zeit mit billigen Imitaten.

Apples Snow-White-Design gewann Unmengen Designpreise, und dessen Grundprinzipien wurden von den Konkurrenten so allgemein übernommen, dass sie zur unausgesprochenen Industrienorm für die Gehäusegestaltung wurden. All die beigen Computer, die während der gesamten 80er und 90er Jahre von Dell, IBM, Compaq und anderen ausgeliefert wurden, sahen dank Snow-White ziemlich gleich aus.

Der Macintosh, Jobs' „Volkscomputer"

Während der Arbeit am ursprünglichen Macintosh fing Jobs an, einen Designprozess zu entwickeln, der durch die ständige Revision der Prototypen gekennzeichnet war. Jobs trug Manock auf, unter seiner genauen Anleitung das äußere Gehäuse des Macs zu entwickeln. Manock war mittlerweile Vollzeit angestellt bei Apple und arbeitete eng mit einem weiteren talentierten Apple-Designer, Terry Oyama, zusammen. Oyama war vor allem für die ursprünglichen Entwürfe verantwortlich.

Jobs stellte sich den Mac als eine Art Volkswagen ohne Kurbelwelle vor – einen billigen demokratischen Computer für das Massenpublikum. Um seinen „Volks-Computer" billiger zu produzieren, imitierte er eines seiner großen Vorbilder, Henry Ford. Jobs bot den Mac in nur einer einzigen Konfiguration an, wie das T-Modell, über das Spötter sagten, es werde in jeder Farbe ausgeliefert, solange sie „schwarz" sei. Der ursprüngliche Mac war beige, hatte keinerlei Erweiterungsschächte und nur sehr begrenzten Speicher. Das waren damals kontroverse Entscheidungen, und viele sagten voraus, dass das Gerät zum Scheitern verurteilt war. Niemand würde so einen untermotorisierten Computer, der kaum aufzurüsten war, kaufen. Aber wie Ford traf Jobs seine Entscheidung vorwiegend, um bei den Produktionskosten zu sparen. Jedoch hatte sie auch noch einen Nebeneffekt, von dem sich Jobs ebenfalls Vorteile für die Käufer versprach: Sie vereinfachte den Rechner.

Jobs wollte, dass der Mac unmittelbar für jeden zugänglich war, der ihn in die Hand nahm, egal, ob er schon einmal einen Computer gesehen hatte oder nicht. Er bestand darauf, dass die Käufer ihn nicht erst aufbauen mussten, sie sollten nicht erst den Monitor ins Gehäuse stecken und schon gar nicht irgendwelche obskuren Befehle auswendig lernen müssen, um ihn zu benutzen.

Um das Aufbauen zu erleichtern, entschieden Jobs und das Designteam, Bildschirm, Diskettenlaufwerke und Schaltkreise des Macs in einem einzigen Gehäuse zu beherbergen, mit separater Tastatur und Maus, welche auf der Rückseite angeschlossen wurden. Dieses All-in-one-Design erlaubte es, auf all die Kabel und Stecker anderer PCs zu verzichten. Und damit er auf dem Schreibtisch nicht so viel Platz wegnahm, sollte der Mac einen damals ungewöhnlichen vertikalen Aufbau haben. Deswegen wurde das Diskettenlaufwerk unterhalb des Bildschirms angebracht und nicht, wie damals üblich, an der Seite, wodurch die damaligen Computer wie flache Pizza-Schachteln aussahen.

Die aufrechte Anordnung gab dem Mac ein anthropomorphes Erscheinungsbild: Er sah aus wie ein Gesicht. Der Schlitz für das Diskettenlaufwerk ähnelte einem Mund und die Einbuchtung für die Tastatur am unteren Ende war das Kinn. Jobs knüpfte daran an. Er wollte, dass der Mac freundlich und leicht zu bedienen sei, und leitete das Designteam an, dem Gehäuse ein „freundliches Aussehen" zu geben. Anfangs hatten die Designer keine Vorstellung davon, was das heißen sollte: „Obwohl Steve nicht eine einzige Linie daran gezeichnet hat, haben seine Ideen und seine Inspiration das Design zu dem gemacht, was es ist", sage Oyama später. „Um ehrlich zu sein, wussten wir nicht, was es bedeutete, dass ein Computer ‚freundlich' aussehen sollte, bis Steve es uns sagte."[7]

Jobs missfiel das Design des Mac-Vorgängers, des Lisa, der einen breiten Plastikstreifen über seinem Bildschirm hatte. Es erinnerte Jobs an die Stirn eines Cro-Magnon-Menschen. Er bestand darauf, dass die Stirn des Macs schmaler und intelligenter aussehen sollte. Jobs wollte auch, dass das Gehäuse robust und kratzresistent war. Manock wählte einen harten ABF-Kunststoff aus – die Art, die für Lego-Steine verwendet wird – und gab ihm

---

7) Ebd., S. 26.

eine feine Textur, die Abnutzungen verbergen würde. Er wählte außerdem ein Beige, Pantone 453, von dem er dachte, dass die Alterung im Sonnenlicht günstig verlaufen würde. Hellere Farben, die bei früheren Geräten verwendet worden waren, nahmen später ein hässliches helles Orange an. Außerdem schien ein erdiger Farbton am besten zu der Umgebung in Büros und Privathäusern zu passen, vor allem, da die Farbe, die Hewlett-Packard für seine Computer benutzte, ähnlich war. Und so begann ein Trend, der für Computer und Bürogeräte annähernd 20 Jahre lang Gültigkeit besaß.

Oyama stellte ein vorläufiges Gipsmodell her und Jobs versammelte den größten Teil des Entwicklungsteams, um sich ein Feedback zu holen. Andy Hertzfeld, ein führendes Mitglied des Teams, der einen Großteil der Systemsoftware schrieb, fand, es sähe niedlich und attraktiv aus und habe eine eigene Persönlichkeit. Jobs sah jedoch noch Spielraum für Verbesserungen. „Nachdem jeder seine Meinung gesagt hatte, brach eine Flut schonungsloser Kritik aus Steve hervor. ‚Es sieht aus wie eine Schachtel. Es muss kurviger werden. Der Radius der ersten Phase muss größer sein, und mir gefällt die Größe der Einfassung nicht. Aber es ist ein Anfang‘", schrieb Hertzfeld. „Ich wusste nicht mal, was eine Phase ist. Aber Steve war die Sprache der Industriedesigner offensichtlich geläufig, und er legte extrem viel Wert darauf."[8]

Jobs achtete genau auf jedes Detail. Selbst die Maus wurde so gestaltet, dass sie der Form des Computers entsprach: Sie hatte dieselben Proportionen und ihre einzige quadratische Taste entsprach der Form und Platzierung des Bildschirms.

An dem Computer befand sich nur ein Knopf – der Ein-/Ausknopf. Er befand sich auf der Rückseite, wo der Benutzer ihn nicht versehentlich betätigen und den Computer ausschalten konnte. Da er hinten versteckt war, hatte Manock in weiser Voraussicht rund um den Schalter eine glatte Fläche angebracht, damit man diesen leicht ertasten konnte. Nach Manocks Einschätzung war diese Art der Sorgfalt beim Detail einer der Gründe, dass der Mac später zu einem Objekt historischen Interesses wurde. „Diese

---

8) Hertzfeld, Andy: *Revolution in the Valley*. O'Reilly Media, Sebastopol, Calif. 2004, S.30.

Art von Detail ist es, die ein gewöhnliches Produkt zu einem Kunstwerk macht", sagte Manock.

Jobs dachte ebenfalls viel darüber nach, wie das Design des Mac so gestaltet werden könnte, dass es die Interaktion des Benutzers mit ihm beeinflusste. Er entfernte beispielsweise alle Funktions- und Pfeiltasten, die damals zum Standard jeder Computertastatur gehörten. Jobs wollte nicht, dass die Benutzer Eingaben machten, indem sie Funktionstasten drückten – sie würden stattdessen die Maus benutzen müssen. Das Fehlen dieser Tasten hatte noch einen Nebeneffekt: Es zwang die Software-Entwickler, ihre Programme für die Mac-Oberfläche komplett neu zu schreiben, anstatt einfach ihre Apple II-Software mit minimalen Veränderungen darauf zu portieren. Die grafische Benutzeroberfläche des Mac war eine völlig neue Art der Interaktion mit Computern, und Jobs wollte die Software-Entwickler zwingen, diesen neuen Standard zu akzeptieren.

Eine Zeit lang stellten Manock und Oyama monatlich neue Modelle her, und Jobs versammelte das Team zur Feedback-Runde. Jedes Mal gab es ein neues Modell, und alle Vorgänger waren zum Vergleich in einer Reihe aufgestellt. „Das vierte Modell konnte ich kaum noch vom dritten unterscheiden, doch Steve war immer kritisch und entscheidungsfreudig und äußerte sein Gefallen oder Missfallen über Details, die ich kaum wahrnehmen konnte", erinnerte sich Hertzfeld. Manock und Oyama bauten fünf oder sechs Prototypen, bevor Jobs endlich zufrieden war. Anschließend wandten sie sich der Umwandlung des Gehäuses in ein Massenprodukt zu. Um zu feiern – und um die Kunstfertigkeit der Bemühungen anzuerkennen – gab Jobs eine „Signierparty", bei der Champagner ausgeschenkt und das Innere des Gehäuses von den Mitgliedern des Teams signiert wurde. „Künstler signieren ihre Arbeit", erklärte Jobs.[9]

Als der Mac im Januar 1984 endlich herauskam, war er allerdings nicht leistungsstark genug. Um Geld zu sparen, hatte Jobs ihn nur mit 128 KB Arbeitsspeicher ausgestattet, ein Bruchteil dessen, was er eigentlich benötigte. Einfache Vorgänge wie das Kopieren von Dateien waren qualvolle Angelegenheiten, bei denen die Benutzer mehrfach neue Disketten in das

9) Hertzfeld, Andy: „Signing Party". In: Folklore.org. (http://www.folklore.org/StoryView.py?project = Macintosh&story=Signing_Party.txt&showcomments=1)

Diskettenlaufwerk schieben mussten. Die ersten Benutzer liebten den Mac prinzipiell, aber nicht in der Praxis. „Worin ich mich (und wahrscheinlich jeder andere, der damals den Rechner gekauft hat) verliebt habe, war nicht der Rechner selbst, der lächerlich langsam und schwach ausgestattet war, sondern eine romantische Idee des Rechners", schrieb der Sciencefiction Autor Douglas Adams.[10]

Glücklicherweise hatte der verantwortliche Hardware-Ingenieur des Macs, Burrell Smith, dies vorhergesehen und heimlich dafür gesorgt, den Speicher durch das Hinzufügen mehrerer Schaltkreise auf dem Mainboard des Macs auf 512 KB zu erweitern – gegen Jobs ausdrückliche Anweisung. Dank Smiths weiser Voraussicht war Apple jedoch in der Lage, nur wenige Monate später eine stark verbesserte Version des Macs mit mehr Speicher herauszubringen.

Das Auspacken des Apple

Jobs schenkte *jedem Detail* des Designs seine Aufmerksamkeit, sogar der Verpackung des Macs. Es war sogar so, dass Jobs die Verpackung des ersten Macintoshs zu einem integralen Bestandteil der Kundeneinführung seiner „revolutionären" Computerplattform erklärte.

Damals, im Jahr 1984, hatte abgesehen von einigen Forschungslaboratorien niemand je etwas Ähnliches wie den Macintosh gesehen. Personalcomputer wurden von bebrillten Ingenieuren und Hobbybastlern benutzt. Computer wurden in Einzelteilen gekauft und auf einem Werkstatttisch zusammengelötet. Sie führten mathematische Berechnungen aus und wurden durch rätselhafte Befehle gesteuert, die man mit einem blinkenden Cursor eingab.

Im Gegenzug dazu hatten Jobs und das Mac-Team einen leicht bedienbaren Apparat mit bildhaften Symbolen und Benutzermenüs in normalem Englisch entwickelt, der durch eine ungewöhnliche Zeige- und Klickvorrichtung gesteuert wurde, der Maus.

---

10) nach: Levy, Steven: *Insanely Great: The Life and Times of Macintosh, the Computer That Changed Everything.* Penguin, New York 1994, S 186.

Damit sich die Verbraucher mit der Maus und den anderen Komponenten des Macs selbst vertraut machen konnten, entschied Jobs, dass der Käufer den Mac beim Auspacken selbst zusammensetzen sollte. Der Akt des Zusammensetzens der Maschine sollte dem Benutzer alle ihre Komponenten vorstellen und ihm ein Gefühl dafür geben, wie sie funktionierten.

Alle Teile – der Computer, die Tastatur, Maus, Kabel, Disketten und Benutzerhandbuch – waren separat verpackt. Jobs half bei dem minimalistischen Designs des Kartons, auf dem ein Schwarz-Weiß-Bild des Macs sowie ein paar Aufschriften in der Apple-Schriftart Garamond zu sehen waren. Damals sprach Jobs von „Eleganz" und „Geschmack", jedoch führten seine Verpackungsideen genau das in die Hightechbranche ein, was später „Auspackroutine" genannt wurde; ein Ritual, das seither von allen übernommen wurde, von Dell bis hin zu Handyproduzenten.

Noch heute wird bei Apple die Verpackung in Hinblick darauf, dass das Produkt dem Kunden beim Auspacken zugänglich gemacht werden soll, sorgfältig designt.

1999 sagt Jonathan Ive gegenüber dem Magazin *Fast Company*, dass die Verpackung des ersten iMacs ebenfalls sorgfältig und im Hinblick darauf konzipiert wurde, den neuen Konsumenten die neue Maschine vorzustellen. Das Zubehör des iMacs, die Tastatur und das Handbuch, waren in einem Schaumstoffstück verpackt, das sie in dem Karton fixierte. Nachdem der Käufer dieses erste Stück Schaumstoffverpackung entfernt hatte, sah er den Griff auf der Oberseite des iMacs, der den Benutzer deutlich dazu aufforderte, das Gerät aus dem Karton zu heben und auf einen Tisch zu stellen. „Das ist das Tolle an Griffen", sagte Ive. „Man weiß, wozu sie da sind."[11]

Anschließend wandte sich der Benutzer automatisch der Zubehörschachtel zu, die drei Kabel enthielt: eines für Strom, eines fürs Internet und eines für die Tastatur. Ive sagte, dass die Präsentation dieser Dinge in genau dieser Reihenfolge – erst der Griff des iMacs, dann die Anschlusskabel – sorgfältig überlegt war, sodass sie dem Konsumenten, der vielleicht nie zu-

---

11) Fishman, Charles: „Why We Buy: Interview with Jonathan Ive". In: *Fast Company*, Oktober 1999, S. 282. (http://www.fastcompany.com/magazine/29/buy.html)

vor einen Computer gekauft hatte, klar verriet, welche Schritte sie zum In-
gangsetzen des Gerätes unternehmen mussten. „Es klingt alles so einfach
und offensichtlich", sagte Ive. „Doch oft bedarf es, um bis zu diesem Grad
an Einfachheit vorzudringen, enormer Zwischenschritte im Design. Man
muss erhebliche Energie dafür aufwenden, die vorhandenen Probleme
und die Anliegen der Leute zu verstehen – selbst wenn es für sie schwierig
ist, diese Anliegen und Probleme selbst zu artikulieren."[12]

Diese Form von Detailbesessenheit mag krankhaft wirken und ist es
manchmal auch. Kurz vor dem Start des iPod war Jobs enttäuscht, dass der
Stecker der Kopfhörer beim Anschließen und Herausziehen keinen zufrie-
denstellenden Klick hervorbrachte. Dutzende an Muster-iPods sollten bei
der Produktpräsentation an Reporter und VIPs verteilt werden. Jobs wies
einen Ingenieur an, allen iPods nachträglich einen neuen Stecker zu verpassen, der zufriedenstellend klickte.

Hier ist ein weiteres Beispiel: Einmal wollte Jobs, dass das ursprüngliche
Mac-Motherboard neu designt wurde – aus ästhetischen Gründen. Teile des
Motherboards waren seiner Meinung nach „hässlich", und er wollte, dass
das Motherboard für eine gefälligere Anordnung der Chips und Schaltkreise neu konfiguriert wurde. Seine Ingenieure waren natürlich entsetzt.
Motherboards sind extrem komplizierte technologische Produkte. Ihr Aufbau wird sorgfältig gestaltet, um robuste und zuverlässige Verbindungen
zwischen Komponenten zu garantieren. Sie sind peinlich genau darauf
ausgelegt, dass Chips sich nicht lösen und elektrische Spannungen nicht
von einem Kreislauf auf den anderen überspringen können. Das Motherboard neu zu entwerfen, damit es hübsch aussehen würde, wäre nicht
gerade einfach. Natürlich protestierten die Ingenieure und sagten, dass
sowieso niemand das Motherboard sehen würde. Und was noch wesentlich gewichtiger war: Sie sahen voraus, dass eine neue Anordnung elektro-
nisch nicht funktionieren würde. Aber Jobs blieb stur. „Ein großartiger
Tischler würde auch kein miserables Holz für die Rückseite eines Schran-
kes verwenden, nur weil sie keiner sieht", sagte Jobs. Widerwillig entwarfen die Hardware-Ingenieure ein neues Design und verschwendeten dabei
mehrere 1.000 Dollar, um ein hübscheres Mainboard zu entwickeln. Doch

---

12) Ebd.

wie vorausgesagt, funktionierte das neue Board nicht und Jobs war gezwungen, seine Idee aufzugeben.[13]

Jobs' Bestehen auf Exzellenz verzögert manchmal den Start neuer Produkte, und er ist durchaus dazu bereit, Projekte zu begraben, an denen sein Team jahrelang gearbeitet hat. Doch seine Kompromisslosigkeit stellt sicher, dass Apple-Produkte niemals auf den Markt geworfen werden, bevor sie zu seiner Zufriedenheit aufgebessert wurden.

Die große Waschmaschinen-Debatte

Jobs lebte während der frühen 80er Jahre bekanntermaßen fast ohne Möbel in einer Villa, weil er minderwertige Einrichtungsgegenstände nicht ertragen konnte. Er schlief auf einer Matratze, die von einigen riesigen Fotografien umgeben war. Irgendwann kaufte er einen deutschen Konzertflügel, obwohl er kein Klavier spielte, nur weil er dessen Design und handwerkliche Qualität bewunderte. Als der frühere Apple-CEO John Sculley Jobs besuchte, war er über das ungepflegte Erscheinungsbild des Hauses schockiert. Es sah verlassen aus, besonders im Vergleich zu den perfekt manikürten Palästen rundherum. „Es tut mir leid, dass ich nicht viele Möbel besitze", entschuldigte sich Jobs bei Sculley. „Ich bin einfach noch nicht dazu gekommen."[14]

Sculley sagte, dass Jobs einfach nicht bereit war, sich mit irgendetwas anderem als dem Besten zufriedenzugeben. „Ich kann mich erinnern, wie ich in Steves Haus kam und er keine Möbel hatte, nur ein Bild von Einstein, den er sehr bewunderte, sowie eine Tiffanylampe, einen Stuhl und ein Bett", sagte Sculley mir. „Es war ihm einfach nicht wichtig, sich mit vielen Dingen zu umgeben, und er war unglaublich sorgfältig bei der Auswahl."[15]

---

13) Hertzfeld, Andy: „PC Board Esthetics". In: Folklore.org. (http://www.folklore.org/Story-View.py?project=Macintosh&story= PC Board_Esthetics.txt)

14) Sculley, John: *Odyssey: Pepsi to Apple: The Journey of a Marketing Impresario*. HarperCollins, New York 1987, S. 154.

15) Sculley, John: Persönliches Interview, Dezember 2007.

Jobs fällt es nicht leicht, etwas zu kaufen. Er kann sich für kein Handy entscheiden. „Das führt dazu, dass ich nicht besonders viel kaufe", antwortete er auf eine Frage, welche Geräte und technologischen Produkte er kaufe, „weil ich sie lächerlich finde."[16]

Wenn er doch einmal einkaufen geht, kann es zu einem mühsamen Vorgang werden. Als es um die Anschaffung einer neuen Waschmaschine und eines Trockners ging, verwickelte Jobs seine ganze Familie in eine zweiwöchige Debatte darüber, welches Modell sie wählen sollte. Die Familie Jobs' traf ihre Entscheidung nicht auf der Grundlage eines schnellen Blicks über die Funktionen und den Kaufpreis, wie dies die meisten anderen Familien tun würden. Stattdessen drehte sich die Diskussion um amerikanisches gegenüber europäischem Design, die verbrauchten Wasser- und Waschmittelmengen, die Dauer des Waschgangs und die Langlebigkeit der Kleidungsstücke.

„Wir verbrachten in unserer Familie viel Zeit damit, über unsere Ziele und Wünsche beim Waschmaschinenkauf zu reden. Am Ende ging es sehr häufig um das Design, aber auch um die Werte unserer Familie. War es uns am wichtigsten, die Wäsche in einer anstatt in eineinhalb Stunden hinter uns zu bringen, oder ging es uns vor allem darum, dass die Kleider sich wirklich weich anfühlten und länger hielten, oder wollten wir vor allem nur ein Viertel des Wassers verbrauchen? Wir verbrachten zwei Wochen damit, jeden Abend am Esstisch darüber zu reden. Dann kamen wir wieder auf die alte Waschmaschinen-/Trockner-Diskussion zurück, und in all diesen Gesprächen ging es um Design."[17]

Am Ende entschied sich Jobs für deutsche Geräte, die er zwar für „zu teuer" hielt, die aber die Kleidung gut und mit geringem Wasser- und Waschmittelverbrauch wuschen. „Sie sind wirklich wunderbar verarbeitet und gehören zu den wenigen Einkäufen der letzten paar Jahre, die uns wirklich alle rundum zufrieden stellen", sagte Jobs. „Diese Leute haben sich wirklich Gedanken bei der Herstellung der Geräte gemacht. Sie haben beim Design dieser Waschmaschinen und Trockner wirklich großartige

---

16) Arthur, Charles: „The Guru: Steve Jobs". In: *The Independent* (London, UK), 29. Oktober 2005.
17) Wolf, Gary: „The Wired Interview: Steve Jobs: The Next Insanely Great Thing". In: *Wired* 4.02, Februar 1996.

Arbeit geleistet. Ich habe daran wirklich mehr Freude gehabt als an jedem anderen Hightech-Produkt der letzten Jahre."

Die große Waschmaschinendebatte erscheint exzessiv, doch Jobs wendet die gleichen Werte – und die gleichen Abläufe – auf den Vorgang der Produktentwicklung bei Apple an. Industriedesign wird bei Apple nicht nur als der letzte Schliff eines Produktes, das vorher entwickelt wurde, behandelt, wie das in vielen anderen Unternehmen geschieht. Zu viele Unternehmen betrachten das Design als die Haut, die in letzter Minute übergeworfen wird. In vielen Unternehmen wird das Design sogar komplett ausgelagert. Eine separate Firma kümmert sich darum, wie das Produkt aussieht – wie sich vermutlich auch eine separate Firma um die Herstellung kümmert.

„Es ist traurig und frustrierend zu sehen, dass wir von Produkten umgeben sind, deren Ausführung es offensichtlich an Sorgfalt mangelt", sagte Ive, der freundliche Brite, der das kleine Designteam von Apple leitet. „Genau das ist das Spannende an einem Objekt. Ein Objekt spricht Bände über das Unternehmen, das es produziert hat, über dessen Werte und Prioritäten."

Apple lagert fast die gesamte Herstellung seiner Produkte aus, nicht aber das Design. Ganz im Gegenteil: Apples Industriedesigner werden vom allerersten Meeting an eng eingebunden.

Jonathan Ive, der Designer

Ive ist Engländer, Ende 30, hat die muskuläre Figur eines Ringkämpfers und kurz geschorene Haare. Doch Ive ist freundlich und zugänglich. Er ist extrem zurückhaltend, fast schüchtern, was für jemanden in seiner Position an der Spitze einer knallharten Firma wie Apple ziemlich ungewöhnlich ist. Er zieht sich so sehr zurück, dass er einmal sogar Jobs auf die Bühne gehen ließ, um für ihn eine Auszeichnung entgegenzunehmen, obwohl er selbst im Publikum saß.

Als Student gewann er einen wichtigen Designpreis bereits zweimal. Das gelang bisher keinen Studenten. Seit damals wurde er mit Auszeichnungen überhäuft. Dank einer Reihe sehr richtungsweisender Produkte vom iMac bis hin zum iPhone wurde Ive zweimal der Titel „Designer des Jahres" von Londons angesehenem Design-Museum verliehen. 2006 wurde er zum Ritter geschlagen, eine Ehrung die vom britischen Monarchen verliehen wird.

Ives Persönlichkeit ist schwer zu beschreiben. Oft spricht er ziemlich abstrakt und fällt gelegentlich ins Unternehmenskauderwelsch. Persönlichen Fragen weicht er aus. Aber wenn er über Design spricht, ist er schwer zu stoppen. Über Design spricht er mit großem Enthusiasmus, leidenschaftlich gestikulierend und setzt dabei zur Unterstützung seine Hände ein.

Anlässlich einer Produktpräsentation von Apple bat ich ihn um ein paar kurze Kommentare bezüglich des Designs des Aluminiumgehäuses, in dem Apples High-End-Profi-Rechner untergebracht sind (dasselbe Gehäuse wird seit mehreren Jahren für eine Reihe von Produkten verwendet, angefangen vom Power Mac G5 von 2003 bis hin zum gegenwärtigen Mac Pro). Dieses Gehäuse ist aus unbearbeiteten Platten aus blankem Aluminium gefertigt, die so schlicht sind wie der außerirdische Monolith in dem Film *2001, Odyssee im Weltraum.*

Mit Vergnügen beschrieb er die Philosophie – und all die harte Arbeit –, die hinter dem Design des Rechners stand. „Ich nehme an, dass man immer, wenn man etwas tut, besonders glücklich über das ist, was man gerade entwickelt hat", sagte er. „Diesmal war es wirklich eine schwierige Geburt." Ive ging hinüber zu einem Vorführmodell, das in der Nähe stand. Er zeigte auf das schlichte Aluminiumgehäuse. „Es gibt einen aufgesetzten minimalen und einfachen Stil. Und dann gibt es wirkliche Einfachheit", sagte er. „Das hier sieht einfach aus, weil es wirklich einfach ist."

Ive sagte, die übergeordnete Designphilosophie für den Rechner sei es gewesen, ihn möglichst einfach zu halten. „Wir wollten alles loswerden, was nicht absolut essenziell war. Aber diese Mühe sieht man natürlich nicht", sagte er. „Wir fingen immer wieder von vorne an. ‚Brauchen wir dieses Teil? Können wir es dazu kriegen, die Funktionen dieser anderen vier Teile zu übernehmen?' Wir reduzierten, so viel wir konnten, damit das Gerät leichter zu bauen und leichter zu bedienen ist."

Dann begann Ive mit einer leidenschaftlichen zwanzigminütigen Vorführung und Beschreibung des neuen Computerdesigns. Er hätte noch weitergeredet, wenn er nicht von einem Mitglied des PR-Teams von Apple unterbrochen worden wäre, das ihn an seine weiteren Termine erinnerte. Ive konnte nichts dagegen tun. Design ist seine Berufung. Wenn er einmal loslegt, spricht er lang und breit mit großer Ernsthaftigkeit und großem Enthusiasmus über das Design von etwas scheinbar so Einfachem wie einem Riegel für einen Zugangsdeckel. Beim Gehen bat ich Ive, den Power-Mac G5 mit teuren Design-Computern aus der Welt der Windows-PCs, wie beispielsweise Alienware oder Falcon Northwest, zu vergleichen. Diese Geräte sehen manchmal aus wie aufgemotzte Protz-Autos, die mit aufgemalten Flammen oder verchromten Kühlergrillen verziert sind.

„Es ist wirklich viel wirksamer, wenn man seine Leistung nicht nur durch eine dünne Schicht Tünche vortäuscht", sagte er. „Ich betrachte den Rechner als Werkzeug. Er ist ein extrem kraftvolles Werkzeug. Es gibt keine Plastikfassade, die noch zusätzlich hervorheben könnte, dass es sich um ein wirklich leistungsstarkes Werkzeug handelt. Es ist sehr offensichtlich, dass er ist, was er ist." Er sprach weiter. „Aus der Perspektive eines Designers spielen wir nicht mit Äußerlichkeiten. Unsere Arbeit ist sehr utilitaristisch. Es geht um die Verwendung des Materials in einer sehr minimalistischen Art und Weise."

Ives improvisierte Einführung zum Aluminiumgehäuse des Computers verrät eine Menge über den Designprozess, aus dem es hervorgegangen ist: das Bemühen, zu reduzieren und zu vereinfachen, sowie die Genauigkeit in Bezug auf Details und Materialbewusstsein. Hinzu kommt Ives Leidenschaft und Energie. All diese Faktoren unterstützen Ives einzigartigen Designprozess.

Eine Vorliebe für Prototypen

Jonathan Ive und seine Frau Heather wohnen mit ihren Zwillingen in einem Haus in der Nähe der Twin Peaks Gipfel oberhalb von San Francisco. Das Haus wird als „schlicht" beschrieben. Doch Ive fährt ein James Bond-Auto – einen 200.000 Dollar teuren Aston Martin.

Ive wollte eigentlich ursprünglich Autos entwerfen. Er hat einen Kurs in der Central Saint Martins Art School in London besucht, fand jedoch die übrigen Studenten seltsam. „Sie machten ‚Brumm-brumm-Geräusche', während sie zeichneten", sagte er.[18] Er schrieb sich stattdessen in einen Produkt-Design-Kurs an der Newcastle Polytechnic ein.

Ives Vorliebe für den Bau von Prototypen entstand in Newcastle. Clive Grinyer, ein Kommilitone und späterer Kollege Ives, erinnert sich an einen Besuch in Ives Wohnung in Newcastle. Er war verblüfft, sie mit Hunderten Schaumstoffmodellen von Ives Studienabschlussprojekt vollgestopft vorzufinden: eine Kombination aus Hörgerät und Mikrofon, die Lehrern bei der Kommunikation mit tauben Schülern helfen sollten. Die meisten anderen Designstudenten bauten fünf oder sechs Modelle ihrer Projekte. Ive war „von allen Menschen, die ich je getroffen habe, von dem, was er erreichen wollte, am meisten besessen", sagte Grinyer.[19]

Merkwürdigerweise hatte Ive als Student keinerlei Affinität zu Computern. „In meiner gesamten Collegezeit hatte ich ein echtes Problem mit Computern", sagte Ive. „Ich war überzeugt davon, dass ich technisch wirklich unbegabt war."[20] Doch kurz bevor er Newcastle 1989 verließ, entdeckte er den Mac. „Ich erinnere mich noch, wie erstaunt ich war, wie viel besser er war als alles andere, was ich je ausprobiert hatte", sagte er. „Mir fiel sofort auf, wie viel Sorgfalt auf die gesamte Benutzererfahrung verwendet worden war. Ich hatte das Gefühl, über das Objekt mit den Designern verbunden zu sein. Ich begann mich über das Unternehmen zu informieren. Ich wollte wissen, wie es gegründet worden war, was seine Werte und seine Struktur waren. Je mehr ich über dieses aufmüpfige – fast rebellische – Unternehmen erfuhr, desto mehr sprach es mich an, da es wie selbstverständlich innerhalb einer selbstzufriedenen und kreativ bankrotten Branche eine Alternative aufzeigte. Apple stand für etwas und orientierte sich nicht nur an Geld."

---

18) Arlidge, John: „The Observer Profile: Father of Invention". In: *The Observer* (UK), 21. Dezember 2003.
19) Ebd.
20) Design Museum Interview, 29. März 2007. (http://www.designmuseum.org/design/jonathan-ive)

Im Laufe der Jahre sind Computer ein Teil seines Lebens geworden. In einem Interview mit dem *Face* Magazin erklärt er, dass ihn deren multifunktionale Natur fasziniert. „Es gibt kein anderes Produkt, das die Funktion ändern kann wie ein Computer", sagte er. „Der iMac kann eine Musikbox, ein Werkzeug zur Videobearbeitung oder ein Fotoalbum sein. Sie können damit entwerfen oder schreiben. Weil das, was er tut, so neu und so variabel ist, können wir neue Materialien verwenden und neue Formen erschaffen. Die Möglichkeiten sind endlos. Das gefällt mir daran."

Nachdem er Newcastle verließ, gründete Ive 1989 in London zusammen mit anderen das Tangerine Design-Kollektiv, bei dem er an einer großen Bandbreite von Produkten arbeitete, von Toiletten bis hin zu Kämmen. Doch die Auftragsarbeit frustrierte ihn, da er kaum Einfluss darauf hatte, wie der Auftraggeber seine Ideen umsetzte.

1992 bekam er einen Anruf von Apple und wurde um ein paar Konzepte für die ersten Laptops gebeten. Apple war so beeindruckt, dass Ive als Designer angestellt wurde und nach Kalifornien umzog. Doch da Apple zu dem Zeitpunkt nicht gerade gut lief, wurde die Designabteilung in einen staubigen Keller abgeschoben. Die Apple-Manager fingen an, sich bei der Konkurrenz nach Inspirationen umzusehen. Sie wollten Fokusgruppen. Ive war kurz davor, zu kündigen. Er arbeitete allein und unabhängig. Er entwarf weiterhin Prototypen, die aber oftmals nicht einmal sein Büro verließen.

Selbstverständlich änderten sich die Dinge bei Jobs' Rückkehr sehr. Ive ist noch immer derselbe Designer wie früher, doch die Resultate sind das genaue Gegenteil.

Ive führt ein relativ kleines Team von ungefähr einem Dutzend Industriedesignern, die seit vier Jahren bei Apple zusammenarbeiten. „Wir haben ein himmlisches Designteam", sagt Ive.[21] Das Team arbeitet in einem eigenen kleinen Studio abseits des restlichen Apple-Firmengeländes. Es ist in einem nichtssagenden Gebäude untergebracht und aus Angst vor der Enthüllung bevorstehender Neuheiten den meisten Apple-Mitarbeitern nicht zugänglich. Der Zugang ist nur einer erlesenen Minderheit mit elektronischen Zugangspässen gewährt. Türen und Fenster sind nach außen

---

21) Ebd.

schwarz getönt. Selbst dem früheren CEO John Sculley wurde der Zugang zum Designstudio verwehrt. „Sie können sich vorstellen, wie er das findet", sagte Robert Brunner, der damalige Kopf der Designgruppe.[22]

Im Inneren des Studios gibt es sehr wenig Möglichkeiten, sich zurückzuziehen. Es gibt weder Büros noch Arbeitskabinen. Es handelt sich um einen sehr großen offenen Raum mit mehreren gemeinschaftlichen Designbereichen. Er steckt voller teurer und hochmoderner Geräte zur Herstellung von Prototypen: 3D-Druckern, gut ausgestatteten CAD-Arbeitsplätzen und CNC- (computergesteuerten) Maschinen. Es gibt auch eine riesige Hi-Fi-Anlage, auf der den ganzen Tag elektronische Musik läuft, die zum Teil von Ives Freunden aus Großbritannien stammt. Ive ist ein bekennender Musikfreak und guter Freund des bekannten Techno DJs John Digweed.

Wenn es um Werkzeuge geht, werden weder Kosten noch Mühe gescheut. Anstatt immer mehr Designer einzustellen, steckt Ive die Ressourcen lieber in Werkzeuge und Maschinen. „Indem das Kernteam klein gehalten und signifikant in Werkzeuge und in Arbeitsprozesse investiert wird, können wir so eng zusammenarbeiten, wie es selten möglich ist", sagte Ive. „Die Erinnerung daran, wie wir arbeiten, wird sogar die Produkte, die wir kreieren, überleben."[23]

Die kleine intime Arbeitsgruppe sei der Schlüssel zu Kreativität und Produktivität, sagte Ive. Er stritt ab, dass Apples Innovationen von dem einen oder anderen individuellen Designer stammen. Laut Ive sind alle durch die enge Zusammenarbeit des Teams entstanden.

Es sei ein Prozess des „kollektiven Lernens und sich Verbesserns. Eines der Markenzeichen des Teams ist die Neugier. Die Freude daran, falschzuliegen, weil es bedeutet, dass man etwas Neues entdeckt hat."[24]

Immer wenn Ive über seine Arbeit spricht, stellt er das Team in den Vordergrund. Er hat keinerlei Ego. Als Digweed Ive kennenlernte, benötigte er

---

22) „An Evening into Former Apple Industrial Designers". Öffentliche Vorlesung, 4. Juni 2007, Computer History Museum, Mountain View, California.
23) Ebd.
24) Abrams, Janet: „Radical Craft: The Second Art Center Design Conference". In: Core77 Webseite, Mai 2007. (http://www.core77.com/reactor/04.06_artcenter.asp)

Monate, um Ives Rolle bei Apple herauszufinden. „Jonathan redete darüber, wie sie verschiedene Dinge designt hätten, und ich saß da und dachte: ‚Wie verrückt! Seine Arbeit wird Tag für Tag von den Kreativen auf der ganzen Welt genutzt, und er ist kein bisschen arrogant.'"[25]

Ives Designprozess

Ive hat schon oft gesagt, dass die Einfachheit der Apple-Designs täuscht. Vielen Leuten erscheinen die Produkte vollkommen offensichtlich. Sie sind so schlicht und einfach, dass es so etwas wie ein „Design" gar nicht zu geben scheint. Es gibt keine Rüschen oder Beiwerk, die den Designprozess hinausposaunen. Aber für Ive geht es genau darum. Die Aufgabe sei, sagte Ive, „unglaublich komplizierte Probleme zu lösen und die Lösungen so unabdingbar und unglaublich einfach aussehen zu lassen, dass man nicht mehr merkt, wie schwierig etwas war."[26]

Die Einfachheit ist das Ergebnis eines Designprozesses, der dadurch gekennzeichnet ist, viele Ideen zu generieren und diese dann fortlaufend zu verbessern – auf die gleiche Weise wurde die Benutzeroberfläche von OS X entworfen. Mit diesem Prozess sind zahlreiche Teams bei Apple beschäftigt, nicht nur die Designer. Ingenieure, Programmierer und sogar Marketingleute sind involviert. Ives Industriedesigner werden aber von Anfang an bei jedem Projekt miteinbezogen. „Wir sind wirklich von einem ziemlich frühen Stadium an beteiligt", sagte Ive. „Es gibt eine sehr selbstverständliche kontinuierliche Zusammenarbeit mit Steve sowie den Hardware- und Software-Leuten. Ich denke, das ist eines der Dinge, die Apple von anderen unterscheidet. Wenn wir eine Idee entwickeln, ist keine endgültige Architektur vorgegeben. Ich denke, dass man genau in diesen frühen Phasen, wenn man noch sehr offen ist, neue Möglichkeiten aufspüren kann."[27]

---

25) Arlidge, John: „The Observer Profile: Father of Invention". In: *The Observer* (UK), 21. Dezember 2003.
26) Abrams, Janet: „Radical Craft: The Second Art Center Design Conference". In: Core77 Webseite, Mai 2007. (http://www.core77.com/reactor/04.06_artcenter.asp)
27) Fairs, Marcus: Jonathan Ive interview. In: iconeye, icon004, Juli/August 2003. (http://www.iconeye.com/articles/20070321_31)

Um diese Möglichkeiten zu finden, vermeidet Jobs gewissenhaft, einen automatisierten fließbandartigen Designprozess, bei dem Produkte von einem Team zum nächsten weitergereicht werden und es ein Hin und Her zwischen den verschiedenen Abteilungen gibt. Das ist bei anderen Unternehmen nicht immer der Fall. Jobs vergleicht das mit einer teuren Autostudie, die bei einer Automobilmesse vorgestellt wurde. Wenn vier Jahre später das serienreife Modell erscheint, taugt es nichts mehr. „Da fragt man sich, was passiert ist. Sie hatten die Lösung! Sie hielten den Schlüssel in ihren Händen! Sie ließen sich kleinkriegen! ... Was geschehen war, war Folgendes: Die Designer kamen mit einer wirklich tollen Idee an. Sie gingen damit zu den Ingenieuren, und die Ingenieure sagten: ‚Nein, das geht so nicht. Das ist unmöglich.‘ Das ist der erste Schritt zurück. Dann gingen sie damit zu den Leuten, die das Auto bauen, und diese sagten: ‚Das können wir nicht.‘ Und wieder verschlechtert sich das Produkt."[28]

In Interviews spricht Ive über „enge Zusammenarbeit", „gegenseitige Befruchtung" und „konkurrierende Entwicklung". Produkte, die bei Apple entwickelt werden, werden nicht von Team zu Team, von den Designern zu den Ingenieuren, zu den Programmierern und am Ende zur Marketingabteilung weitergereicht. Der Designprozess ist nicht seriell. Stattdessen arbeiten alle diese Gruppen gleichzeitig an dem Produkt, und es gibt eine Revisionsrunde nach der anderen.

Die Meetings dauern endlos. Sie sind ein integraler Bestandteil der „engen Zusammenarbeit", und ohne sie wäre die „gegenseitige Befruchtung" nicht so effizient. „Die herkömmliche Art und Weise, Produkte zu entwickeln, funktioniert einfach nicht, wenn man so ehrgeizig ist wie wir", sagte Ive dem *Time Magazine*. „Wenn die Herausforderungen so kompliziert sind, muss man bei einem neuen Produkt mehr und intensiver zusammenarbeiten."

Der Designprozess beginnt mit vielen Zeichnungen. Ives Team arbeitet zusammen, sie kritisieren die Ideen der jeweils anderen und bekommen Feedback von den Ingenieuren und natürlich von Jobs selbst. Anschließend arbeitet das Team 3D-Computermodelle in diversen CAD-Anwen-

---

28) Grossman, Lev: „How Apple Does It". In: *Time,* 16. Oktober 2005. (http://www.time.com/time/magazine/article/0,9171,1118384,00.html)

dungen aus, die dazu dienen, Modelle aus Schaumstoff und anderen Modelliermaterialien herzustellen. Oft stellt das Team eine ganze Reihe von Modellen her, mit deren Hilfe nicht nur die äußere Form des neuen Produktes, sondern auch die innere überprüft wird. Prototypen, die den Innenraum und die Dicke der Verkleidungen genau nachbilden, werden zu den Hardware-Ingenieuren gesandt, die darauf achten, dass die inneren Komponenten hineinpassen. Sie stellen auch sicher, dass es genügend Luftzirkulation im Gehäuse gibt und dass die Anordnung von internen Komponenten wie Schnittstellen und Batteriefächern funktioniert.

„Wir stellen eine Menge Modelle und Prototypen her, und wir gehen des Öfteren an den Anfang zurück und beginnen von vorn", sagte Ive. „Wir glauben fest an Prototypen und die Herstellung von Modellen, die man in die Hand nehmen und anfassen kann." Die Anzahl der Modelle ist unerschöpflich. „Wir machen haufenweise Prototypen: Die Anzahl der Lösungswege, die wir uns ausdenken, um eine Lösung zu finden, ist zwar peinlich, aber das ist wichtig für den gesamten Prozess", sagte Ive.[29]

Robert Brunner, ein Partner, von Pentagram Design und früherer Chef der Apple Design-Group, sagte: Entscheidend sei, dass Apples Prototypen immer sehr stark im Hinblick auf den Herstellungsprozess entworfen werden. „Apples Designer verbringen zehn Prozent ihrer Zeit mit klassischem Industriedesign: Einfälle haben, Zeichnen, Modelle bauen, Brainstorming", sagte er. „90 Prozent ihrer Zeit sind sie mit der Herstellung beschäftigt, um herauszufinden, wie sich ihre Ideen umsetzen lassen."

Die Methode ist mit einer Technik verwandt, die Psychologen, die sich mit Problemlösungen beschäftigen, „erzeuge und teste"-Prozess nennen. Um ein Problem zu lösen, werden alle möglichen Lösungen generiert und anschließend ausprobiert, um herauszufinden, ob sie eine Lösung enthalten. Das Prinzip ist mit der Trial-and-Error-Methode verwandt, aber es wird nicht ganz so wahllos agiert, sondern geplanter und methodischer. Apples Designer schaffen Dutzende möglicher Lösungen und überprüfen ständig ihre Arbeit, um zu sehen, ob sie der Sache näher kommen. Der Prozess entspricht im Grunde Techniken, die bei vielen kreativen Prozessen An-

---

29) Fairs, Marcus: Jonathan Ive interview. In: iconeye, icon004, Juli/August 2003. (http://www.iconeye.com/articles/20070321_31)

wendung finden, angefangen vom Schreiben bis hin zum Komponieren. Ein Autor beginnt oft damit, einen groben Entwurf aufs Papier zu bringen, Wörter und Ideen, ohne viele Gedanken an Struktur und Kohärenz. Anschließend geht man zurück und bearbeitet das Werk, oft viele Male. „Der Versuch, zu vereinfachen und zu verbessern, ist eine enorme Herausforderung", sagte Ive.[30]

Konzentration aufs Detail: Unsichtbares Design

Ives Team achtet auch die Art von Details, die andere Unternehmen oft übersehen, wie etwa einfache Ein-/Aus-Leuchten und Netzteile. Das Stromkabel des ersten iMac war durchsichtig – wie der Computer, den man damit anschloss – und legte somit die drei verdrehten Drähte im Inneren offen. Kaum ein anderer Hersteller achtet so genau auf scheinbar nebensächliche Einzelheiten. Doch gerade dadurch unterscheidet sich Apple von anderen Unternehmen. Auf kleine Details zu achten, ist normalerweise handwerklich hergestellten Produkten vorbehalten. Apples Produkte verfügen über eben jene Feinheiten, die eigentlich eher für maßgeschneiderte Anzüge oder handgemachte Keramik als für Massenprodukte von Fließbändern asiatischer Fabriken typisch sind. „Ich glaube, eine Sache, die wirklich typisch für unsere Arbeit bei Apple ist, ist, dass wir uns selbst um die allerkleinsten Details kümmern", sagte Ive. „Das findet man eher bei handwerklich hergestellten Produkten statt bei der Massenproduktion. Ich glaube aber, es ist sehr wichtig."[31]

Selbst über das Innere der Maschinen wird viel gegrübelt. In der Ausstellung des Design Museums zeigte Ive einen Laptop ohne Gehäuse, sodass die Besucher das sorgfältige Design seines inneren Aufbaus sehen konnten. „So konnte man unsere Bemühungen bei einem Teil des Produktes sehen, das nie sichtbar ist", sagte Ive.[32]

---

30) Abrams, Janet: „Radical Craft: The Second Art Center Design Conference". In: Core77 Webseite, Mai 2007. (http://www.core77.com/reactor/04.06_artcenter.asp)
31) Fairs, Marcus: Jonathan Ive interview. In: iconeye, icon004, Juli/August 2003. (http://www.iconeye.com/articles/20070321_31)
32) Ebd.

Diese Art unsichtbaren Designs kennzeichnet viele der Apple-Produkte. Neuere Modelle des iMacs sind große, flache Bildschirme mit Computern dahinter. Der Bildschirm ist an einem Sockel aus einem einzigen Aluminiumteil befestigt, das einen Fuß formt. Dank dieses Aluminiumfußteils kann man den Monitor durch einen leichten Druck vor- und zurückstellen. Doch dass man ihn so leicht bewegen kann und er trotzdem fest stehen bleibt, war das Resultat monatelanger Arbeit. Der Computer musste perfekt ausbalanciert werden, damit der Bildschirm stehen blieb. „Das war sehr schwierig hinzubekommen", sagte Ive bei einer Designkonferenz.

Die Unterseite des Aluminiumsockels ist mit einem speziellen rutschfesten Material ausgestattet, damit sich das Gerät beim Verstellen des Bildschirms nicht bewegt. Wozu ein spezielles Material? Weil Ive Gummifüße nicht mag. Es wäre spielend einfach gewesen, stattdessen diese zu benutzen. Kaum jemand hätte sie bemerkt. Doch Ives Meinung nach treiben Gummifüße den Stand der Technik einfach nicht genügend voran.

Auch Aufkleber hasst Ive. Zahlreiche Apple-Produkte tragen Informationen, die per Laser direkt ins Gehäuse geschrieben worden sind, selbst ihre einmaligen Seriennummern. Es wäre natürlich viel einfacher, einen Aufkleber an dem Produkt anzubringen. Doch die Lasertechnik ist für Apple ein weiteres Verfahren, das die Herstellung der Produkte fortschrittlicher macht.

Materialien und Herstellungsprozesse

Im Laufe der letzten Jahre gab es mehrere unterschiedliche Phasen beim Design der Apple-Produkte, von den fruchtfarbenen iMacs bis zu den schwarzen MacBook-Laptops. Apples Design-„Sprache" verändert sich etwa alle vier Jahre. In den späten 1990er Jahren unterschieden sich Apple-Produkte durch die Verwendung von strahlend bunten und durchsichtigen Plastikteilen (das eBook und der erste Bondy-blaue iMac). Dann, in den frühen 2000ern, kam eine Phase mit Produkten aus weißem Polykarbonatplastik und glänzendem Chrom (der iPod, das eBook, der iMac mit Luxo-Lampe). Anschließend kamen Laptops aus Metall wie Titan und Aluminium (das PowerBook und das MacBook Pro). In jüngster Zeit be-

gann Apple schwarzes Plastik, mattiertes Aluminium und Glas zu verwenden (das iPhone, der iPod nano, die Intel-iMacs und die MacBook-
Laptops).

Der Wechsel von Apples verschiedenen Designfarben wird nicht voraus-
geplant, jedenfalls nicht bewusst, sondern findet eher graduell statt – erst
wird ein Produkt mit einem neuen Design vorgestellt, dann ein weiteres.
Die Veränderungen gehen natürlich aus Experimenten mit neuen Materialien und Produktionsmethoden hervor. Sowie die Apple-Designer verstanden haben, wie man mit einem neuen Material arbeiten kann, fangen
sie an, es in mehr und mehr Produkten zu verwenden. Aluminium zum
Beispiel, ein Metall, das schwer zu verarbeiten ist, tauchte zuerst beim
Gehäuse des PowerBooks im Januar 2003 auf. Anschließend wurde das
Metall im Juni 2003 für das Gehäuse des Power Macs verwendet und im
Januar 2004 für den iPod mini. Inzwischen steckt in vielen Apple-Produk-
ten Aluminium, angefangen von der Rückseite des iPhones bis hin zur
Tastatur des iMacs.

Ive hat schon oft gesagt, dass das Apple-Design niemals erzwungen ist.
Die Designer sagen niemals zueinander: „Lasst uns einen organischen, fe-
minin aussehenden Computer machen." Der iMac mag zwar zugänglich
wirken, doch das war niemals Teil des Designauftrages gewesen. Stattdessen sagen Apple-Designer: „Mal sehen, was wir aus Plastik machen können. Vielleicht können wir einen durchsichtigen Computer machen." Und
so geht es los.

Ive und seine Designer interessieren sich sehr für Materialien und Mate-
rialforschung. Viele Unternehmen denken beim Produktionsprozess erst
sehr spät an Materialien. Doch für Ive und sein Designteam sind Materialien das erste Kriterium. Der erste iMac zum Beispiel sollte von Anfang
an ein „harmloses Plastikprodukt" sein, erklärte Ive einmal. Doch Plastik
assoziiert man normalerweise mit billig. Damit der iMac als chic und nicht
als geschmacklos betrachtet werden würde, entschied sich das Team, ihm
eine transparente Oberfläche zu geben. Doch anfangs hatten sie Probleme
mit Flecken und Streifen – die durchsichtigen Plastikgehäuse rollten nicht
gleichmäßig transparent vom Fließband. Um eine gleichmäßige Färbung
zu gewährleisten, besuchte das Designteam eine Bonbonfabrik, wo sie etwas über Färbungsprozesse in der Massenproduktion lernten.

Über den Aluminiumsockel des neuen Flatpanel iMac sagte Ive: „Es gefällt mir, dass wir ein unbearbeitetes Stück Material nahmen – ein dickes Stück Aluminium – und damit einen solchen Grad an Nutzen erreichen konnten: Man biegt es, stanzt ein Loch hinein und eloxiert es ... Um ein bestimmtes Detail hinzubekommen, verbrachten wir sogar Zeit in Nord-Japan und sprachen mit einem Meister der Metallformung. Wir mögen es, Dinge in Einzelteile zu zerlegen, um zu verstehen, wie sie gemacht werden. Der Prozess des Produktaufbaus beginnt damit, das Material wirklich zu verstehen."[33]

Ive und sein Team beschäftigten sich nicht nur mit Materialien, sondern auch mit neuen Produktionsmethoden. Das Team hält ständig nach neuen Möglichkeiten, Dinge herzustellen, Ausschau, und einige von Apples brillantesten Designs sind das Resultat neuer Herstellungstechniken.

Mehrere Generationen des iPods hatten z. B. eine dünne durchsichtige Schicht auf der Oberseite ihres Plastikkörpers kleben. Diese dünne Schicht aus durchsichtigem Kunststoff verlieh dem Aussehen des iPods zusätzlich Gewicht und Tiefe, ohne jedoch tatsächlich Gewicht oder Tiefe hinzuzufügen. Es gab ihm auch ein viel raffinierteres Aussehen, als eine einfache flache Plastikoberfläche es getan hätte.

Diese dünne durchsichtige Plastikschicht ist das Ergebnis einer Kunststoffverformungstechnik namens „Twin-shot", bei der zwei verschiedene Kunststoffe zugleich in eine Form eingespritzt und nahtlos miteinander verbunden werden. Dadurch sieht die Vorderseite des iPods aus wie aus zwei verschiedenen Materialien gemacht – aber man sieht keine Fugen dazwischen.

„Wir können heute Dinge mit Kunststoff tun, von denen man uns vorher sagte, sie seien unmöglich", sagte Ive dem Designmuseum. „Die Twin-shot-Methode ermöglicht uns eine ganze Bandbreite funktionaler und formaler Möglichkeiten, die vorher praktisch nicht existierten. Der iPod ist aus Twin-shot-Kunststoff ohne Befestigungen und ohne Batteriefächer,

---

33) Abrams, Janet: „Radical Craft: The Second Art Center Design Conference". In: Core77 Webseite, Mai 2007. (http://www.core77.com/reactor/04.06_artcenter.asp)

wodurch wir ein dichtes und komplett geschlossenes Design schaffen konnten."[34]

Vor dem iPod hat Ives Team bereits bei mehreren Produkten aus transparentem Kunststoff mit diesen neuen Formungstechniken experimentiert, beispielsweise beim Cube, mehreren Studio-Flachbildschirmen sowie bei einem Lautsprecher- und Subwoofer-Set für Harman Kardon. Der iPod sah frisch und neu aus, aber sein Erscheinungsbild war das Ergebnis mehrjähriger Experimente mit neuen Gussverfahren. „Einige der weißen Produkte, die wir gemacht haben, sind nur eine Fortsetzung davon", sagt Ive.

Die Fähigkeit, fugenlose Objekte herzustellen, führte beim iPod zu einer Designentscheidung, die durch die Verbraucher scharf kritisiert wurde, weil man den Akku nicht auswechseln kann. Der Akku des iPods liegt fest versiegelt im Inneren des Geräts, den meisten Besitzern also nicht zugänglich, außer sie sind bereit, die metallene Rückseite aufzustemmen. Apple und mehrere Drittfirmen bieten den Akkuwechsel als Serviceleistung an, jedoch gegen Bezahlung.

Apple hat sich damit gerechtfertigt, dass der Akku für eine langjährige Lebensdauer ausgelegt sei, länger als die vieler iPods selbst. Aber für einige Verbraucher schmeckt der versiegelte Akku nach geplantem Verschleiß oder schlimmer – es vermittelt den Eindruck, dass man ihn nach der Nutzung irgendwann wegschmeißen kann.

---

34) Interview des Designmuseums, 29. März 2007. (http://www.designmuseum.org/design/jonathan-ive)

Steves Lehren

- *Gehen Sie keine Kompromisse ein.* Jobs' Besessenheit mit Exzellenz hat zu einem einmaligen Entwicklungsprozess geführt, der großartige Produkte hervorbringt.
- *Design ist Funktion, nicht Form.* Für Jobs ist Design die Art und Weise, wie das Produkt funktioniert.
- *Tüfteln Sie es aus.* Jobs findet während des Designprozesses genau heraus, wie ein Produkt funktioniert.
- *Beteiligen Sie alle am Prozess.* Design ist nicht nur Sache der Designer. Ingenieure, Programmierer und Marketingleute können zum Gelingen des Produktes betragen.
- *Vermeiden Sie automatisierte Prozesse.* Jobs schickt Prototypen immer wieder zwischen den Teams hin und her und nicht nur von einer Station zur nächsten.
- *Erzeugen und testen Sie.* Arbeiten Sie nach der Trial-and-Error-Methode – erschaffen und bearbeiten Sie – produzieren Sie eine „peinliche" Anzahl an Lösungsmöglichkeiten, um zu einer Lösung zu gelangen.
- *Erzwingen Sie nichts.* Jobs versucht nicht bewusst, ein „freundliches" Produkt zu kreieren. Die „Freundlichkeit" entwickelt sich im Laufe des Designprozesses.
- *Lassen Sie sich vom Material leiten.* Der iMac war aus Kunststoff, das iPhone ist aus Glas. Ihre Formen sind von ihrem Material abgeleitet.

Kapitel 4

Elitebildung: Beschäftigen Sie nur die Besten, entlassen Sie Idioten

„In unserer Branche kann eine Person allein überhaupt nichts mehr ausrichten. Sie müssen sich ein ganzes Team zusammenstellen."

– Steve Jobs bei der Smithsonian Institution Oral and Video Histories

Steve Jobs eilt der Ruf eines grausamen Chefs voraus, der ein Terrorregime führt, ständig Arbeiter anschreit und nach dem Zufallsprinzip ahnungslose Untergebene feuert. Doch Jobs hat im Laufe seiner gesamten Karriere viele produktive Partnerschaften aufgebaut – sowohl zu Personen wie auch zu Unternehmen. Jobs' Erfolg hing maßgeblich mit der Fähigkeit zusammen, gute Leute anzuziehen, die gute Arbeit für ihn leisteten. Er hat sich immer die besten Leute ausgesucht – angefangen vom Apple-Mitbegründer Steve Wozniak bis hin zu dem Designgenie Jonathan Ive aus London, der für den iMac, den iPod und andere Designikonen verantwortlich war.

Jobs hat erfolgreich Arbeitsbeziehungen mit einigen der innovativsten Leute seines Gebietes aufgebaut, Beziehungen, die häufig viele Jahre hielten. Auch hat er (in der Regel) harmonische Beziehungen zu einigen der weltweit führenden Marken geschmiedet – Disney, Pepsi und den großen Plattenlabeln. Außerdem wählt er nicht nur großartige kreative Partner aus, er holt auch das Beste aus ihnen heraus. Durch den ausgewogenen Einsatz von Zuckerbrot und Peitsche hat es Jobs geschafft, viele erstklassige Talente zu halten und zu motivieren.

Jobs denkt elitär und glaubt, dass ein kleines Spitzenteam bei weitem effektiver ist als ganze Armeen von Ingenieuren und Designern. Jobs hat immer die besten Leute, die besten Produkte und die besten Werbestrategien ausfindig gemacht. Anders als sehr viele Unternehmen, die, wenn sie wachsen, immer mehr Mitarbeiter einstellen, hielt Jobs den Kern von Apple relativ klein, insbesondere sein Schlüsselteam ausgewählter Designer, Programmierer und Manager. Viele seiner Spitzenleute arbeiten seit Jahren für Apple und für ihn. Nach seiner Rückkehr zu Apple besetzte er die meisten Spitzenmanager des Unternehmens mit ehemaligen Mitarbeitern von NeXT. Es ist nicht einfach, für Jobs zu arbeiten, doch die, die durchhalten, sind meistens loyal.

Es ist Jobs' Strategie, die smartesten Programmierer, Ingenieure und Designer einzustellen, die verfügbar sind. Mit Hilfe von Aktienoptionen bemüht er sich, sich deren Loyalität zu erhalten. Außerdem fördert er kleine Arbeitsgruppen. „Ich habe es immer als Teil meiner Aufgabe betrachtet, das Qualitätsniveau in den Organisationen, mit denen ich zusammenarbeite, sehr hochzuhalten", sagte Jobs. „Einem Unternehmen einzuimpfen, nur erstklassige Mitarbeiter einzustellen, ist eines der wenigen Dinge, die ich als Individuum beitragen kann. Meine bisherige Erfahrung zeigt, dass es sich wirklich auszahlt, den besten Leuten auf der Welt hinterherzulaufen."[1]

---

1) Morrow, David: „Steve Jobs". In: *Smithsonian Institution Oral and Video Histories,* 20. April 1995. (http://americanhistory.si.edu/collections/comphist/sji.html).

Jobs' Ansicht nach ist der Unterschied zwischen einem schlechten oder guten Taxifahrer bzw. Restaurantkoch nicht besonders groß. Jobs hat einmal gesagt, dass ein guter Taxifahrer vielleicht zwei- oder dreimal so gut ist wie ein schlechter. Der Unterschied zwischen guten und schlechten Taxifahrern ist also nicht besonders groß. Jedoch wenn es um Industriedesign oder Programmieren geht, sind die Unterschiede zwischen Gut und Schlecht riesengroß. Ein guter Industriedesigner ist hundert- oder zweihundertmal besser als ein schlechter. Beim Programmieren, glaubt Jobs, gibt es viele Fähigkeiten, die großartige Programmierer von mittelmäßigen trennen.[2]

Jobs will immer das Beste – das beste Auto, das beste Privatflugzeug, den besten Kugelschreiber und die besten Angestellten. „Er tendiert dazu, die Dinge zu polarisieren", sagte Jim Oliver zu mir, Jobs' früherer persönlicher Assistent. „Die Leute sind Genies oder Dummköpfe. Er hatte einen Lieblingskugelschreiber von der Firma Pilot. Alle anderen Kugelschreiber waren ‚Mist'. Als er am Mac arbeitete, waren alle außer dem Mac-Team – sogar innerhalb von Apple – ‚Idioten'." „Im Unternehmen gab es eine Menge Elitedenken", sagte Daniel Kottke, ein enger Freund von Jobs, der mit ihm durch Indien gereist ist. „Steve kultivierte definitiv die Idee, dass sich der gesamte Rest der Branche aus Dummköpfen zusammensetzte."[3]

Jobs' erster und vielleicht wichtigster Partner war sein Highschool-Freund Steve Wozniak. Wozniak war ein langweiliges Hardware-Genie, und er baute seinen eigenen PC, weil er es sich nicht leisten konnte, einen zu kaufen. Jobs hatte jedoch die Idee, Wozniaks Designs tatsächlich zu bauen und zu verkaufen. Und er war es auch, der arrangierte, dass ihre Teenagerfreunde diese Computer in einer Garage zusammenschraubten. Auch den Verkauf in einem örtlichen Elektronikladen für Hobbybastler organisierte er. Bald stellte Jobs weitere Talente ein, um das Unternehmen zu vergrößern und seine Produkte zu entwickeln. Um nichts unversucht zu lassen, probierte Jobs, die zwei führenden Designfirmen aus Silicon Valley zu überreden, die ersten Apple-Computer zu entwerfen. Leider konnte er sie sich nicht leisten. Seit damals ist Jobs dieser Vorgehensweise treu geblie-

---

2) Ebd.
3) Hawn, Carleen: „If He's So Smart ... Steve Jobs, Apple, and the Limits of Innovation". In: *Fast Company*, Ausgabe 78, Januar 2004, S.68.

ben – die Besten einzustellen und zu halten, vom ursprünglichen Mac-Team bis hin zu den Geschichtenschreibern von Pixar.

Pixar: Kunst als Teamsport

Die Hingabe, mit der sich Jobs ein Spitzenteam zusammenstellte, wird am besten bei Pixar deutlich, dem Animationsstudio, das er 2006 für 7, 4 Milliarden Dollar an Disney verkaufte. 1995 brachte Disney *Toy Story* heraus, den ersten abendfüllenden computeranimierten Spielfilm, der finanziell zum erfolgreichsten Film des Jahres wurde und einen Oscar gewann. Seit 1995 hat Pixar einen Kinohit nach dem anderen gelandet – *Das große Krabbeln, Toy Story 2, Die Monster AG* und vor allen Dingen *Findet Nemo*. Diese Filme haben drei Milliarden Dollar eingespielt und eine ganze Palette an Oscars und Golden Globes gewonnen. Das ist ein bemerkenswerter Rekord, dem kein anderes Hollywoodstudio nahekam. Noch bemerkenswerter daran war: Das Ganze wurde dadurch erreicht, dass Hollywoods herkömmliche Arbeitsmethoden auf den Kopf gestellt wurden.

Die Firmenzentrale von Pixar befindet sich, verteilt auf mehrere Gebäude aus getöntem Glas und Stahl, auf einem grünen Gelände in Emeryville, einer früheren Hafenstadt auf der anderen Seite der Bucht von San Francisco. Auf dem Firmengelände herrscht eine entspannte kollegiale Atmosphäre. Es strotzt nur so von all den Vergünstigungen, die ein Hightech-Arbeitsplatz des 21. Jahrhunderts zu bieten hat: Swimmingpools, Kinos und eine Kantine mit Holzofen. Überall gibt es Spielereien: lebensgroße Trickfilmfiguren-Statuen, Türen, die als schwingende Bücherregale verkleidet sind, und eine Rezeption, an der Spielzeuge verkauft werden. Statt in gleichförmigen Bürozellen arbeiten die Animatoren in ihren eigenen privaten Hütten, buchstäblichen Gartenlauben, die wie Strandhäuser in einer Reihe aufgestellt sind, jede davon individuell gestaltet – z. B. konnte eine Tiki-Hütte gleich neben einer mittelalterlichen Burg mit Burggrabenattrappe in Miniaturformat stehen.

Pixar wird von Ed Catmull geleitet, einem freundlichen zurückhaltenden CGI-Pionier (Computer-Generated-Imagerie, Computer-generierte Bilder), der einige Schlüsseltechnologien, mit denen Computeranimationen erst möglich wurden, erfunden hat. Seit der Übernahme von Pixar durch Disney im Januar 2006 ist Catmull Präsident der zusammengeschlossenen Animationsstudios von Pixar und Disney. In Bezug auf die Geschichten ist John Lasseter das Herz des Unternehmens. Er ist Pixars Oscar-gekröntes Kreativgenie. Der große onkelhafte Mann, der normalerweise in bunten Hawaiihemden herumläuft, hat bei vier Pixar-Kassenschlagern Regie geführt: *Toy Story 1* und *2*, *Das große Krabbeln* und *Cars*. Als Vorstand der Kreativabteilung von Disney ist Lasseter heute dafür verantwortlich, etwas von Pixars Magie in der angeschlagenen Animationsabteilung von Disney zu versprühen.

Bei Apple ist Jobs ein Mikromanager, der sich überall einmischt. Bei Pixar dagegen hält sich Jobs ziemlich heraus und belässt das Tagesgeschäft in den Händen der fähigen Kollegen Catmull und Lasseter. Jahrelang war er hauptsächlich ein gutmütiger Wohltäter, der Schecks ausstellte und Verträge aushandelte. „Wenn ich 1986 gewusst hätte, wie viel es kosten würde, Pixar am Laufen zu halten, hätte ich das Unternehmen wahrscheinlich nicht gekauft", jammerte Jobs im September 1995 gegenüber dem *Fortune*-Magazin.

„Ich nenne diese Typen Vater, Sohn und Heiliger Geist", sagte Brad Bird scherzhaft, der Regisseur des Pixar-Films *Incredibles – Die Unglaublichen*. „Ed, der dieses coole Medium erfunden und die menschliche Maschine Pixar entworfen hat, ist der Vater, John, die treibende kreative Kraft, ist der Sohn, und Sie wissen schon, wer, ist der Heilige Geist."[4]

Laut den Autoren Polly LaBarre und William C. Taylor, die Pixar für ihr Buch *Mavericks at Work* untersuchten, ist die Unternehmenskultur von Pixar genau das Gegenteil von Hollywood, wo Filmemacher meist *projektweise* eingestellt werden. In Tinseltown kaufen die Studios die Talente, die sie für einen Film benötigen, auf freier Basis ein. Der Produzent, der Regisseur, die Schauspieler und die gesamte Crew arbeiten freiberuflich. Jeder ist selbständig, und sobald ein Film abgedreht ist, sind alle verschwunden. „Das Problem des Hollywoodmodells ist, dass man meistens am Abschlusstag einer Produktion feststellt, wie man gut zusammenarbeiten kann", verriet Randy F. Nelson, Dekan der Pixar University[5], Taylor und LaBarre.

---

4) Schlender, Brent: *Cases in Organizational Behavior*. Sage Publications, Thousand Oaks, Calif. 2004, S. 206.
5) Taylor, William C., Polly LaBarre: „How Pixar Adds a New School of Thought to Disney". In: *New York* Times, 29. Januar 2006.

Pixar verfolgt das gegenteilige Modell. Bei Pixar sind Regisseure, Dreh-buchautoren und Crew fest angestellt und bekommen großzügige Vergü-tungen in Form von Aktienoptionen. Die Filme von Pixar haben zwar un-terschiedliche Regisseure, doch das gleiche Kernteam fest angestellter Autoren, Regisseure und Animatoren arbeiten an allen Filmen.

In Hollywood finanzieren Studios Ideen für neue Geschichte – den soge-nannten berühmten Hollywoodstoff, das Gesamtkonzept. Pixar hingegen investiert in die berufliche Entwicklung seiner Angestellten. Nelson er-klärt: „Wir haben den Sprung von einem ideenzentrierten Geschäftsmo-dell zu einem menschenzentrierten Geschäftsmodell geschafft. Anstatt Ideen zu entwickeln, entwickeln wir Leute. Anstatt in Ideen zu investieren, investieren wir in Menschen."

Im Zentrum des Mottos „Investition in Menschen" steht die Pixar Univer-sity, ein berufliches Weiterbildungsprogramm, das Hunderte an Kursen aus den Bereichen Kunst, Animation und Filmemachen anbietet. Alle Pixar-Angestellten werden ermutigt, Kurse in allen Bereichen zu belegen, die sie interessieren, ganz unabhängig davon, ob sie für ihre Arbeit rele-vant sind oder nicht. In anderen Studios gibt es eine klare Unterscheidung zwischen den „Kreativen", den „Technikern" und der Crew. Doch Pixars einmalige Unternehmenskultur unterscheidet nicht zwischen diesen Gruppen – jeder, der an den Filmen arbeitet, wird als Künstler angesehen. Alle arbeiten zusammen daran, Geschichten zu erzählen, und daher wird auch jeder ermuntert, mindestens vier Stunden pro Arbeitswoche der Weiterbildung zu widmen. In den Kursen treffen Leute aus allen Teilen der Organisation zusammen: Hausmeister sitzen neben Abteilungsleitern. „Wir versuchen, eine Kultur des Lernens zu etablieren, getragen von le-benslang Lernenden", sagte Nelson.[6]

Bei Pixar sagt man: „Kunst ist ein Teamsport." Dieses Mantra wird oft wieder-holt. Niemand kann alleine Filme machen, und ein Team guter Geschich-tenerzähler kann eine schlechte Geschichte retten. Ein schlechtes Team kann dies nicht. Wenn ein Script nicht gut ist, arbeitet das ganze Team zu-sammen, um es zu verbessern: die Autoren, die Animatoren und der Regis-seur packen alle zusammen an, ohne Rücksicht auf Stellenbeschreibungen

---

6) Ebd.

oder Titel. Dieses Modell nimmt eines der am weitesten verbreiteten Managementprobleme aller Branchen in Angriff: „Wie schafft man es, nicht nur hoch talentierte Leute für die Arbeit in einer Firma zu gewinnen, sondern diese hoch talentierten Leute auch noch dazu zu kriegen, dass sie kontinuierlich zusammen großartige Arbeit leisten?", fragte LaBarre.

Die Antwort von Pixar ist: Arbeitsplätze schaffen, die gut bezahlt sind und Spaß machen. In Hollywood verbringen Filmemacher viel Zeit damit, möglichst vorteilhafte Lösungen für sich zu finden, Kollegen in den Rücken zu fallen, um sich eine bessere Position zu verschaffen, sowie sich ständig Gedanken darüber zu machen, ob sie gerade in oder out sind. Sie befinden sich ständig in einem Konkurrenzkampf, fühlen sich nie sicher und werden regelrecht verschlissen. Bei Pixar dreht sich der Arbeitsprozess nur um Zusammenarbeit, Teamwork und Lernen. Es gibt natürlich Druck, besonders dann, wenn Projekte sich ihrem Abgabedatum nähern. Doch insgesamt ist die Arbeitsatmosphäre förderlich und unterstützend. Die Gelegenheit zu lernen, zu erschaffen und vor allen Dingen mit anderen talentierten Leuten zusammenzuarbeiten ist die Belohnung – außerdem kommen natürlich noch die großzügigen Aktienoptionen hinzu. Bei Pixar werden die Animatoren reich und haben gleichzeitig Spaß. Wie die lateinische Inschrift auf dem Giebel der Pixar University sagt: *ALIENUS NON DIUTIUS*, Nicht länger allein.

Das hatte zur Folge, dass Pixar einige der größten Animationstalente von Hollywood abgezogen hat. Einige weitere führende Pixar Animatoren sind Andrew Stanton (*Findet Nemo*), Brad Bird (*Incredibles – Die Unglaublichen, Ratatouille*) und Pete Doctor (*Die Monster AG*), denen die Headhunter anderer Konkurrenten aggressiv hinterhergelaufen sind. Viele Jahre lange hatte Lasseter ein dauerhaftes Angebot von Disney, die Seiten zu wechseln, dem er wegen der einmaligen kreativen Arbeitsumgebung bei Pixar widerstand. Keines der anderen Studios konnte mithalten, nicht einmal Disney. Jobs prahlt: „Pixar hat bei weitem die größten Computergrafiktalente der ganzen Welt, und mittlerweile hat es auch die größten Animations- und Künstlertalente der Welt, um diese Art von Film zu realisieren. Es gibt wirklich niemanden auf der Welt, der das hinkriegt, was sie machen. Es ist wirklich phänomenal. Wir sind allen anderen wahrscheinlich zehn Jahre voraus."[7]

---

7) Morrow, David: „Steve Jobs". In: *Smithsonian Institution Oral and Video Histories,* 20. April 1995. (http://americanhistory.si.edu/collections/comphist/sji.html)

Das ursprüngliche Mac-Team

Bei Apple vertritt Jobs eine ähnliche Ansicht: Das Talent der Belegschaft ist ein Wettbewerbsvorteil, der das Unternehmen seinen Rivalen voraus sein lässt. Jobs versucht, die besten Leute eines bestimmen Gebietes zu finden und setzt sie auf seine Gehaltsliste. Als Jobs nach seiner Rückkehr die Produkt-Bestandsaufnahme machte, hat er zwar die meisten Apple-Produkte „gesteved", doch er stellte sicher, dass die größten Talente unter den Mitarbeitern blieben, darunter der Designer Jonathan Ive. Als Jobs 2001 eine Apple-Einzelhandelskette aufmachen wollte, war sein erster Schritt, *sein allererster Schritt,* die beste Person zu finden, die ihn im Einzelhandel beraten konnte. Jobs hatte Angst, sich die Finger zu verbrennen, und suchte deswegen nach einem Experten. „Wir schauten uns die Sache an und sagten: ‚Das wird wahrscheinlich wirklich hart, und es kann leicht passieren, dass wir auf die Nase fallen'", sagte Jobs gegenüber dem *Fortune*-Magazin. „Also taten wir Folgendes: Erstens hörte ich mich um, wer damals der beste Einzelhandelsvorstand war. Alle sagten [Millard] Mickey Drexler, damals Chef von Gap." Jobs gab Drexler folglich einen Posten im Apple-Vorstand, um das Unternehmen beim erfolgreichen Start der Einzelhandelskette zu beraten (zu der Ladenkette später mehr).

Jobs' erstes Spitzenteam – Bill Atkinson, Andy Hertzfeld, Burrell Smith etc. – wurde 1980 zusammengestellt, um den ersten Mac zu bauen. Sie arbeiteten geheim in der Apple-Zentrale.

Der Kern des Mac-Teams wurde von Jef Raskin zusammengesetzt, dem ersten Mac-Teamleiter, doch Jobs übernahm einen großen Teil der Einstellungen selbst. Er suchte Talente in dem gesamten Unternehmen sowie im Silicon Valley, ohne dabei auf Titel oder Erfahrung zu achten. Wenn er von jemandem annahm, er könne etwas beitragen, tat er alles, um ihn zu bekommen. Bruce Horn zum Beispiel, ein Programmierer, der den Finder des Macs erfand, also das Herzstück des Mac-Betriebssystems, wollte anfangs nicht für Apple arbeiten, bis er von Jobs dazu verführt wurde. Horn hatte gerade eine Stelle bei einem anderen Unternehmen, VTI, angenommen. Bei Vertragsunterzeichnung sollte er einen Bonus von 15.000 Dollar erhalten, damals eine hohe Summe. Dann rief Jobs an.

Horn erinnerte sich:

Freitagabend bekam ich einen Anruf. „Bruce, hier ist Steve. Was hältst du von Apple?" Es war Steve Jobs. „Nun, Steve, Apple ist cool, aber ich habe gerade einen Job bei VTI angenommen."

„Wie bitte? Du hast was gemacht? Vergiss das. Komm morgen früh hierher. Wir haben dir eine Menge zu zeigen. Sei um neun Uhr bei Apple." Steve war unnachgiebig. Ich dachte, ich gehe mal hin, schaue mir alles an und sage ihm dann, dass ich mich für VTI entschieden hatte.

Steve drehte den Realitätsverzerrungsfilter voll auf. Ich wurde so ziemlich jedem im Mac-Team vorgestellt, von Andy über Rod Holt zu Jerry Manock und den übrigen Software-Ingenieuren und dann wieder zu Steve. Zwei ganze Tage lang bekam ich Demos, Zeichnungen verschiedenster Entwürfe und Marketingpräsentationen zu sehen – ich war überwältigt.

Montag rief ich Doug Fairbairn bei VTI an, um zu sagen, dass ich es mir anders überlegt hatte."[8]

Als er sein Team beisammen hatte, gab Jobs ihm alle Freiheit, kreativ zu sein, und schirmte sie vor der wachsenden Bürokratie von Apple ab, die mehrmals versuchte, das Mac-Projekt zu beenden, weil es als unwichtige Ablenkung angesehen wurde. „Die Leute, die die Arbeit machen, sind die treibende Kraft hinter dem Macintosh. Meine Aufgabe ist es, ihnen den Raum zu schaffen, ihre Arbeit machen zu können, und den Rest des Apparates von ihnen fernzuhalten"[9], schrieb Jobs in einem Essay 1984, der in der ersten Ausgabe des *Macworld*-Magazins gedruckt wurde. Hertzfeld formulierte es direkter: „Das Wichtigste, was Steve tat, war, einen riesigen Scheiße abwehrenden Schirm aufzuspannen, der das Projekt vor den bösartigen Anzugträgern auf der anderen Straßenseite schützte."[10]

---

8) Horn, Bruce: „Joining the Mac Group". In: Folklore.org. (http://folklore.org/StoryView.py?project=MacIntosh&story=Joining_the_Mac_Group.txt)
9) Essay von Steve Jobs in der ersten Ausgabe von *Macworld* 1984, S. 135. (http://www.macworld.com/2004/02/features/themacturns20jobs/)
10) *Rolling Stone,* 4. April 1996.

Genauso schnell, wie Jobs die besten Talente verpflichtet, wird er auch die los, die seinen Ansprüchen nicht genügen. Ausschließlich wahnsinnig großartige Mitarbeiter einzustellen und die Idioten zu feuern, ist eines von Jobs' ältesten Managementprinzipien. „Es tut weh, wenn man einige Leute hat, die nicht die besten Leute auf der Welt sind, und man sie loswerden muss. Doch ich fand, dass genau das meine Aufgabe war und ist – die Leute, die den Ansprüchen nicht genügten, mussten gehen. Ich habe immer versucht, das auf humane Weise zu tun. Dennoch muss es getan werden, und es macht nie Spaß", sagte Jobs in einem Interview 1995.[11]

Klein, aber fein

Jobs mag kleine Teams. Er wollte nicht, dass das ursprüngliche Mac-Team 100 Mitglieder überschritt, damit es nicht unkonzentriert und unkontrollierbar wurde. Jobs glaubt fest daran, dass kleine Teams mit talentierten Mitarbeitern größere Gruppen um Längen schlagen. Bei Pixar versuchte Jobs immer sicherzustellen, dass das Unternehmen niemals über eine Größe von einigen 100 Leuten hinauswuchs. Als Jobs gebeten wurde, Apple und Pixar zu vergleichen, führte er den Erfolg beider Unternehmen auf ihre geringe Größe zurück. „Apple hat einige ziemlich erstaunliche Leute. Aber die Menschenansammlung bei Pixar ist die höchste Konzentration bemerkenswerter Leute, die ich je gesehen habe", sagte Jobs 1998 gegenüber dem *Fortune*-Magazin. „Da gibt es jemanden, der eine Doktorarbeit über Computer-generierte Pflanzen geschrieben hat – 3D-Gras, -Bäume und -Blumen. Ein anderer ist Weltbester darin, Bilder in Filmen umzusetzen. Außerdem hat Pixar Experten in mehr Disziplinen, als Apple je haben wird. Doch das Wichtigste ist, dass es viel kleiner ist. Bei Pixar arbeiten 450 Leute. Es wäre unmöglich, solch ausgezeichnete Mitarbeiter bei Pixar zu haben, wenn man das Unternehmen auf 2.000 Mitarbeiter anwachsen ließe."

Jobs' Philosophie geht auf die alten Zeiten zurück, in denen er, Wozniak und ein paar Teenagerfreunde Computer manuell in einer Garage zusammenschraubten. In gewissem Grade ist Jobs' heutige Vorliebe für kleine Designteams bei Apple die gleiche Sache: die Simulation eines Garagen-

---

11) Morrow, David: „Steve Jobs". In: *Smithsonian Institution Oral and Video Histories,* 20. April 1995. (http://americanhistory.si.edu/collections/comphist/sji.html)

Startup-Unternehmens innerhalb einer riesigen Firma mit mehr als 21.000 Angestellten.

Bei seiner Rückkehr zu Apple 1997 machte Jobs sich daran, ein Spitzenteam zusammenzusuchen, um das Untenehmen wiederauferstehen zu lassen. Mehrere der Spitzenmanager, die er berief, hatten vorher bei NeXT mit ihm zusammengearbeitet, unter anderem John Rubinstein, der für die Hardware zuständig, Avie Tevanian, der für die Software verantwortlich war, und David Manovich, der den Vertrieb leitete. Jobs steht im Ruf eines Mikromanagers, aber bei NeXT hatte er gelernt, diesem Führungsteam zu vertrauen. Heute überwacht er nicht mehr jede einzelne Entscheidung wie früher. Bei Pixar delegierte Jobs fast alles an Catmull und Lasseter. Bei Apple überlässt er viel vom alltäglichen Management Tim Cook, dem Leiter des operativen Geschäfts, ein Spitzenexperte im Bereich Arbeitsabläufe und Logistik, der allgemein als die Nummer 2 bei Apple angesehen wird. Als Jobs nach seiner Krebsoperation 2005 sechs Wochen krankgeschrieben war, übernahm Cook kommissarisch das Amt des CEO. Ron Johnson, der Leiter des Endkundengeschäfts, managte fast alles, was mit Apples Einzelhandelskette zu tun hat, während der Finanzvorstand Peter Oppenheimer sich um die Finanzen und die Geschäfte der Wall Street kümmerte. Das Delegieren schafft Jobs bei Apple die Freiräume, das zu tun, was ihm am meisten Spaß macht – neue Produkte zu entwickeln.

Jobs' Job

Umgeben von Partnern wie Jonathan Ive und John Rubinstein hat Jobs selbst eine einzigartige Rolle. Er entwirft zwar keine Schaltkreise oder schreibt Programmiercodes, doch Jobs drückt der Arbeit seines Teams fest seinen Stempel auf. Er ist der Anführer, der für die Visionen sorgt, der die Entwicklung lenkt und viele der Schlüsselentscheidungen trifft. „Er hat nicht wirklich etwas erschaffen, und dennoch hat er alles erschaffen", schrieb der frühere CEO John Sculley über Jobs' Beitrag zum ersten Mac. Laut Sculley sagte Jobs einmal zu ihm: „Der Macintosh ist in mir drin, und ich muss ihn herausbringen und zu einem Produkt machen."[12]

---

12) Sculley, John: *Odyssey: Pepsi to Apple: The Journey of a Marketing Impresario.* [Meine Karriere bei PepsiCo und APPLE. Econ, München; Auflage: 2. Aufl. (1988)] HarperCollins, New York 1987, S. 87.

Jobs agiert als Teamdirektor, als Richter, der die Arbeit seiner kreativen Partner akzeptiert oder zurückweist und sie so auf ihrem Weg zur Lösung begleitet und ihnen die Richtung weist. Aus einer Quelle wurde mir berichtet, Ive habe ihr einmal anvertraut, dass er seine Arbeit ohne Jobs' Anweisungen nicht tun könne. Ive mag zwar ein kreatives Genie sein, aber er braucht Jobs' führende Hand.

Im Sprachgebrauch des Silicon Valley ist Jobs der „product picker". „Product picker" ist ein Ausdruck, der von Risikokapitalgebern in Silicon Valley benutzt wird, um in Startup-Unternehmen, die für das Schlüsselprodukt verantwortliche Person zu bezeichnen. Per Definition muss ein Startup-Unternehmen mit seinem ersten Produkt Erfolg haben. Hat es keinen, geht es unter. Aber nicht alle Startups fangen mit einem Produkt an. Manche Startups bestehen aus einer Gruppe Ingenieure, die viel Talent und viele Ideen haben, aber sich noch nicht entschieden haben, welches Produkt sie entwickeln möchten. Dieser Fall kommt in Silicon Valley häufig vor. Doch um ein solches Startup zum Erfolg zu führen, muss es eine Person geben, die einen Riecher dafür hat, welches Produkt auf den Markt geworfen werden soll. Das muss nicht immer der CEO oder ein anderer Spitzenmanager sein, und es muss auch nicht immer ein Experte aus dem Bereich Management oder Marketing sein: „Product picker" können aus dem Sturzbach der Ideen das Schlüsselprodukt auswählen.

„Die Produkte sprudeln nur so hervor, doch einer muss den Hut aufhaben", erklärte Geoffrey Moore, ein Risikokapitalgeber und Technologieberater. Moore hat das Buch *Crossing the Chasm* geschrieben, den Bestseller darüber, wie man Hightech-Produkte zum Mainstream macht. Dieses Buch gilt als Marketing-Bibel von Silicon Valley. „Der Erfolg oder Misserfolg eines Startups hängt von seinem ersten Produkt ab", fährt Moore fort. „Es ist ein Hitgeschäft. Startups müssen einen Hit haben, oder sie scheitern. Wenn man das richtige Produkt auswählt, hat man den Hauptgewinn in der Hand."[13]

Moore sagte, dass Jobs der perfekte „product picker" ist. Eines der wichtigsten Dinge, auf die Moore bei Erstkontakten zu Startups, die nach Risikokapital suchen, achtet, ist der „product picker" des Jungunternehmens. „Product

---

13) Moore, Geoffrey: Persönliches Interview, Oktober 2006.

picking" funktioniert nicht im Rahmen eines Komitees, es muss einen Einzelnen geben, der in der Lage ist, eine Entscheidung zu treffen.

Der Vizechef von General Motors, der legendäre „Autozar" Bob Lutz ist ein gutes Beispiel dafür. Der ehemalige Chrysler-, Ford- und BWM-Vorstand hat eine Reihe Autos mit unverwechselbarem Design, unter anderem den Dodge Viper, Plymouth Prowler und BWM 2002, berühmt gemacht. Er ist ein absoluter Auto-Freak, der lieber Fahrzeuge mit klarer Handschrift als die vom Komitee entworfenen Einheitsautos der Konkurrenz auf den Markt wirft. Ein weiteres Beispiel ist Ron Garriques, ein früherer Motorola-Vorstand, der für das erfolgreiche Razr-Handy verantwortlich ist. 2007 wurde Garriques von Michael Dell – der gerade zu seinem in Schwierigkeiten steckenden Unternehmen zurückgekehrt war – rekrutiert, um Dells Endkundengeschäft zu führen und – natürlich – Erfolgsprodukte auszuwählen.

„Es ist ein Drahtseilakt", sagte Moore. „Wenn man scheitert, ist es offensichtlich. Man muss immer alles riskieren. Es ist, als würde man in Wimbledon auf dem Center Court spielen. Man muss eine Menge Kraft haben. Nicht viele haben die Kraft oder den Willen, etwas ohne Modifikationen, Kompromisse oder Verwässerungen durch den Apparat zu forcieren. Es funktioniert nicht, wenn man ein Produkt im Rahmen eines Komitees aussucht."

Bei Apple ist es Jobs gelungen, alle zwei oder drei Jahre ein Erfolgsprodukt auszusuchen und durch die Entwicklung zu führen – den iMac, den iPod, das MacBook, das iPhone. „Apple wird von Verkaufshits angetrieben", sagte Moore. „Es hat einen Hit nach dem anderen."

Während des größten Teils des letzten Jahrhunderts gab es unzählige Unternehmen, die von vergleichbar willensstarken Produktkaisern geleitet wurden, von Thomas Watson jun. bei IBM bis hin zu Walt Disney. Doch die Zahl der erfolgreichen Unternehmen unter der Führung von Produktkaisern wie Sony unter Akio Morita hat in den letzten Jahren abgenommen. Viele heutige Unternehmen werden von einem Komitee geleitet. „Was heute fehlt, ist genau diese Art von Entrepreneuren", bedauert Dieter Rams, das Designgenie, das der Firma Braun für mehrere Jahrzehnte zu Prominenz verhalf. „Heute gibt es nur Apple und – mit Abstrichen – Sony."[14]

---

14) „Dieter Rams". In: *Icon* Magazine, Februar 2004.

Kampfbereite Partner

Während der Produktentwicklung ist Jobs an zahlreichen wichtigen Entscheidungen beteiligt, angefangen von der Frage, ob ein Gerät mit Ventilatoren gekühlt werden soll, bis hin zur Schriftart, die auf der Verpackung verwendet wird. Doch obwohl Jobs den Hut aufhat, werden Entscheidungen bei Apple nicht nur von oben nach unten gefällt. Streit und Auseinandersetzung spielen bei Jobs' kreativem Denkprozess eine zentrale Rolle. Jobs braucht Partner, die seine Ideen unter die Lupe nehmen und deren Ideen er wiederum unter die Lupe nehmen kann, und das oft mit Nachdruck. Jobs trifft Entscheidungen im intellektuellen Nahkampf. Das ist anstrengend und zeigt seine kämpferische Natur, aber es ist auch eine gründliche und kreative Herangehensweise.

Nehmen Sie z. B. die Preisgestaltung des ersten Macs aus dem Jahre 1984. Jobs und Sculley rangen mehrere Wochen lang bei mehreren Meetings darum. Sie diskutierten diese Fragen wochenlang, Tag und Nacht. Die Preisgestaltung des Macs war ein großes Problem. Apples Umsätze sanken und die Entwicklung des Macs war teuer gewesen. Sculley wollte die Forschungs- und Entwicklungsinvestition wieder hereinbekommen, und er wollte genug Geld einnehmen, um die Konkurrenz bei der Werbung zu übertreffen. Doch wenn der Mac zu teuer wäre, würde er Käufer abschrecken und sich nicht in großen Stückzahlen verkaufen lassen. Beide Männer nahmen in der Diskussion immer wieder wechselnde Positionen ein – These und Antithese –, spielten des Teufels Advokaten, um herauszufinden, wohin die Argumente führen würden. Sculley nannte das Diskutieren mit Jobs euphemistisch „einen Zweikampf". „Steve und mir gefiel es, jeweils eine Position einzunehmen, anschließend die Sache herumzudrehen und einem anderen Argument zu folgen", schrieb Sculley. „Wir übten uns ständig darin, um neue Ideen, Projekte und Kollegen zu kämpfen."

Wahrscheinlich gab es bei dem Start des iPhone im Sommer 2007 einen ähnlichen Zweikampf. Anfangs kostete das iPhone 600 Dollar, doch nach nur zwei Monaten senkte Jobs den Preis auf 400 Dollar. Es gab wütende Proteste früherer Käufer, die sich zu Recht betrogen fühlten. Der Aufschrei war so laut, dass Jobs eine seiner seltenen öffentlichen Entschuldigen aussprach und 100 Dollar Rückerstattung anbot.

Jobs senkte den Preis des iPhones, weil die Anfangserlöse Apples Erwartungen übertroffen hatten – mehr als eine Million Stück waren verkauft worden –, sodass Jobs eine Gelegenheit sah, die Verkäufe in dem wichtigen Weihnachtsgeschäft rasch zu steigern. Von vielen elektronischen Geräten für Konsumenten, einschließlich des iPods, werden im Weihnachtsgeschäft genauso hohe Stückzahlen verkauft wie im gesamten Rest des Jahres. „Das iPhone ist ein bahnbrechendes Produkt, und wir haben in dieser Weihnachtszeit die Chance, es allen zu zeigen", schrieb Jobs in einem Brief an Kunden auf der Apple-Website. „Das iPhone ist der Konkurrenz meilenweit voraus, und jetzt können es sich noch mehr Kunden leisten. Es nützt sowohl Apple als auch jedem iPhone-Nutzer, wenn so viele neue Kunden wie möglich in das iPhone-‚Zelt' eintreten."

Es ist Alltag bei Apple, dass Meetings mit Jobs in Diskussionen ausarten – zu langen aggressiven Diskussionen. Jobs genießt den intellektuellen Kampf. Er will Diskussionen – oder sogar Kämpfe – auf hohem Niveau, weil das der effektivste Weg ist, einem Problem auf den Grund zu gehen. Und indem er die besten Leute einstellt, die er finden kann, sorgt er dafür, dass die Debatte auf höchstmöglichem Niveau stattfindet.

Ein Meeting mit Jobs kann eine Feuerprobe sein. Er stellt alles in Frage, was gesagt wird, und das manchmal extrem ruppig. Doch das ist nur ein Test. Er zwingt die Leute, für ihre Ideen zu kämpfen. Wenn sie von ihren Ideen überzeugt sind, verteidigen sie ihre Positionen. Indem er die Einsätze und damit den Blutdruck der Leute erhöht, überprüft er, ob sie ihre Hausarbeiten gemacht haben und gute Argumente präsentieren können. Je souveräner sie sich halten, desto wahrscheinlicher haben sie recht. „Wenn man ein Ja-Sager ist, hat man bei Steve verloren, denn er ist ziemlich selbstsicher, also benötigt er jemanden, der ihn herausfordert", sagte mir der ehemalige Apple-Programmierer Peter Hoddie. „Manchmal sagt er: ‚Ich glaube, wir müssen dieses oder jenes tun.' – Doch es ist nur ein Test, ob ihn jemand herausfordert, denn nach dieser Art von Leuten sucht er."

Es ist ziemlich schwierig, Jobs etwas vorzumachen. „Wenn man nicht weiß, wovon man redet, findet er es heraus", sagte Hoddie. „Er ist sehr intelligent. Er ist extrem gut informiert. Er hat Zugang zu einigen der besten Leute der Welt. Wenn Sie nicht wissen, wovon Sie reden, durchschaut er es."

Hoddie beschrieb eine Gelegenheit, bei der er sich mit Jobs über irgendeine neue Chiptechnologie stritt, die gerade bei dem Prozessorzulieferer Intel entwickelt wurde. Gelegentlich schwindelte Hoddie Jobs einfach an, nur um ihn loszuwerden. An diesem Tag stellte Jobs Hoddie noch einmal zur Rede und konfrontierte ihn mit seiner vorherigen Aussage über Intel. Jobs hatte inzwischen den Vorstandsvorsitzenden von Intel Andy Grove angerufen und ihn über die Technologie, über die Hoddie gesprochen hatte, ausgefragt. Glücklicherweise hatte Hoddie diesmal nicht gelogen. „Sie können niemanden anlügen, der das Telefon in die Hand nehmen und mit Andy sprechen kann", lachte Hoddie.[15]

Während seiner gesamten 30-jährigen Karriere unterhielt Jobs eine Reihe kreativer Partnerschaften, angefangen bei seinem Highschool-Kumpel Steve Wozniak. Auf der Liste befindet sich das Designteam des ursprünglichen Macs, darunter das Hardwaregenie Burrell Smith und Programmierkoryphäen wie Alan Kay, Bill Atkinson und Andy Hertzfeld. In dem Jahrzehnt, in dem Jobs mit Designgenie Jonathan Ive zusammengearbeitet hat, lag Apple in Sachen Industriedesign weltweit an der Spitze. Weitere seiner Partner bei Apple sind John Rubinstein, unter dessen Leitung eine Reihe von Hardwarebestsellern vom iMac bis zum iPod entstanden, und Ron Johnson, der Apples Einzelhandelskette, eine der rentabelsten Handelsketten aller Zeiten (dazu später mehr), konzipierte. Bei Pixar führte seine Teamarbeit mit Ed Catmull und John Lasseter zu einem neuen Kraftzentrum der Filmbranche.

„Think Different"

Eine von Jobs' produktivsten Arbeitsbeziehungen ist die zu Lee Clow, einem großen bärtigen Anzeigenfachmann mit hippiehaftem Aussehen, und zu dessen Agentur TBWA/Chiat/Day. Jobs' Partnerschaft mit Clow und seiner Agentur besteht schon seit mehreren Jahrzehnten und hat einige der denkwürdigsten und einflussreichsten Werbekampagnen aller Zeiten hervorgebracht, angefangen von dem TV-Spot, der 1984 den Macintosh vorstellte, bis hin zu den Plakaten mit der Silhouette des iPods, die auf Werbetafeln der ganzen Welt zu sehen waren.

---

15) Hoddie, Peter: Persönliches Interview, September 2006.

TBWA/Chiat/Day, mit Sitz in Los Angeles, wird als eine der kreativsten Werbeagenturen der Welt angesehen. Sie wurden 1968 von Guy Day, einem Veteranen der Branche aus LA und Jay Chiat, einem toughen New Yorker, der sich Mitte der 60er Jahre im sonnigen Süden Kaliforniens angesiedelt hatte, gegründet und wird nun durch ihren langjährigen Kreativdirektor Lee Clow geleitet. Das Unternehmen wurde früher wegen seiner kontroversen, manchmal sogar gewagten Herangehensweise als „exzentrisch" angesehen, ist aber inzwischen gereift und kann sich nun seriöser großer Kunden wie Nissan, Shell und Visa rühmen.

Für Apple hat die Agentur allgemein anerkannte preisgekrönte Kampagnen produziert, die oft eher als kulturelle Events anstatt als Werbeschlachten angesehen werden. Anzeigen wie „Think different", „Switchers" und „I'm a Mac" wurden überall diskutiert, kritisiert, parodiert und kopiert. Wenn eine Kampagne Hunderte von Parodien auf YouTube hervorbringt und in Late-Night-Comedy-Shows in Sketche verwandelt wird, dann ist sie vom Reich des Kommerziellen ins Reich des Kulturellen aufgestiegen.

Jobs' Zusammenarbeit mit dem Werbeunternehmen begann in den frühen 1980er Jahren, als es – damals unter dem Namen Chiat/Day bekannt – eine Reihe erfolgreicher Anzeigen für Apples Computer produzierte. 1983 begann die Arbeit an dem, was einmal zu einer der vielgerühmtesten Werbebotschaften der Geschichte werden sollte: die Fernsehwerbung, die während des dritten Viertels der Super Bowl im Januar 1984 den Macintosh bekannt machte.

Die Werbung begann mit dem Slogan eines anderen verworfenen Spots: „Why 1984 won't be like ‚1984' (Zitat: Warum 1984 nicht wie ‚1984' werden wird)" – eine Anspielung auf George Orwells Grauen erweckenden Roman. Der Slogan war zu gut, um ihn einfach wegzuwerfen, also passte die Agentur ihn einfach für Apple an, und natürlich war er perfekt für die Einführung des Macs geeignet. Die Agentur kaufte den britischen Regisseur Ridley Scott ein, der gerade die Dreharbeiten an *Blade Runner* beendet hatte und nun in einem Londoner Filmstudio den Werbespot drehen sollte. Mit britischen Skinheads als Akteure zeigte Scott eine düstere orwellsche Zukunft, in der ein Big Brother mittels kreischender Propaganda aus einem riesigen Fernseher das Volk unterwirft. Plötzlich eilt eine athletische Frau mit einem Macintosh-T-Shirt herein und zerstört den Bildschirm mit einem Vorschlaghammer. In dem 60-Sekunden-Spot waren weder der Mac noch irgendein anderer Computer zu sehen, doch die Botschaft war klar: Der Mac würde die unterdrückten Computerbenutzer aus der Herrschaft von IBM befreien.

Apples Vorstandsgremium bekam den Spot erst eine Woche vor der Ausstrahlung zu Gesicht und wurde panisch. Es wurde entschieden, den Spot aus der Super Bowl zurückzuziehen, doch Chiat/Day schafften es nicht, den Werbespot rechtzeitig zu verkaufen, und der Spot lief.

Das erwies sich als glücklicher Umstand: Der Film erntete mehr Aufmerksamkeit und bekam mehr Presse als das Footballspiel selbst. Obwohl der Spot nur zweimal gezeigt wurde (während der Super Bowl und vorher bei einem unbekannten TV-Sender mitten in der Nacht, nur um zu ermöglichen, dass er einen Werbepreis gewinnen konnte), lief daraufhin immer wieder in zahlreichen Nachrichten und bei *Entertainment Tonight*. Apple schätzte, dass mehr als 43 Millionen Menschen den Spot sahen. Nach Rechnung des damaligen CEO John Sculley ein Gegenwert von mehreren Millionen Dollar kostenloser Werbung.

„Der Spot veränderte die Werbung, das Produkt veränderte die Werbebranche, und die Technologie veränderte die Welt", schrieb der Kolumnist von *Advertising Age* Breadly Johnson 1994 retrospektiv. „Aus der Super Bowl wurde das Werbeevent des Jahres, und das leitete die Ära ein, in der eine Werbung als Nachricht angesehen werden konnte."[16]

Der „1984-"Spot ist typisch für Jobs. Er war frech und gewagt und anders als jeder andere Werbefilm seiner Zeit. Anstatt eine schnörkellose Produktpräsentation war „1984" ein Mini-Spielfilm mit Rollen, einer Handlung und hoher Produktionsqualität. Jobs hat sich den Spot nicht ausgedacht, ihn nicht geschrieben oder Regie geführt, doch er war klug genug, sich mit Lee Clow und Jay Chiat zusammenzutun und ihnen Raum für Kreativität zu geben.

Der „1984"-Spot gewann der Agentur mindestens 35 Preise, unter anderen den Grand Prix in Cannes, und brachte ihr neue Aufträge und neue Kun-

---

16) Johnson, Bradley: „10 Years After '1984'". In: *Advertising Age,* 10. Januar 1994, S. 1, 12ff.

den in Millionenhöhe. Auch leitete er die Zeit der Lifestyle-Werbung, die die Anziehungskraft eines Produktes mehr in den Vordergrund stellte als seine Eigenschaften. Niemand anders, insbesondere in der Computerbranche, dachte so über Werbung, und sehr wenige Unternehmen waren bereit, mit der Öffentlichkeit auf so originelle unorthodoxe Weise zu kommunizieren. Jobs verließ Apple 1985, und nur wenig später wechselte das Unternehmen die Agentur. Bei seiner Rückkehr 1996 brachte er auch die Agentur zurück und ließ sie eine Kampagne entwerfen, die Apple einen neuen „Fokus" verpassen sollte.

Jobs macht sich Sorgen wegen Apples mangelndem Fokus und bat Chiat Day, eine Kampagne zu erstellen, die an Apples zentrale Werte appellierte. „Sie baten uns um einen Termin, um darüber zu sprechen, was Apple zur Wiedererlangung seines Fokus benötigte", sagte Clow. „Es war wirklich nicht schwer. Es ging nur darum, sich auf Apples Wurzeln zu besinnen."[17]

Clow, meist in T-Shirts, Shorts und Sandalen gekleidet, erzählte, dass die Idee für die „Think Different"-Kampagne aus dem Gedanken an die Kundenbasis des Macs hervorging – die Designer, Künstler und Kreativen, die dem Unternehmen selbst während der schwärzesten Tage die Treue hielten. „Jeder war sofort mit dem Gedanken einverstanden, dass es in der Kampagne um Kreativität und unkonventionelles Denken gehen sollte", sagte Clow. Größer wurde die Sache, als wir uns sagten: Warum feiern wir nicht irgendjemanden, der sich Möglichkeiten ausgedacht hat, die Welt zu verändern. Und da kamen Gandhi und Edison ins Gespräch."[18]

Schnell war die Kampagne fertig. Sie zeigte eine Reihe Schwarz-Weiß-Fotos von ungefähr 40 Querdenkern, unter anderem Mohamed Ali, Lucille Ball und Desi Arnaz, Maria Callas, Cesar Chavez, Bob Dylan, Miles Davis, Amelia Earhart, Thomas Edison, Albert Einstein, Jim Hensen, Alfred Hitchcock, John Lennon und Yoko Ono, Martin Luther King jr., Rosa Parks, Pablo Picasso, Jackie Robinson, Jerry Seinfeld, Ted Turner und Frank Lloyd Wright. Apple zeigte die Anzeigen in Zeitschriften und auf Werbetafeln

---

17) Elliott, Stuart: „Apple Endorses Some Achievers Who 'Think Different'". In: *New York Times,* 3. August 1998.
18) Clow, Lee: „Here's to the Crazy Ones: The Crafting of 'Think Different'". In: http://www. electric-escape.net/node/565.

und ließ einen TV-Spot senden, der „die Außenseiter, Rebellen, Unruhestifter und ... die Verrückten" feierte.

„Die Leute, die verrückt genug sind zu denken, dass sie die Welt ändern können, tun es", verkündete die Werbung.

Die Kampagne kam zu einem kritischen Zeitpunkt in Apples Firmengeschichte. Das Unternehmen brauchte eine öffentliche Aussage zu seinen Werten und seiner Mission: für seine Angestellten genauso wie für die Kunden. Die „Think Different"-Kampagne verkündete Apples Stärken: Kreativität, Einzigartigkeit, Ambitioniertheit. Wieder war es ein großes lautes Statement – Apple brachte sich und seine Benutzer mit einigen der berühmtesten Führungspersönlichkeiten, Denkern und Künstlern der Menschheit in Verbindung.

Die Fotos wurden ohne Namensunterschrift gezeigt, eine Strategie, die die Agentur bereits bei einer Nike-Kampagne mit berühmten Sportlern 1984 verwendet hatte. Der Mangel an Bildunterschriften forderte den Betrachter dazu heraus, die Namen der Person herauszufinden. Durch diese Strategie schließt die Werbung die Leute ein und lässt sie teilnehmen. Sie belohnt die Kenner. Wenn man weiß, wer abgebildet ist, wird man als Insider, als Teil der Wissenden begrüßt.

Jobs war von Anfang an beteiligt und schlug persönliche Vorbilder wie Buckminster Fuller und Ansel Adams vor. Auch nutzte er seine weitläufigen Kontakte und seine formidable Überzeugungskraft, um die Erlaubnis von Leuten wie Yoko Ono, John Lennons Witwe, und den Erben von Albert Einstein zu bekommen. Den Vorschlag der Agentur, in einer der Anzeigen Jobs selbst zu porträtieren, lehnte er jedoch ab.

Die Konkurrenz mit Werbung schlagen

Die Werbung ist Jobs schon immer extrem wichtig gewesen, noch wichtiger ist für ihn nur noch die Technologie. Jobs' seit langem geäußerter Anspruch ist es, allen den Zugang zu Computern zu ermöglichen, was auch bedeutet, dass man für sie öffentlich Werbung betreiben muss. „Mein Traum ist, jeden Menschen auf der Welt mit seinem eigenen Apple-Computer auszustatten. Um das zu erreichen, müssen wir großartiges Marketing betreiben", hat er einmal gesagt.[19] Jobs ist auf Apples Werbung wahnsinnig stolz. Oft stellt er eine neue Werbung bei einer seiner Grundsatzreden auf der Macworld vor. Seine Produktpräsentationen werden meistens von einer passenden Werbung für das neue Produkt begleitet, und Jobs gibt immer öffentlich damit an. Wenn ein Werbefilm besonders gut ist, zeigt er ihn zweimal, und seine Begeisterung wird sichtbar.

Mehr als jeder andere in der Computerbranche hat Jobs angestrebt, den Computern ein besonderes, nicht langweiliges Image zu geben. In den späten 1970er Jahren rekrutierte Jobs Regis McKenna, einen Werbepionier des Silicon Valley. Er sollte dabei helfen, Apples erste Rechner bei Normalverbrauchern beliebt zu machen. Die Werbung musste den Verbrauchern sagen, warum sie einen dieser neuen Computer brauchten. Es gab keine natürliche Nachfrage nach Computern für zu Hause: Die Werbung würde diese erst erzeugen müssen. McKenna zeichnete bunte Anzeigen, die Computer in häuslichen Umgebungen zeigten. Die Anzeigentexte waren in einfacher, leicht zu verstehender Sprache gehalten und verzichteten auf den technischen Jargon, der die Anzeigen der Mitbewerber dominierte. Diese wollten schließlich auch einen komplett anderen Markt ansprechen – die Bastler. Die erste Anzeige für den Apple II zeigt einen adretten jungen Mann, der am Küchentisch mit dem Rechner spielt, und seine Frau, die gerade den Abwasch macht, schaut ihm bewundernd zu. Diese geschlechtliche Rollenverteilung mag altmodisch gewesen sein, doch die Botschaft wurde transportiert, dass Apple-Computer nützliche, praktische Geräte sind. Die Küchenumgebung ließ den Computer einfach als ein weiteres zeitsparendes Küchengerät erscheinen.

Der Stellenwert, den Jobs der Werbung einräumt, wird durch den von ihm gewählten Apple-CEO in der Anfangszeit deutlich: John Sculley, Marketing-Vorstand von PepsiCo, der mithilfe von Werbekampagnen aus Pepsi ein Fortune-500-Unternehmen gemacht hatte. Sculley war zehn Jahre lang Apples CEO, und obwohl er einige strategische Fehler zu verantworten hat, war er erstaunlich erfolgreich darin, Apple mithilfe des Marketings

---

19) Sculley, John: *Odyssey: Pepsi to Apple: The Journey of a Marketing Impresario.* [Meine Karriere bei PepsiCo und APPLE. Econ, München; Auflage: 2. Aufl. (1988)] HarperCollins, New York 1987, S. 108.

wachsen zu lassen. Als er im April 1983 das Ruder übernahm, hatte Apple einen Umsatz von einer Milliarde Dollar. Als er zehn Jahre später ging, waren es bereits zehn Milliarden Dollar.

1983 war Apple eine der am schnellsten wachsenden Firmen Amerikas, doch um das Wachstum zu managen, war ein erfahrener CEO vonnöten. Mit seinen nur 26 Jahren wurde Jobs vom Apple-Vorstand als zu jung und unerfahren eingeschätzt, um den Job selbst zu übernehmen. Darum verbrachte Jobs viele Monate damit, einen älteren Manager zu finden, mit dem er zusammenarbeiten konnte.

Er wählte Sculley, den 38-jährigen Vorsitzenden von PepsiCo, der die „Pepsi-Generation"-Kampagne geleitet hatte, die Pepsi zum ersten Mal Coca Cola als führende Marke verdrängen ließ. Jobs bekniete Sculley, einen erfahrenen Vorstand und außergewöhnlichen Marketing-Fachmann, monatelang, das Unternehmen zu führen.

Während der „Cola-Kriege" der 70er Jahre baute Sculley Pepsis Marktanteil massiv aus, indem er riesige Summen auf geschickte Fernsehwerbung verwandte. Teure, raffinierte Kampagnen wie der „Pepsi Challenge" verwandelten Pepsi von einem Underdog in einen Getränkegiganten, auf Augenhöhe mit Coca Cola. Jobs wollte, dass Sculley das gleiche Prinzip der Expansion durch Werbung auf den jungen Personal-Computer-Markt übertrug. Jobs machte sich besonders um den Macintosh Sorgen, der wenige Monate später herauskommen sollte. Jobs spürte, dass Werbung einer der primären Faktoren für seinen Erfolg war. Er wollte, dass der Mac die allgemeine Öffentlichkeit ansprach – nicht nur Elektronik-Freaks –, und das merkwürdige und unbekannte neue Produkt richtig zu bewerben, würde der Schlüssel dazu sein. Sculley hatte keinerlei Technologie-Erfahrung, aber das machte nichts. Jobs wollte sein Marketingkönnen. Jobs wollte eine „Apple-Generation" schaffen.

Sculley führte Apple in Zusammenarbeit mit Jobs. Er wurde zu Jobs' Mentor und Lehrer und wandte dabei sein Marketing-Fachwissen auf den neuen, aber rapide wachsenden Personal-Computer-Markt an. Sculleys und Jobs' Strategie bei Apple war, die Verkäufe schnellstmöglich zu steigern und anschließend die Konkurrenz durch Werbung zu schlagen. „Apple hatte bislang noch nicht verstanden, dass es als Milliarden-Dollar-

Unternehmen immense Vorteile hatte, die wir noch nicht ausgeschöpft hatten", schrieb Sculley in seiner Autobiographie *Meine Karriere bei PepsiCo und Apple*. „Es ist für eine Firma mit 50 oder sogar 200 Millionen Dollar Umsatz nahezu unmöglich, die Summen für effektive Fernsehwerbekampagnen aufzubringen, die man benötigt, wenn man überhaupt irgendeinen Eindruck hinterlassen möchte.[20]

Jobs und Sculley stockten sofort Apples Werbebudget von 15 Millionen auf 100 Millionen Dollar auf. Sculley sagte, ihr Ziel war, aus Apple „zuallererst ein Produktvermarktungsunternehmen" zu machen. Viele Kritiker haben Apples Spürsinn für Werbung abgelehnt und als trivial und unwichtig zurückgewiesen. Purer Schein, keine Substanz. Doch für Apple war das Marketing immer eine Schlüsselstrategie. Apple hat Werbung als extrem wichtige und effektive Möglichkeit, sich von der Konkurrenz zu unterscheiden, genutzt. „Steve und ich waren überzeugt davon, dass wir das Geheimrezept gefunden hatten – eine Kombination aus revolutionärer Technologie und Vermarktung", schrieb Sculley.[21]

Sculleys Vorstellungen haben Jobs stark beeinflusst und haben die Grundlage für viele von Jobs' heute bei Apple angewandten Marketingtechniken gelegt.

Bei PepsiCo war Sculley für einige der ersten und erfolgreichsten Lifestyle-Werbekampagnen verantwortlich – emotional aufgeladene Spots, die die Köpfe der Leute durch ihre Herzen erreichen sollten. Anstatt spezifische Vorteile von Pepsi gegenüber anderen Erfrischungsgetränken, die zu vernachlässigen waren, zu vermarkten, schaffte Sculley Werbung, die einen „beneidenswerten Lifestyle" artikulierte.

Sculleys „Pepsi-Generation"-Werbung zeigte normale amerikanische Teenager bei idealisierten Freizeitbeschäftigungen: Sie spielten auf einem Feld mit Welpen oder aßen bei einem Picknick Wassermelone. Gezeigt wurden unkomplizierte Schablonen der magischen Momente des Lebens, die im mythischen Herzen Amerikas spielten. Die Werbung war auf die Baby-Boomer zugeschnitten, die am schnellsten wachsende, wohlha-

---

20) Ebd., S. 247.
21) Ebd., S. 191.

bendste Konsumentengruppe nach dem Zweiten Weltkrieg – genau der von ihnen angestrebte Lebensstil wurde porträtiert. Dabei handelte es sich um die ersten „Lifestyle"-Werbungen.

Die Pepsi-Werbungen wurden wie kleine Spielfilme behandelt und mit höchsten Produktionsbudgets von Filmemachern aus Hollywood gedreht. Wenn andere Firmen 15.000 Dollar für einen Werbefilm ausgaben, ließ sich Pepsi einen einzigen Spot zwischen 200.000 und 300.000 Dollar kosten.[22]

Jobs tut heute bei Apple genau das Gleiche. Apple ist berühmt für seine Lifestyle-Werbung. Es überlädt seine Werbung nicht mit Geschwindigkeit, Funktionen, Eigenschaften und Daten wie alle anderen. Stattdessen betreibt Apple Lifestyle-Marketing. Es zeigt hippe junge Leute mit „beneidenswertem Lebensstil", den ihnen großzügigerweise die Apple-Produkte verschaffen. Apples höchst erfolgreiche iPod-Werbekampagne zeigt junge Leute, die zu der Musik in ihren Köpfen tanzen. An keiner Stelle wird die Festplattenkapazität des iPod erwähnt.

Sculley perfektionierte auch große, aufsehenerregende Marketingevents wie die Macworld und brachte sie so in die Nachrichten. Sculley erfand den „Pepsi Challenge" – einen Blinden-Geschmackstest, bei dem Pepsi gegen Coca Cola antrat und der in Supermärkten, Einkaufszentren und bei großen Sportereignissen stattfand. Diese Wettbewerbe erregten oft so viel Aufsehen, dass sie lokale Fernsehteams anzogen. Ein Platz in den örtlichen Fernsehnachrichten des Abends war weitaus wertvoller als irgendein 30 Sekunden langer Werbespot. Und Sculley trieb es noch weiter: Er organisierte Prominenten-Wettbewerbe, bei großen Sportveranstaltungen, die oft riesige öffentliche Aufmerksamkeit erlangten. „Im Grunde ist Marketing nichts anderes als Theater", schrieb Sculley. „Es ist wie eine Bühnenaufführung. Man motiviert Leute, indem man ihr Interesse an dem Produkt weckt, sie unterhält und das Produkt zu einem unglaublich wichtigen Event macht. Die „Pepsi-Generation"-Kampagne leistete all das, indem sie Pepsi auf mythische Dimensionen überhöhte und eine überlebensgroße Marke erschaffte.[23]"

---

22) Ebd., S. 29.
23) Ebd.

Jobs verwendet bei der Einführung neuer Produkte auf der jährlichen Macworld-Ausstellung die gleiche Technik. Jobs machte aus seinem Markenzeichen, den „one more thing"-Schlüsselreden bei der Macworld, riesige Medienereignisse. Sie sind Marketingtheater, aufgeführt für die Weltpresse.

One More Thing:

Koordinierte Marketingkampagnen

Die Macworld-Reden sind nur Teil viel größerer koordinierterer Kampagnen, die mit einer Präzision ausgeführt werden, die einen General beeindrucken könnte. Die Kampagnen kombinieren Gerüchte und Überraschungen mit traditionellem Marketing und hängen, wenn sie wirken sollen, voll und ganz von der Geheimhaltung ab. Von außen können sie etwas chaotisch und unkoordiniert wirken, aber sie sind genau geplant und koordiniert. Und so funktionieren sie:

Wochen vor der Veröffentlichung eines geheimen Produktes schickt Apples PR-Abteilung Einladungen an Presse und VIPs. Die Einladung gibt die Zeit und den Ort eines „Special Events" an, enthält aber kaum Informationen darüber, was geschehen wird und was für ein neues Produkt möglicherweise enthüllt werden wird. Es ist ein Anreiz. Jobs sagt im Grunde: „Ich habe ein Geheimnis, raten Sie mal welches?"

Sofort brodelt die Gerüchteküche. Explosionsartig vermehren sich Log-Einträge und Presseartikel, die darüber spekulieren, was Jobs ankündigen wird. Vor Jahren beschränkte sich die Spekulation auf Apple-Websites und Foren für Spezialisten und Fans. Doch in jüngster Zeit berichtet auch die Tagespresse über die Gerüchte. Das *Wall Street Journal*, die *New York Times*, CNN und die *International Harold Tribune* veröffentlichen spannungsgeladene Beiträge, in denen sie sich auf Jobs' Produktpräsentationen freuen. Die Gerüchteküche rund um die Macworld 2007 – bei der Jobs das iPhone vorstellte – schaffte es sogar in die Abendnachrichten aller wichtigen Fernsehsender, was keinem Unternehmen, egal, welcher Branche, jemals gelungen ist; nicht einmal Hollywood erhält bei seinen Spielfilmpremieren so viel Aufmerksamkeit.

Diese Art weltweiter Publicity kommt kostenloser Werbung im Wert von vielen 100 Millionen Dollar gleich. Der Start des iPhones im Januar 2007 war bis heute das größte derartige Event. In San Francisco auf der Bühne stehend verdrängte Jobs im Alleingang die viel größere Consumer-Electronics-Show in Las Vegas, die zeitgleich stattfand, aus den Nachrichten. Die Messe in Las Vegas ist ökonomisch gesehen viel wichtiger als die Macworld, dennoch stahlen Jobs und das iPhone ihr die Show. Jobs' iPhone-Start überragte auch die Ankündigungen viel größerer Unternehmen, unter anderem die Einführung der Privatanwenderversion von Windows Vista, und wurde zum größten technologischen Event des Jahres. David Yoffie, Professor an der Harvard BusinessSchool, schätzte, dass die Gerüchte und Berichte über das iPhone kostenlose Werbung im Wert von 400 Millionen Dollar waren. „Kein anderes Unternehmen hat je diese Art von Aufmerksamkeit für einen Produktstart erhalten", sagt Yoffie. „So etwas gab es noch nie."[24]

Das war so erfolgreich, dass Apple vor dem Produktstart nicht einen Penny für Werbung ausgeben musste. „Es gab kein geheimes Marketing-Programm für das iPhone", teilte Jobs den Apple-Beschäftigten in einem Brief mit. „Wir haben nichts unternommen."

Natürlich würde es nicht solche Aufmerksamkeit erregen, wenn die geplanten Produkte vorher bekannt wären. Der ganze Trick basiert auf Geheimhaltung, die streng durchgesetzt wird. Die Apple Booth war im Moscone Center in San Francisco hinter einem 7 m hohen schwarzen Vorhang abgeschirmt. Der einzige Zugang auf der Rückseite ist mit einer Wache besetzt, die sorgfältig die Zugangsberechtigungen überprüft. Zwei weitere Wachen sind an entgegengesetzten Enden des rechteckigen Standes postiert und überwachen die Seiten. Innerhalb des Vorhangs ist ebenfalls alles verpackt, einschließlich des oberen Teils der Informationsstände. Selbst die Hauptpräsentationsbühne genau in der Mitte ist komplett in Stoff eingehüllt. Alle Werbebanner, die von der Decke herabhängen, sind von allen Seiten verdeckt. Die Hüllen der Banner sind mit einem komplizierten Zugmechanismus versehen, damit die Abdeckungen nach Jobs'

---

24) Graham, Jefferson: „Apple Buffs Marketing Savvy to a High Shine". In: *USA Today,* 8. März 2007. (http://www.usatoday.com/tech/techinvestor/industry/2007-03-08-apple-marketing_N.htm)

Verkündigung entfernt werden können. Oben, beim Eingang, gibt es große Banner-Werbungen, die ebenfalls in schwarzer Leinwand verpackt sind. Diese Banner werden rund um die Uhr bewacht. Einmal erwischten die Wachen ein paar Blogger beim Fotografieren und zwangen sie, ihre Speicherkarten zu löschen. „Der Drang, immer strenger mit Informationen umzugehen, grenzt manchmal an Paranoia", schrieb Tom McNichol im *Wired*-Magazin.

Mehrere Wochen vor dem Start schickt Apples PR-Abteilung das Gerät mit strikten Sperrfristvereinbarungen an drei der einflussreichsten Rezensenten für technologische Produkte: Walt Mossberg vom *Wall Street Journal*, David Pogue von der *New York Times* und Edward Baig von *USA Today*. Es sind immer die gleichen drei, weil diese drei bewiesen haben, dass sie über Erfolg oder Misserfolg eines Produkts entscheiden können. Eine schlechte Besprechung kann ein Gerät zum Scheitern verurteilen, doch eine gute kann es zum Verkaufsschlager machen. Mossberg, Pogue und Baig bereiten ihre Besprechungen zur Publikation am Tag des Produktstarts vor.

Inzwischen kontaktiert Apples PR-Abteilung überregionale Nachrichten- und Wirtschaftsmagazine, um ihnen einen Blick hinter die Kulissen über die Entstehung des Produkts anzubieten. Dieses „Making of" verdient seinen Namen meist nicht – die meisten Details werden zurückgehalten –, es ist jedoch besser als nichts, und die Zeitschriften gehen immer auf Jobs' Angebot ein. Jobs' Gesicht auf dem Cover macht sich am Zeitungskiosk bezahlt. Jobs spielt alte Rivalen gegeneinander aus: *Time* gegen *Newsweek* und *Fortune* gegen *Forbes*. Das Magazin, das die umfangreichste Berichterstattung verspricht, bekommt die Exklusivrechte. Diesen Trick benutzt Jobs immer wieder, und er funktioniert immer. Beim ersten Mac fing er damit an, er nannte die Einblicke „Sneaks" wie im Sneak Preview. Einem Journalisten vorab Einblicke in ein neues Produkt zu gewähren, führte meistens zu einem positiveren Bericht. Als Jobs 2002 den neuen iMac vorstellte, erhielt das *Time Magazine* den Zuschlag für die exklusive Hinter-den-Kulissen-Geschichte, und im Austausch dafür bekam Jobs die Titelgeschichte und einen siebenseitigen Hochglanzteil im Inneren. Das Timing zur Produkteinführung bei der Macworld war perfekt.

Bei den Reden spart er sich die wichtigste Ankündigung immer bis zum Schluss auf. Ganz am Ende sagt er, es gäbe „one more thing" („noch eine Sache"), ganz so, als handele es sich um eine Nachbemerkung.

In dem Moment, in dem Jobs das Produkt enthüllt, zieht Apples Marketing-Maschinerie in die Werbeschlacht, die Flyer über den geheimen Werbebannern bei der Macworld werden gelüftet, und sofort wird das neue Produkt auf der Startseite von Apples Website präsentiert. Anschließend beginnt eine koordinierte Kampagne: in Zeitschriften, Zeitungen, im Radio und im Fernsehen. Innerhalb von Stunden hängen an Werbetafeln und Bushaltestellen im ganzen Land neue Plakate. Alle Werbemittel transportieren eine einheitliche Botschaft und einen einheitlichen Stil. Die Botschaft ist einfach und direkt: „Tausend Songs in deiner Tasche" ist alles, was man über den iPod wissen muss. „Man kann nicht zu dünn oder zu mächtig sein" ist eine klare Botschaft über Apples MacBook.

Das Geheimnis der Geheimhaltung

Unter der Führung von Jobs verhält Apple sich regelrecht obsessiv heimlichtuerisch, fast so heimlichtuerisch wie ein Geheimdienst. Genau wie CIA-Agenten sprechen Apple-Angestellte nicht über ihre Arbeit, nicht einmal mit ihren engsten Vertrauten: Ehefrauen, Partnern, Eltern. Mitarbeiter würden niemals mit Leuten außerhalb des Unternehmens über ihre Arbeit reden. Viele nennen das Unternehmen nicht einmal beim Namen. Wie abergläubische Theaterleute, die über *Macbeth* als „das schottische Stück" reden, nennen einige Apple-Angestellte ihr Unternehmen „die Obstfirma".

Außerhalb der Firma über die Firma zu reden, ist ein Kündigungsgrund. Viele Mitarbeiter wissen allerdings sowieso nichts. Betriebsangehörige erhalten nur die Informationen, die sie unbedingt benötigen. Programmierer schreiben Software für Produkte, die sie nie gesehen haben. Eine Ingenieurgruppe entwirft die Stromversorgung für ein neues Produkt, während eine andere an dem Display arbeitet. Keine der Gruppen bekommt das endgültige Design zu Gesicht. Das Unternehmen verfügt über eine Zellenstruktur, in der jede Gruppe von der anderen isoliert ist, wie bei einem Geheimdienst oder einer Terrororganisation.

In früheren Tagen sickerten die Informationen so schnell aus dem Unternehmen, dass die legendäre Wochenzeitschrift *MacWeek* überall nur Mac-Leek (deutsch etwa „MacLeck", Anm. d. Ü.) genannt wurde. Jeder, vom Ingenieur zum Manager, gab der Presse Neuigkeiten preis. Seit Jobs' Rückkehr sind Apples 21.000 Mitarbeiter sowie Dutzende von Zulieferfirmen allerdings extrem schmallippig. Trotz Dutzender Journalisten und herumschnüffelnder Blogger gelangen nur sehr wenige zuverlässige Informationen über neue Pläne oder Produkte an die Öffentlichkeit.

Im Januar 2007 entschied ein Gericht, dass Apple die 700.000 Dollar Gerichtskosten zweier Websites bezahlen musste, die Details über ein unveröffentlichtes Produkt mit dem Codenamen „Asteroid" publiziert hatten. Apple hatte die Seiten verklagt, um darüber die Personen in den eigenen Reihen zu identifizieren, die die Information herausgegeben hatten. Doch Apple verlor den Prozess.

Von einigen wurde spekuliert, dass Jobs den Prozess angestrengt hatte, um sich die Presse gefügig zu machen. Der Prozess wurde als Einschüchterung der Presse gesehen, eine Drohungstaktik, um die Medien von Berichten über Gerüchte abzuhalten. Die öffentliche Diskussion drehte sich vorwiegend um Pressefreiheit und darum, ob Blogger die gleichen Rechte wie professionelle Journalisten haben, welche einen gewissen gesetzlichen Schutz genießen. Deswegen nahm sich die Electronic Frontier Foundation des Falls an und machte ihn zu einer öffentlichen Angelegenheit – um die Pressefreiheit zu verteidigen. Doch aus Jobs' Sicht hatte der Fall nichts mit Pressefreiheit zu tun. Er verklagte die Blogger, um seinen eigenen Angestellten einen gewaltigen Schrecken einzujagen. Er wollte nicht die Presse knebeln, sondern Mitarbeiter, die etwas an die Presse durchsickern ließen – oder zumindest solche, die dies für die Zukunft in Erwägung zogen. Apples Gerüchtevermarktung ist Hunderte Millionen Dollar wert, und Jobs wollte die Lecks dicht machen.

Einige von Jobs' Geheimhaltungsmaßnahmen erscheinen allerdings etwas extrem. Als Jobs Ron Johnson von Target abwarb, um Apples Einzelhandelspläne zu verwirklichen, musste dieser monatelang einen Decknamen benutzen, damit niemand Wind von den Plänen bekam, dass Apple Einzelhandelsgeschäfte eröffnen wollte. Johnson stand unter falschem Namen in Apples Telefonverzeichnis und benutzte diesen auch an der Hotelrezeption.

Apples Marketingchef Phil Schiller sagte, es sei ihm verboten worden, seiner Frau oder seinen Kindern zu sagen, woran er arbeitete. Sein Sohn, im Teenageralter, war ein eifriger iPod-Fan und zum Umfallen neugierig, was sein Vater bei der Arbeit ausheckte, aber Papi musste Stillschweigen bewahren, wenn er nicht gefeuert werden wollte. Sogar Jobs selbst hält sich an seine eigenen Restriktionen: Er nahm ein tragbares iPod Hifi-Gerät zum Testen mit nach Hause, hielt es aber in einem schwarzen Tuch versteckt und benutzte es nur, wenn niemand in der Nähe war.

Apples obsessive Geheimniskrämerei ist keine Marotte, die mit Jobs' Kontrollzwang zu tun hat, sie ist ein Schlüsselelement von Apples extrem effektiver Marketingstrategie. Wann immer Jobs eine Bühne betritt, um ein neues Produkt anzukündigen, kommt Apple in den Genuss von kostenloser Werbung im Wert von mehreren Millionen Dollar. Viele fragen sich, warum es bei Apple keine Blogger gibt. Der Grund ist, dass Lecks bei Apple wirklich Schiffe sinken lassen. Bei Pixar gab und gibt es Dutzende von Bloggern, und das war schon vor dem Verkauf an Disney so. Bei Pixar plaudern die Blogger fröhlich über alle Aspekte von Pixars Projekten und ihrem Arbeitsleben. Der Unterschied ist, dass Pixars Spielfilme keinen Überraschungseffekt benötigen, um Presseaufmerksamkeit zu erhalten. Über neue Filme wird in Hollywoods Fachpresse immer berichtet. Jobs kontrolliert nicht um der Kontrolle willen, sein Wahnsinn hat Methode.

Apples Persönlichkeit

Jobs hat Apple sehr erfolgreich einen eigenen Charakter gegeben. Durch die Werbung hat er der Öffentlichkeit die Dinge gezeigt, für die er und Apple stehen. In den späten 1970er Jahren war es die Revolution durch die Technologie, später ging es um Kreativität und um neues Denken. Jobs' Persönlichkeit ermöglicht es Apple, sich als menschlich, als cool, zu vermarkten. Seine Persönlichkeit ist das Rohmaterial von Apples Werbung. Nicht einmal eine Agentur wie Chiat/Day könnte Bill Gates cool aussehen lassen.

Apples Werbung hat es meisterhaft verstanden, das Unternehmen als eine Ikone der Veränderung, der Revolution und des gewagten Denkens zu transportieren. Doch das geschieht auf eine subtile und indirekte Weise.

Apple prahlt selten. Es sagt niemals: „Wir sind revolutionär. Wirklich." Stattdessen wird bei der Werbung das Geschichtenerzählen eingebaut, um die Botschaft zu transportieren; oft als Subtext.

Ein Beispiel sind die Anzeigen mit der iPod-Silhouette. Die Bildsprache der Kampagne war frisch und neu. Sie sah nicht so aus wie etwas, was man schon einmal gesehen hatte: „Ihr Grafikdesign ist immer etwas völlig Neues. Der Stil ist sehr einfach und sehr ikonisch. Es ist so speziell und unterscheidet sich so stark, dass es Apple dadurch einen eigenen Stil verpasst", sagte der Werbejournalist Warren Berger, Autor der Bücher *Advertising Today* und *Hoopla*, in einem Telefoninterview.[25]

Berger sagte, der beste Weg, um kreative Werbung zu erhalten, ist, die kreativste Agentur zu beauftragen. Chiat/Day gehört zu einer Handvoll der kreativsten Agenturen der Welt. Doch der eigentliche Trick ist, zu kommunizieren, was die Marke bedeutet. „Lee Clow und Jobs verstanden einander so gut, dass sie Freunde wurden", sagte Berger. „Clow hat die Unternehmenskultur, die Mentalität von Apple wirklich verstanden. Er hat wirklich kapiert, was sie zu tun versuchten, und Jobs gab Clow vollständige kreative Freiheit. Er erlaubte Clow, ihm alles zu zeigen, egal, wie verrückt es aussehen mochte. Das bringt Menschen dazu, Grenzen zu erweitern. IBM könnte dies nie tun. Sie würden Chiat/Day nie die Freiheit geben, die Jobs ihnen gab."

2006 begann Hewlett Packard, mit Kampagnen sehr gute Werbung zu machen, die Menschen, keine Computer, in Spots zeigten. Sie hätten von Apple stammen können. In einem der Fernsehspots mit dem Slogan „The computer is personal again" (Deutsch etwa: Der Computer ist wieder persönlich, Anm. d. Ü.) zeigt der Hip Hop-Star Jay Z den Inhalt seines Computers, der als spezieller 3D-Effekt zwischen seine gestikulierenden Händen hervorgezaubert wird. Sein Gesicht wird nie gezeigt.

Hewlett Packard beauftragte Goodbye Silverstine, eine weitere Top-Agentur. Die Werbung war interessant und sehr gut gemacht, doch sie zeigte nie das Maß an Persönlichkeit von Apples Werbung, weil das Unternehmen keine starke Persönlichkeit wie Apple hat. So sehr die Werbung auch versuchte,

---

25) Berger, Warren: Persönliches Interview, Oktober 2006.

dem Unternehmen HP durch prominente wie Jay Z eine Persönlichkeit zu verpassen, so fühlte es sich dennoch wie ein Unternehmen an. Apple ist eher ein Phänomen als eine Firma. Hewlett-Packard kann niemals so magisch sein, denn das Unternehmen hat keine Persönlichkeit. Apple erging es nach Jobs' Abschied 1985 genauso. „Als Steve ging, wurde aus Apple wieder ein Unternehmen", sagte Berger. „Die Werbung war gut, aber sie strahlte nicht diese Magie aus. Sie sah nicht mehr nach dem gleichen Unternehmen aus. Sie war kein Phänomen mehr. Sie fühlte sich nicht mehr wie eine Revolution an. Sie versuchte nur noch, die Situation stabil zu halten."

Die großen, frechen Kampagnen zum Markenaufbau wie „Think Different" und die iPod-Silhouetten werden mit traditionellerer Produktwerbung vermischt. Diese Produkt-Promotions konzentrieren sich auf ein Produkt, so zum Beispiel die Kampagne „I'm a Mac/I'm a PC", die szenisch darstellte, warum der Kauf eines Apple-Computers sich lohnt.

In der Kampagne wurden die rivalisierenden Plattformen Mac und Windows als zwei Leute dargestellt. Der vielversprechende junge Schauspieler Justin Long personifizierte die unangestrengte Coolness des Mac, während der Kabarettist und Autor John Hodgeman den dämlichen, absturzanfälligen PC verkörperte. In einem Spot hat Hodgeman eine Erkältung. Er hat sich mit einem Virus infiziert. Er bietet Long, dem Mac, ein Taschentuch an, doch dieser lehnt dankend ab, denn Macs sind weitgehend gegen Computerviren immun. In nur 30 Sekunden transportiert der Spot geschickt und effizient eine Botschaft über Computerviren. Die Werbung erschafft eine dramatische Situation, die im Gedächtnis bleibt – mehr als die HP-Individuen, die den Inhalt ihres Computers zeigen.

Wie „Think Different" hatte diese Kampagne großen Einfluss. Sie fand viel Beachtung in den Medien und wurde oft parodiert – was ein gutes Maß für den kulturellen Einfluss einer Kampagne ist.

„Sie erschaffen dieses Zeug, das in die Kultur übergeht", sagte Berger. „Schnell sprechen die Leute darüber, und es gelangt in die Werbung der anderen. Man sieht plötzlich das gleiche Layout, die gleichen Motive in anderen Werbespots, in Zeitungs- und Zeitschriftenanzeigen. Es handelt sich dabei um ein ganz eigenes grafisches Design, und plötzlich wird es komplett von anderen Werbemachern übernommen. Die Think-Different-

Plakate hängen sich die Menschen an die Wand. Das ist wirklich erfolgreiche Werbung. Die Werbemittel wurden zum Phänomen. Man musste die Leute nicht dafür bezahlen, sie zu verbreiten."

Nicht allen gefällt die Apple-Werbung. Seth Godin, der Autor mehrerer Bestseller zum Thema Marketing, sagt, dass Apples Werbung oft mittelmäßig gewesen ist. „Der Großteil von Apples Werbung beeindruckt mich nicht", sagte er mir bei einem Telefonat aus seinem New Yorker Büro. „Sie ist bislang nicht effektiv gewesen. Bei Apples Werbung geht es mehr darum, an die Insider zu appellieren, anstatt neue Kreise anzusprechen. Wenn man einen Mac hat, gefällt einem Apples Werbung, weil sie aussagt: ‚Ich bin klüger als du.' Wenn man keinen Mac hat, sagt sie: ‚Du bist dumm.'"[26]

Die „I'm a Mac/I'm a PC"-Werbung wurde als unerträglich blasiert beschrieben. Viele Kritiker konnten Justin Longs selbstbewusst hippen Mac-Charakter, der eine Selbstsicherheit im Auftreten hatte, die so manche Leute nervt, einfach nicht ertragen. Zu der Irritation trugen auch die Bartstoppeln und der Kapuzenpulli bei. Viele in der Zielgruppe identifizierten sich mehr mit Hodgemans erbärmlichem PC-Charakter, der herzzerreißend linkisch war.

„Ich hasse Macs", schrieb der britische Kabarettist Charlie Bucker in einer Besprechung der Anzeigen. „Ich habe Macs schon immer gehasst. Ich hasse Leute, die Macs benutzen. Ich hasse sogar Leute, die keinen Mac benutzen, aber es sich manchmal wünschen ... PCs haben Charme; Macs triefen vor Überheblichkeit. Wenn ich mich an einen Mac setze, denke ich sofort: ‚Ich hasse Macs', danach denke ich: ‚Warum hat dieser anspruchsvolle Müll nur eine Maustaste?'"

Booker sagte, das größte Problem der Kampagne sei, dass sie sich über „die Wahrnehmung, dass Konsumenten sich irgendwie über die von ihnen gewählten Technologien ‚definieren', lebendig erhält."

Booker weiter: „Wenn Sie ernsthaft glauben, dass Sie ein Mobiltelefon aussuchen müssen, welches etwas über ihre Persönlichkeit ‚sagt', dann be-

---

26) Godin, Seth: Persönliches Interview, Oktober 2006.

mühen Sie sich nicht. Sie haben keine Persönlichkeit. Eine psychische Krankheit vielleicht – aber keine Persönlichkeit."[27]

Umgekehrt wurde die „Switchers"-Kampagne, die zu Beginn dieses Jahrzehnts lief, dafür zerrissen, dass sie Apple-Kunden als Loser darstelle. Die Werbung, die von dem Oscar-gekrönten Dokumentarfilmer Errol Morris gedreht wurde, zeigt eine Reihe gewöhnlicher Leute, die vor kurzem von Windows-Computern zu Macs gewechselt waren. Mit geradem Blick in Morris' Kamera erklärten sie die Gründe ihres Wechsels, die Probleme, die sie mit Windows hatten, und besangen ihre neue Zuneigung zum Mac. Nur: Die meisten sahen so aus, als ob sie vor ihren Problemen davonrannten. Sie kamen nicht zurecht und hatten sich aufgegeben.

„Apple hätte sich keinen größeren Haufen an Verlierern und Versagern aussuchen können, um damit den Macintosh zu bewerben", schrieb der Journalist Andrew Orlowski.[28] „Die Spots transportieren ein Chaos sich widersprechender Signale. Nachdem der Mac zunächst als ein Computer für Leistungsträger dargestellt worden ist, soll er nun eine Art Flüchtlingslager für die armseligsten Verlierer sein."

Die „Think-different"-Kampagne" wurde dafür kritisiert, dass in ihr postmaterialistische Figuren, Leute, die offensichtlich nicht an die kommerzielle Kultur glaubten, auftraten. Sie schloss sogar bekennende Nichtmaterialisten wie Gandhi und den Dalai Lama ein, die sich aktiv gegen den Kommerz einsetzten. Diese Menschen würden niemals Werbung für ein Produkt machen – und Apple kommt nun daher und benutzt sie für Werbezwecke. Viele Kritiker konnten Apples Chuzpe nicht fassen und fanden, dass das Unternehmen einen Schritt zu weit gegangen war.

Zu Apples Verteidigung sagte Clow gegenüber der *New York Times*, dass man die Figuren in der Kampagne ehren und nicht ausbeuten wolle. „Wir versuchen nicht zu vermitteln, dass diese Leute Apple-Benutzer sind oder es wären, wenn sie die Gelegenheit dazu gehabt hätten. Stattdessen geht

---

27) Booker, Charlie: „I Hate Macs". In: *The Guardian*, 5. Februar 2007. (http://www.guardian.co.uk/commentisfree/story/0,,2006031,00.html)
28) Orlowski, Andrew: „Monday Night at the Single's Club? Apple's Real People". In: *The Register*, 17. Juni 2002. (http://www.theregister,co.uk/2C2/o6/i7/monday_nightjar_the _ singJes/)

es uns darum, Kreativität emotional zu zelebrieren, und Kreativität sollte immer ein Teil dessen sein, wie die Marke Apple in der Öffentlichkeit präsentiert wird."[29]

Allen Olivio, ein damaliger Sprecher Apples, sagte: „Wir würden diese Leute niemals mit irgendeinem Produkt in Verbindung bringen; es geht hier um die Frage: ehren oder benutzen. Zu behaupten, Albert Einstein hätte einen Computer benutzt, wäre jenseits der Grenze. Wozu hätte er einen gebraucht? Aber es ist etwas anderes, zu sagen, dass auch er die Welt mit anderen Augen gesehen hat."[30]

Berger, der Werbekritiker, sagte, ihm gefiele die „Think-different"-Kampagne. „Die amerikanische Kultur ist sehr kommerziell. Diese Dinge vermischen sich. Quentin Tarantino spricht über Burger King. Apple macht einen Poster von Rosa Parks. Das ist unsere Kultur. Den Leuten steht frei, alles zu verwenden, wo auch immer sie es hernehmen."

---

29) Elliott, Stuart: „Apple Endorses Some Achievers Who 'Think Different'". In: *New York Times,* 3. August 1998.
30) Ebd.

Steves Lehren

- *Lassen Sie sich nur auf die Besten ein, und entlassen Sie die Idioten.* Talentierte Mitarbeiter sind ein Wettbewerbsvorteil, mithilfe dessen Sie Ihre Rivalen abhängen können.
- *Machen Sie die höchste Qualität ausfindig* – an Leuten, Produkten und Werbung.
- *Investieren Sie in Menschen.* Als Jobs nach seiner Rückkehr zu Apple die Produkte zusammenstrich, hat er zwar viele Projekte „gesteved", aber die besten Leute behalten.
- *Arbeiten Sie mit kleinen Teams.* Jobs mag keine Teams mit mehr als 100 Mitgliedern, weil diese unkonzentriert und unkontrollierbar sind.
- *Hören Sie nicht auf Jasager.* Streit und Diskussion fördern kreatives Denken. Jobs will Partner, die seine Ideen hinterfragen.
- *Scheuen Sie keine intellektuellen Kämpfe.* Jobs trifft Entscheidungen, indem er um Ideen kämpft. Das ist anstrengend und fordernd, aber gründlich und effektiv.
- *Geben Sie Ihren Partnern Freiheiten.* Jobs führt seine kreativen Partner an einer sehr langen Leine.

Kapitel 5

Leidenschaft: Ein Ding in die Welt setzen

„Ich will ein Ding in die Welt setzen."

– Steve Jobs

Indem er sich auf eine höhere Mission berief, hat Steve Jobs in jeder Phase seiner Karriere Mitarbeiter inspiriert, Softwareentwickler gelockt und Kunden geködert. Jobs' Programmierer arbeiten nicht daran, eine benutzerfreundliche Software zu entwickeln, sondern daran, die Welt zu ändern. Apples Kunden kaufen sich ihren Mac nicht, um ein Tabellenkalkulationsprogramm zu benutzen, sondern sie treffen eine moralische Entscheidung gegen das böse Monopol von Microsoft.

Nehmen Sie zum Beispiel den iPod. Das ist ein cooler MP3-Player. Das Zusammenspiel von Hardware, Software und Onlinediensten funktioniert großartig. Er ist der Motor von Apples Comeback. Doch für Jobs geht es primär darum, das Leben von Menschen durch Musik zu bereichern. Er sagte dem *Rolling Stone* 2003: „Wir hatten großes Glück – wir sind in einer Generation aufgewachsen, für die Musik ein unglaublich wichtiger Bestandteil des Lebens war. Wichtiger als früher und vielleicht auch wichtiger als heute, weil es heute so viele Alternativen gibt. Wir hatten keine Videospiele und keine PCs. Heutzutage gibt es so viele andere Dinge, mit denen sich die Jugendlichen beschäftigen können. Und dennoch wird Musik gerade für das digitale Zeitalter neu erfunden, und das macht sie wieder zu einem Teil des Lebens der Menschen. Das ist großartig. Und auf unsere eigene bescheidene Art und Weise arbeiten wir daran, die Welt zu einem besseren Ort zu machen."[1]

Lassen Sie sich das auf der Zunge zergehen: „Wir arbeiten daran, die Welt zu einem besseren Ort zu machen." Bei allem, was Jobs tut, schwingt etwas Missionarisches mit. Und wie bei jedem, der eine Vision hat, treibt ihn Leidenschaft bei seiner Arbeit an. Natürlich führt seine Hingabe zu einer Menge Kritik. Jobs geht mit seinen Untergebenen nicht gerade zimperlich um. Er weiß, was er will, und wird oft laut, um es zu bekommen. Komischerweise gefällt es vielen seiner Mitarbeiter, angeschrien zu werden. Oder zumindest gefällt ihnen, welche Auswirkungen das auf ihre Arbeit hat. Sie schätzen seine Leidenschaft. Er treibt sie zu Spitzenleistungen an, und auch wenn sie ein Burnout riskieren, lernen sie eine Menge dabei. Jobs' Motto ist: Ein Arschloch zu sein ist okay, solange man ein leidenschaftliches Arschloch ist.

Die Welt in einen besseren Ort zu verwandeln, war von Anfang an Jobs' Mantra. 1983 existierte Apple seit sechs Jahren, und das Unternehmen wuchs explosionsartig. Es entwickelte sich von einem klassischen Silicon-Valley-Startup junger Hippies zu einem Großunternehmen mit Blue-Chip-Kunden. Es brauchte einen erfahrenen Geschäftsmann an der Spitze.

Jobs hatte bereits Monate darauf verwendet, John Sculley, den Chef von PepsiCo, abzuwerben. Doch Sculley war nicht davon überzeugt, dass es klug sei, die Leitung eines großen, etablierten Unternehmens zugunsten eines riskanten Hippie-Startup-Unternehmens wie Apple aufzugeben. Doch es reizte ihn. Personalcomputer waren die Zukunft. Die beiden trafen sich zahllose Male in Silicon Valley und New York. Schließlich wandte

---

1) „Steve Jobs: The Rolling Stone Interview".

sich Jobs eines Abends, als sie gerade vom Balkon von Jobs' Luxusappartment im San-Remo-Building aus über den Central Park blickten, an den älteren Mann und forderte ihn auf unverschämte Weise heraus: „Wollen Sie den Rest Ihres Lebens Zuckerwasser verkaufen, oder wollen Sie die Welt verändern?"

Das war die vielleicht berühmteste Provokation der modernen Wirtschaftsgeschichte: Beleidigung, Kompliment und eine gewissensprüfende, philosophische Herausforderung in einer einzigen Frage. Natürlich schnitt diese Sculley ins Herz. Sie verunsicherte ihn sehr und wühlte ihn tagelang auf. Letzten Endes konnte er nicht widerstehen, Jobs' Fehdehandschuh aufzuheben. „Wenn ich nicht angenommen hätte, hätte ich mich den Rest meines Lebens gefragt, ob ich die richtige Entscheidung getroffen habe", sagte Sculley zu mir.

Die 90-Stunden-Woche lieben

Das Team, das den ersten Mac entwickelte, war ein bunt zusammengewürfelter Haufen ehemaliger Akademiker und Techniker, die an einer kaum erwähnenswerten Sache arbeiteten, die bestimmt nie das Tageslicht erblicken würde – bis Jobs das Ruder übernahm. Vom ersten Tag an überzeugte Jobs das Team, dass sie etwas Revolutionäres erschufen. Es ging nicht nur um einen coolen Computer oder eine ingenieurtechnische Herausforderung. Die leicht zu bedienende grafische Benutzeroberfläche des Macs würde die Computerwelt revolutionieren. Zum ersten Mal würden Computer einer technisch nicht geschulten Öffentlichkeit zugänglich sein.

Die Mitglieder des Mac-Teams leisteten drei Jahre lang Sklavenarbeit, und selbst wenn Jobs sie anschrie, hielt er doch die Moral aufrecht, indem er ihnen klarmachte, dass sie zu Höherem berufen waren. Ihre Arbeit war nichts Geringeres als die Arbeit Gottes. „Das Ziel war nie, die Konkurrenz zu schlagen oder eine Menge Geld zu verdienen, sondern die großartigste Sache zu tun, die möglich war; oder sogar etwas noch Größeres", schrieb Andy Hertzfeld, einer der Chef-Programmierer.

Jobs sagte den Teammitgliedern, sie seien Künstler, die Technologie mit Kultur verschmolzen. Er überzeugte sie davon, dass sie die einmalige Gelegenheit hätten, das Gesicht der Computerwelt zu verändern, und dass es ein Privileg sei, ein solch bahnbrechendes Produkt zu entwickeln. „Sie alle sind in einem besonderen Moment zusammengekommen, um dieses neue Produkt zu erschaffen", schrieb Jobs in einem Aufsatz für die erste Ausgabe des *Macworld*-Magazins 1984. „Wir haben das Gefühl, dass dies vielleicht die beste Sache ist, die wir je in unserem Leben machen werden."

Rückblickend stellte sich das als wahr heraus. Der Mac war ein revolutionärer Durchbruch in der Computerwelt. Doch damals war es noch Glaubenssache. Der Mac war nur einer von Dutzenden Computern, die damals gerade entwickelt wurden. Es gab keinerlei Garantie, dass er besser sein oder dass er überhaupt auf den Markt kommen würde. Doch das Team schenkte Jobs' Überzeugung Glauben. Sie scherzten, dass ihr Glaube an Jobs' Visionen dem Glauben ähnele, den charismatische Sektenführer hervorrufen können.

Jobs gelang es, im Team Leidenschaft für seine Arbeit zu erwecken, was bei der Erfindung neuer Technologien unerlässlich ist. Anderenfalls könnten die Mitarbeiter das Vertrauen in ein Projekt verlieren, das mehrere Jahre zur Verwirklichung benötigt. Ohne leidenschaftliche Hingabe an ihre Arbeit könnten sie das Interesse verlieren und das Projekt aufgeben. „Sie bleiben nicht lange hier, wenn Sie nicht genug Leidenschaft dafür aufbringen", sagte Jobs einmal. „Sie geben sonst auf. Sie müssen also eine Idee haben, ein Problem oder ein Übel, das Sie beseitigen wollen, etwas, das die eigene Leidenschaft auflodern lässt, oder Sie werden nicht die Ausdauer haben, bis zum Ende dabeizubleiben. Ich denke, das ist die halbe Miete."

Jobs' Leidenschaft ist eine Überlebensstrategie. Oftmals wenn Jobs und Apple etwas Neues ausprobiert haben, gab es ein paar treue Anhänger, doch die restliche Welt rümpfte die Nase. 1984 wurde die grafische Benutzeroberfläche des ersten Macs allgemein als „Spielzeug" abgetan. Bill Gates war verblüfft, dass die Leute bunte Computer wollten. Kritiker forderten Apple anfangs auf, den iPod zu öffnen. Ohne einen starken Glauben an seine Visionen, eine Leidenschaft für das, was er tat, wäre es für

Jobs viel schwieriger geworden, den Kritikern zu widerstehen. „Ich habe mich immer von den besonders bahnbrechenden Änderungen angezogen gefühlt", sagte Jobs zum *Rolling Stone*. „Ich weiß nicht, warum. Vielleicht, weil sie schwieriger sind. Emotional sind sie viel anstrengender. Und meistens muss man eine Phase durchstehen, in der einem jeder komplettes Versagen bescheinigt."

In den Angestellten die Leidenschaft für das zu entfesseln, was ein Unternehmen macht, hat einen praktischen Nebeneffekt: Die Mitarbeiter leisten bereitwillig extrem viele Überstunden, selbst nach den Workaholic-Maßstäben des Silicon Valley. Das Mac-Team arbeitete lange und angestrengt, weil Jobs sie glauben ließ, dass der Mac ihre Erfindung war. Ihre Kreativität und Arbeit erweckte das Produkt zum Leben. Er verankerte den Glauben in ihnen, dass sie eine tiefgreifende Veränderung bewirken würden. Was für eine bessere Motivation könnte es geben? Bei Apple ist Technologie ein Teamsport. Das Mac-Entwicklungsteam arbeitete so hart, dass es ein Ehrenabzeichen bekam. Jeder erhielt einen Pullover mit der Aufschrift: „90 hours a week and loving it".

Vom Helden zum Arschloch und zurück

Viele Apple-Mitarbeiter sind felsenfest davon überzeugt, dass Apple eine Spur im Universum zurücklässt. Sie sind sich sicher, dass ihr Unternehmen Technologieführer, Trendsetter und Neuland-Entdecker in einem ist. Teil davon zu sein, ist sehr verlockend. „Die Leute glauben tatsächlich, dass Apple die Welt verändert", sagt ein früherer Mitarbeiter. „Nicht jeder glaubt es zu 100 Prozent, aber alle glauben zumindest ein bisschen daran. Für einen Ingenieur ist das, was Apple macht, sehr aufregend. Das Unternehmen ist unglaublich innovativ."

Die Unternehmenskultur sickert von Jobs durch das gesamte Unternehmen hindurch. Genau wie Jobs seinen unmittelbaren Untergebenen gegenüber außerordentlich fordernd ist, fordern die mittleren Manager ähnliche Leistungen von der nächsten Ebene. Das Resultat ist eine Herrschaft des Terrors. Alle haben ständig Angst, ihre Arbeit zu verlieren. Das Ganze ist unter dem Namen „Held-Arschloch-Achterbahn" bekannt. An einem Tag ist man ein Held, am nächsten ein Arschloch. Bei NeXT hieß das gleiche Prinzip „Held-Blödmann-Achterbahn". „Man lebt für die Tage, an denen man ein Held ist, und versucht die Arschloch-Tage zu überstehen", sagte ein früherer Mitarbeiter. „Es gibt unglaubliche Höhen und unglaubliche Tiefen."

Laut mehreren Mitarbeitern, mit denen ich gesprochen habe, gibt es eine ständige Spannung zwischen der Angst, entlassen zu werden, und dem messianischen Eifer, einen Eindruck zu hinterlassen. „Die Sorge, entlassen zu werden, ist größer als sonst irgendwo, wo ich vorher oder später gearbeitet habe", erklärt Edward Eigerman, ein früherer Apple-Ingenieur. „Man fragt seine Kollegen: ‚Kann ich diese E-Mail senden?' oder ‚Kann ich diesen Bericht einreichen?' Die Antwort lautet: ‚Du kannst an deinem letzten Tag bei Apple alles tun, was du willst.'"[2]

Eigerman blieb vier Jahre bei Apple und arbeitete als Ingenieur in einem New Yorker Verkaufsbüro. Alle, mit denen er zusammenarbeitete, wurden früher oder später entlassen, sagt er, meistens wegen zu geringer Leistung, etwa weil sie nicht schafften, die an sie gestellten Anforderungen zu erfüllen. Von sich aus kündigte jedoch niemand. Obwohl die Arbeit bei Apple fordernd und anstrengend war, gefiel jedem sein Job, und alle waren dem Unternehmen und Steve Jobs gegenüber extrem loyal.

„Den Leuten gefällt die Arbeit hier", sagte Eigerman. „Sie sind begeistert, dabei zu sein. Sie sind sehr mit Herz und Seele bei der Arbeit. Die Leute lieben die Produkte. Sie glauben wirklich an die Produkte. Sie sind wirklich überzeugt von dem, was sie tun."

Trotz des Eifers betreiben die Angestellten keinen Kult. Groupies werden bewusst draußen gehalten. Das Schlechteste, was ein Kandidat beim Bewerbungsgespräch sagen kann, ist: „Ich wollte schon immer bei Apple arbeiten" oder „Ich war schon immer ein großer Fan." Das ist das Letzte, was Apple-Angestellte hören wollen. Die Mitarbeiter beschreiben einander als „nüchtern".

Der Stress, den die Held-Arschloch-Achterbahn unter den Angestellten verbreitet, wäre nicht auszuhalten, wenn die Leute nicht so begeistert da-

---

2) Eigerman, Edward: Persönliches Interview, November 2007.

rüber wären, bei Apple arbeiten zu dürfen. Außer dem Wunsch, ein Ding in die Welt zu setzen, nannten mir mehrere Angestellte weitere Anreize, bei Apple zu arbeiten: zum Beispiel die große Kompetenz der Kollegen, eine außergewöhnlich gute Firmenkantine sowie die Herausforderung, an der Spitze der technologischen Entwicklung zu arbeiten.

Aktienoptionen und Reichtum

Ein weiterer Anreiz sind aber auch die Aktienoptionen, die sehr wertvoll geworden sind, da die Apple-Aktie laut *Business Week* seit Jobs' Rückkehr als CEO 1997 split-bereinigt um 1250 Prozent gestiegen ist. Bei Apple gibt es wenig Luxus. Jobs hat einen eigenen Gulfstream-V-Jet, doch die meisten Abteilungsleiter und Manager fliegen mit Linienmaschinen. Es gibt keine großzügigen Spesenetats. Die verschwenderischen Klausuren aus Apples früheren Tagen, bei denen Hunderte von Vertriebsmitarbeitern eine Woche lang in einer Hotelanlage auf Hawaii unterhalten wurden, gibt es schon lange nicht mehr.

Doch die meisten Vollzeitangestellten erhalten Aktienoptionen, wenn sie in das Unternehmen eintreten. Nach einer Sperrzeit, normalerweise von einem Jahr, dürfen sie zu einem vergünstigten Kurs, meist dem Kurs des Tages, an dem sie eingestellt wurden, Aktienpakete kaufen. Wenn sie diese wieder verkaufen, ist die Differenz zwischen Kauf- und Verkaufskurs ihr Gewinn. Je stärker der Kurs steigt, desto mehr Geld verdienen sie. In der Technologiebranche sind Aktienoptionen eine beliebte Form der Bezahlung. Die Bezahlung erfolgt nicht in bar, was die Kosten des Unternehmens niedrig hält, und es ist mehr oder weniger eine Garantie dafür, dass die Angestellten wie Sklaven arbeiten müssen, um den Aktienkurs zu steigern.

Ingenieure, Programmierer, Manager und andere mittlere Angestellte, die die Mehrheit von Apples Belegschaft ausmachen, erhalten üblicherweise mehrere 1000 Aktienoptionen. Zu den Kursen von 2007 wären diese ungefähr zwischen 25.000 Dollar und 100.000 Dollar wert – oder erheblich mehr, abhängig von der Entwicklung des Aktienkurses und dem Ausübungszeitplan des Angestellten.

Manager der oberen Ränge und Vorstandsmitglieder erhalten wesentlich höhere Zuwendungen. Im Oktober 2007 verkaufte Apples Einzelhandelsvorstand Ron Johnson 700.000 Aktien im Wert von etwa 130 Millionen Dollar (unversteuert). Laut der Pflichtmeldung an die US-Börsenaufsicht betrug der Ausübungspreis 24 Dollar, und Johnson verkaufte die Aktien sofort wieder für 185 Dollar pro Stück. 2005 verdiente Johnson ungefähr 22,6 Millionen Dollar mit Aktienoptionen, 2004 waren es Berichten zufolge zehn Millionen Dollar.

Außerdem hat Apple ein beliebtes Aktienkaufprogramm. Mitarbeiter können proportional zu ihrem Gehalt verbilligte Aktienpakete kaufen. Als Basis wird der niedrigste Kurs der letzten sechs Monate genommen, von dem ein Prozentsatz abgezogen wird, was einen kleinen Gewinn garantiert und oft zu einem ziemlich großen Gewinn führt. Ich habe von Apple-Mitarbeitern gehört, die luxuriöse Autos kauften, Häuser in bar bezahlten oder riesige Summen an Bargeld auf die hohe Kante legten.

„Bei Apple gaben wir allen Angestellten sehr früh Aktienoptionen", sagte Jobs 1998 gegenüber dem *Fortune*-Magazin. „In Silicon Valley waren wir fast die Ersten, die das taten. Und als ich zurückkehrte, strich ich fast die gesamten Bonuszahlungen und ersetzte sie durch Optionen. Keine Autos, keine Flugzeuge, keine Bonuszahlungen. Praktisch jeder bekommt ein Gehalt und Aktien. (...) Das ist eine sehr egalitäre Art der Unternehmensführung, deren Vorreiter Hewlett-Packard war und die Apple, bilde ich mir ein, dabei half, sich zu etablieren."

Später bekam Jobs Schwierigkeiten wegen seiner eigenen Aktienoptionen; eine Situation, an der sich zum Zeitpunkt des Verfassens dieses Buches noch nichts geändert hatte. 2006 nahm die Börsenaufsicht umfangreiche Ermittlungen in mehr als 160 Unternehmen einschließlich Apple und Pixar auf, die mutmaßlich Aktienoptionen zurückdatiert hatten. Laut der Behörde hatten die Unternehmen regelmäßig Optionen auf ein Datum ausgestellt, zu dem die Aktienkurse niedriger waren als am eigentlichen Datum der Optionsgewährung, was den Wert der Optionen vergrößerte. Optionen zurückzudatieren ist an sich nicht illegal, doch dieses nicht ordentlich zu melden, ist verboten und laut Börsenaufsicht dennoch weit verbreitet.

Anfang dieses Jahrzehnts erhielt Jobs zwei große Options-Vergütungen, die laut Börsenaufsicht zurückdatiert waren. Im Juni 2006 begannen bei Apple interne Untersuchungen unter der Leitung von zwei Aufsichtsratsmitgliedern: dem früheren US-Vize-Präsidenten Al Gore sowie dem früheren IBM- und Chrysler-Finanzvorstand Jerry York. Im Dezember 2006 veröffentlichten Gore und York einen Bericht, der „kein Fehlverhalten" seitens Jobs' feststellte, dieser jedoch etwas über das Zurückdatieren gewusst haben sollte. Jobs seien aber die buchhalterischen Folgen nicht bewusst gewesen. Der Bericht gab zwei hohen Managern die Schuld, die nicht mehr bei dem Unternehmen beschäftigt waren und die später als der frühere Chefsyndikus Nancy Heinen sowie der frühere Finanzvorstand Fred Anderson identifiziert wurden. Im Dezember korrigierte Apple die ausgewiesenen Gewinne und akzeptierte eine Strafzahlung von 84 Millionen Dollar. Anteilseigner verklagten das Unternehmen, doch die Klage wurde im November 2007 zurückgewiesen.

Wegen der wiederholten Optionsvergütungen haben Mitarbeiter, die seit vielen Jahren bei Apple sind, sehr viel Geld in ihrem Unternehmen angelegt. Für viele Mitarbeiter gibt es keine bessere Motivation, die Interessen des Unternehmens zu schützen. Als Konsequenz daraus sagten mir mehrere Angestellte, dass sie gern im Gleichschritt marschieren und eifrig die Regeln durchsetzen. Eine Quelle, die namentlich nicht genannt werden möchte, bekannte, dass sie bereitwillig Kollegen anschwärzen würde, die Produktpläne an die Medien geben. Der Mitarbeiter wies auf den Engadget-Blog hin, der 2006 das Gerücht veröffentlichte, das iPhone würde verschoben. Die Falschmeldung verursachte einen Kursverlust von 2,2 Prozent – womit die Marktkapitalisierung um vier Milliarden Dollar sank. „Ich habe ein begründetes Interesse daran, diese Art von Mist zu stoppen", sagte er.

Auch Eigerman sagte, er wisse, dass es bei Apple jemanden gebe, der Hinweise und Bilder an eine Apple-Gerüchte-Website schickt. Er kennt den Namen der Person nicht, ist aber erstaunt, dass irgendjemand seinen Job und möglicherweise Straf- oder Zivilprozesse riskiert, um Produktpläne und Bilder an eine Website zu senden. Es ist unwahrscheinlich, dass sie für die Information Geld erhalten. „Das kommt mir sehr merkwürdig vor", sagte Eigerman. „Das Risiko ist enorm. Wer würde das tun? Seine Veranlassung verstehe ich wirklich nicht."

Mit Zuckerbrot und Peitsche winken

Jobs verwendet sowohl Zuckerbrot als auch Peitsche, um sein Team zu großartiger Arbeit anzustacheln. Er ist kompromisslos, und die Arbeit muss höchsten Ansprüchen genügen. Manchmal besteht er auf Dingen, die unmöglich erscheinen, weil er weiß, dass am Ende das kniffligste Problem lösbar sein wird. John Sculley war von Jobs' Überzeugungskraft beeindruckt: „Steve sorgte für eine unglaubliche Inspiration und anspruchsvolle Standards, um sein Team zu unglaublichen Leistungen zu bewegen", schrieb Sculley. „Er trieb sie bis an ihre Grenzen, bis sie selbst verblüfft waren, wie viel sie zustande bringen konnten. Er besaß einen angeborenen Sinn dafür, wie er das Beste aus seinen Leuten herausholen konnte. Er schmeichelte ihnen, indem er seine eigenen Verletzlichkeiten preisgab, er tadelte sie, bis sie sein kompromissloses Ethos teilten, er lobte sie und war stolz wie ein Vater."[3]

Sculley beschrieb, wie Jobs die Leistungen des Teams mit „ungewöhnlichem Gespür" feierte. Um erreichte Etappenziele zu feiern, öffnete er Champagnerflaschen, und häufig veranstaltete er mit dem Team Bildungsausflüge in Museen oder Ausstellungen. Er spendierte verschwenderische, bacchanalische „Klausurtagungen" in teuren Hotelanlagen. 1983 veranstaltete Jobs eine Weihnachtsfeier in Abendgarderobe im Festsaal des schicken St.-Francis-Hotels in San Francisco. Das Team tanzte die ganze Nacht zu den Klängen von Strauß-Walzern, die vom San Francisco Symphony Orchestra gespielt wurden. Er bestand darauf, dass das Team die Innenseite des Mac-Gehäuses signierte, wie Künstler ihre Werke signieren. Als der Mac endlich fertig war, überreichte Jobs jedem Teammitglied sein eigenes Exemplar mit einer personalisierten Plakette. In den letzten Jahren hat er seine Großzügigkeit auf das gesamte Unternehmen ausgedehnt, zumindest auf alle Festangestellten. Er hat allen Apple-Angestellten einen iPod shuffle geschenkt, und 2007 erhielten alle 21.600 Vollzeitbeschäftigten ein iPhone.

Dennoch kann Jobs auch extrem herabsetzend und grausam sein. Es gibt zahllose Berichte, dass Jobs die Arbeit von Angestellten „ein Haufen Mist"

---

3) Sculley, John: *Odyssey: Pepsi to Apple: The Journey of a Marketing Impresario*. HarperCollins, New York 1987, S. 164.

genannt und sie angeschrien hat. „Ich war erstaunt über sein Verhalten, auch wenn die Kritik gerechtfertigt war", sagte Sculley.[4] „Er zwang die Leute ständig dazu, ihre Ansprüche an sich selbst und ihre Fähigkeiten zu erhöhen", erzählte mir Sculley. „Die Leute brachten Dinge zustande, die sie sich selbst nie zugetraut hätten. Das war vor allem Steves Charisma und seiner Motivation zu verdanken. Er begeisterte sie und ließ sie spüren, dass sie Teil von etwas wahnsinnig Wichtigem waren. Andererseits wies er ihre Arbeit auch erbarmungslos zurück, bis er meinte, sie habe den Grad an Perfektion erreicht, dass sie in das Macintosh-Gehäuse hineingehöre."[5]

Einer der großen Einschüchterer

Jobs ist als „großer Einschüchterer" bekannt, eine Kategorie gefürchteter Unternehmenslenker, die von Roderick Kramer, einem Sozialpsychologen in Stanford, beschrieben wurde. Laut Kramer treiben große Einschüchterer Menschen durch Angst und Einschüchterung an, sind aber keine bloßen Tyrannen. Sie sind eher wie strenge Vaterfiguren, die Menschen sowohl durch Angst als auch durch den Wunsch, zu gefallen, antreiben. Andere Beispiele sind Harvey Weinstein von Miramax, Carly Fiorina von Hewlett-Packard und Robert McNamara, der US-Verteidigungsminister während des Vietnamkriegs. Große Einschüchterer treten gehäuft in Bereichen mit hohen Risiken und großen Chancen auf: Hollywood, Technologie, Finanzen und Politik.

In den vergangenen 25 Jahren wurde bei Ratschlägen fürs Management vor allem betont, wie wichtig Empathie und Mitgefühl sind. Ratgeberbücher fordern dazu auf, durch Freundlichkeit und Verständnis Teamgefühl aufzubauen. Wenig geschrieben wurde hingegen darüber, dass man Angestellte in Angst und Schrecken versetzen sollte, um bessere Leistungen zu erzielen. Doch wie schon Richard Nixon sagte, „reagieren [die Menschen] auf Angst, nicht auf Liebe – das lernt man nicht im Religionsunterricht, aber es ist wahr".

---

4) Ebd., S. 165.
5) Sculley, John: Persönliches Interview, Dezember 2007.

Wie andere große Einschüchterer ist Jobs sehr energisch. Er übt Druck aus und bedrängt seine Mitarbeiter, oftmals sehr intensiv. Er kann brutal und rücksichtslos sein. Er ist bereit, alle Mittel, die ihm zur Verfügung stehen – die Menschen in Angst und Schrecken zu versetzen –, zu gebrauchen, damit die Arbeit getan wird. Dieser Führungsstil ist in Krisensituationen wie Turnarounds extrem effektiv, weil dann jemand die Zügel in die Hand nehmen und radikale Änderungen durchsetzen muss. Doch wie Jobs bewiesen hat, hilft sein Führungsstil auch dabei, Produkte schnell auf den Markt zu bringen. Kramer stellte fest, dass viele Geschäftsführer gerne so agieren würden. Sie behandeln Angestellte fair und mitfühlend, und sie werden vielleicht auch gemocht, doch hin und wieder wären sie gern in der Lage, auch mal jemandem in den Hintern zu treten, um die Dinge voranzutreiben.

Jobs hat schon vielen Leuten in den Hintern getreten und oft die Grenze überschritten, besonders als er noch jünger war. Larry Tessler, Apples früherer Forschungschef, sagte, dass Jobs gleichermaßen gefürchtet und geachtet wurde. Als Jobs Apple 1985 verließ, gab es im Unternehmen diesbezüglich gemischte Gefühle. „Jeder war früher oder später einmal durch Steve Jobs terrorisiert worden, also gab es eine gewisse Erleichterung, dass der Terrorist gehen würde", sagte Tessler. „Doch anderseits hatten die gleichen Leute wohl auch erstaunlichen Respekt Jobs gegenüber, und wir waren alle besorgt, was ohne den Visionär, den Gründer und sein Charisma aus diesem Unternehmen werden würde."[6]

Einiges davon ist reine Show. Jobs hat Untergebene vor aller Öffentlichkeit zusammengestaucht, nur um den Rest des Unternehmens einzuschüchtern. General George S. Patton übte sein „Generalsgesicht" immer vor dem Spiegel. Reggie Lewis, ein Unternehmer, gab ebenfalls zu, vor dem Spiegel ein finsteres Gesicht für Verhandlungen einstudiert zu haben, die mit harten Bandagen geführt wurden. Unter Politikern ist künstliche Empörung an der Tagesordnung und wurde einmal „Stachelschweinärger" genannt, wie Kramer berichtet.

---

6) „Triumph of the Nerds: How the Personal Computer Changed the World". In: PBS TV show, Gastgeber: Robert Cringely, 1996. (http:// www.pbs.org/nerds/part3.html)

Jobs besitzt einen scharfen politischen Verstand, den Kramer als „markante und kraftvolle Führungsintelligenz" bezeichnet. Er kann Menschen gut einschätzen. Er beurteilt sie klinisch-kühl als seine Handlungsinstrumente, die ihm helfen, sein Ziel zu erreichen. Kramer beschrieb ein Vorstellungsgespräch, das von Mike Ovitz, dem gefürchteten Hollywood-Agenten, der die Creative Artists Agency zu einem schlagkräftigen Unternehmen machte, geführt wurde. Ovitz ließ den Bewerber auf einem Stuhl Platz nehmen, so dass er von der Nachmittagssonne geblendet wurde, und er rief außerdem ständig seine Sekretärin herein, um ihr Anweisungen zu geben. Ovitz hatte die ständigen Unterbrechungen vorab arrangiert, um die Bewerber zu testen. Er wollte sie unter Druck setzen, um zu sehen, wie sie in Belastungssituationen reagierten. Jobs tut dasselbe: „In Vorstellungsgesprächen provoziere ich oft absichtlich: Ich kritisiere ihre bisherige Arbeit. Vorher mache ich meine Hausaufgaben, finde heraus, woran sie mitgearbeitet haben, und dann sage ich: ,Na, das ist ja nicht gerade ein Bringer. Daraus ist ja wirklich ein idiotisches Produkt geworden. Warum haben Sie denn da mitgearbeitet?', und so weiter. Ich will sehen, wie die Leute sich verhalten, wenn sie unter Druck gesetzt werden. Ich will sehen, ob sie einfach aufgeben oder eine feste Überzeugung, einen Glauben haben und stolz auf ihre bisherige Arbeit sind."[7]

Eine leitende Personalmanagerin von Sun beschrieb einmal im *Upside*-Magazin ein Vorstellungsgespräch mit Jobs. Sie hatte bereits über zehn Wochen Gespräche mit hohen Apple-Managern über sich ergehen lassen, bis sie Jobs erreichte. Sofort forderte er sie heraus: „Er sagte mir, dass meine bisherige Berufserfahrung mich nicht für die Position qualifiziert. Sun sei schön und gut, sagte er, aber ,Sun ist nicht Apple'. Er sagte, er hätte meine Bewerbung von Anfang an aussortiert."

Jobs fragte die Frau, ob sie noch irgendwelche Fragen habe, also fragte sie ihn über die Unternehmensstrategie aus. Jobs wehrte die Frage ab. „Wir teilen von unserer Strategie jedem nur das mit, was er unbedingt wissen muss", sagte er zu ihr. Also fragte sie ihn warum er einen Personalvorstand wollte. Großer Fehler. Jobs antwortete: „Ich habe noch nie einen von euch kennengelernt, der kein Idiot war. Ich kenne keinen Personal-Menschen,

---

7) Jager, Rama Dev: *In the Company of Giants: Candid Conversations with the Visionaries of the Digital World*. Rafael Ortiz, 1997.

der etwas anderes als eine mittelmäßige Mentalität hat." Dann nahm er einen Telefonanruf entgegen und ließ die Frau als Wrack zurück.[8] Wenn sie sich selbst verteidigt hätte, wäre es ihr viel besser ergangen.

Nehmen Sie zum Beispiel eine Apple-Vertriebsmitarbeiterin, der Jobs bei einem der jährlichen Vertriebstreffen eine öffentliche Standpauke hielt. Jedes Jahr versammeln sich mehrere Hundert Gebietsvertreter von Apple ein paar Tage lang, meistens in der Firmenzentrale in Cupertino. Im Jahre 2000 saßen etwa 180 Vertreter im großen Auditorium und warteten auf aufmunternde Worte ihres Chefs. Apple hatte gerade erstmals seit drei Jahren Verluste aufgezeigt. Sofort drohte Jobs damit, die gesamte Vertriebsmannschaft hinauszuschmeißen. Alle. Seine Drohung wiederholte er während seiner stundenlangen Rede mindestens viermal. Außerdem stellte er eine Vertreterin bloß, die mit Pixar verhandelte – damals seinem anderen Unternehmen – und ging sie vor aller Öffentlichkeit an: „Sie leisten keine gute Arbeit", bellte er. Drüben bei Pixar hatte er in seiner anderen Funktion gerade einen Zwei-Millionen-Dollar-Vertrag mit Hewlett-Packard, dem Rivalen von Apple, unterzeichnet. Die Apple-Vertreterin hatte sich um den Auftrag bemüht, aber verloren. „Er stellte diese Frau vor allen Leuten an den Pranger", erinnerte sich Eigerman. Doch die Mitarbeiterin verteidigte sich. Sie fing an zurückzuschimpfen. „Sie hat mich sehr beeindruckt", sagte Eigerman. „Sie war eine Furie. Sie verteidigte sich, aber er ließ sie nicht ausreden. Er befahl ihr, sich hinzusetzen. Die Mitarbeiterin ist immer noch bei Apple, und es geht ihr sehr gut ... Das ist mal wieder die Held-Arschloch-Achterbahn."

Vielleicht ging es vor allem darum, dass die öffentliche Demütigung der armen Vertreterin alle anderen Vertreter das Fürchten lehrte. Davon ging die klare Botschaft aus, dass jeder bei Apple persönlich zur Rechenschaft gezogen werden konnte.

Bei dem Vertriebstreffen zwei Jahre später war Jobs extrem freundlich und höflich. (Er hatte das Treffen von 2001, das außerhalb stattfand, nicht besucht.) Jobs dankte allen Gebietsvertretern für ihre großartige Arbeit und beantwortete eine halbe Stunde lang Fragen. Er war wirklich sehr nett. Wie andere Einschüchterer kann Jobs unglaublich charmant sein, wenn es

---

8) Upside.com, Juli 1998.

sein muss. Robert McNamara stand in dem Ruf, kühl und distanziert zu sein, aber er konnte funkelnden Charme versprühen, wenn er wollte. „Große Einschüchterer können zugleich große Einschmeichler sein", schreibt Kramer.

Jobs ist berühmt für sein Realitätsverzerrungsfeld – ihn umgibt ein Charismafeld, das so stark ist, dass sich für jeden, der unter seinem Einfluss steht, die Realität verzerrt. Andy Hertzfeld begegnete dem Phänomen kurz nachdem er ins Mac-Entwicklungsteam aufgenommen wurde: „Das Realitätsverzerrungsfeld war eine verwirrende Mischung aus charismatischer Rhetorik, einem unbezähmbaren Willen und der Bereitschaft, jede Tatsache zu verbiegen, so dass sie seinem augenblicklichen Zweck diente. Wenn eine Argumentationslinie versagte, wechselte er flink zu einer anderen. Manchmal brachte er einen aus dem Gleichgewicht, indem er plötzlich die Position des Gegenübers zu seiner eigenen machte und so tat, als ob er nie anders gedacht habe. Erstaunlicherweise funktioniert dieses Realitätsverzerrungsfeld auch dann, wenn man sich seiner genau bewusst ist, auch wenn seine Auswirkungen nachließen, sobald Steve den Raum verließ. Wir haben oft Möglichkeiten diskutiert, wie wir diesem Phänomen begegnen könnten, aber nach einer Weile gaben die meisten von uns auf und akzeptierten es als eine Naturgewalt."

Der Biograf Alan Deutschman war vom ersten Treffen an von Jobs fasziniert. „Er nennt einen oft beim Vornamen und sieht einen mit seinem laserartigen Blick direkt in die Augen. Seine Augen sind hypnotisch wie die eines Filmstars. Doch was einen wirklich umhaut, ist seine Art zu sprechen – irgendetwas an dem Rhythmus seiner Sprache und dem unglaublichen Enthusiasmus, den er bei allem, worüber er redet, ausstrahlt, ist ansteckend. Am Ende meines Interviews mit ihm sagte ich mir: ,Ich muss einen Artikel über diesen Typen schreiben, nur um wieder in seiner Nähe zu sein – es macht so viel Spaß!' Wenn Steve charmant und verführerisch sein will, schafft es niemand, ihn dabei zu übertreffen."[9]

---

9) Brown, Janelle: „The New, Improved Steve Jobs". Interview mit Alan Deutschman, In: *Salon*, 11. Oktober 2000. (http://dir.salon.com/story/tech/books/2000/10/11/deutschman/index1.html)

Mit Jobs zusammenarbeiten: Es gibt nur einen Steve

Wegen seines gefürchteten Rufes versuchen viele Mitarbeiter, Jobs zu meiden. Eine ganze Reihe früherer und heutiger Mitarbeiter empfahlen im Grunde das Gleiche: den Kopf gesenkt halten. „Wie viele andere auch versuchte ich, ihn so weit wie möglich zu meiden", sagte ein früherer Angestellter. „Man versucht, außer Sichtweite zu bleiben, um nicht Gegenstand seiner Wut zu werden." Selbst leitende Angestellte gehen Jobs aus dem Weg. David Sobotta, der früher die für Verkäufe an Bundesbehörden zuständige Abteilung leitete, beschreibt, wie er einmal die Chefetage betrat, um ein Vorstandsmitglied zu einem Briefing abzuholen. „Dieser schlug gleich einen Weg vor, der nicht an Steves Büro vorbeiführte", schrieb Sobotta auf seiner Internetseite. „Er erklärte, das sei sicherer."[10]

Umgekehrt hält Jobs ein eher distanziertes Verhältnis zu der breiten Masse der Mitarbeiter aufrecht. Eine Ausnahme bilden die anderen Vorstände, mit denen er auf dem Firmengelände relativ vertraulich umgeht. Kramer schreibt, dass die Unnahbarkeit zu einer Mischung aus Angst und Paranoia führt, welche die Mitarbeiter auf Trab hält. Diese arbeiten infolgedessen immer sehr hart, um ihn zufriedenzustellen, außerdem ermöglicht es ihm, Entscheidungen zu revidieren, ohne an Glaubwürdigkeit zu verlieren.

Doch Jobs zu meiden, ist nicht immer leicht. Er hat die Angewohnheit, unangekündigt in verschiedenen Abteilungen aufzutauchen und Leute zu fragen, woran sie gerade arbeiten. Ab und zu verteilt Jobs auch Lob. Er tut es nicht allzu oft, und er wird dabei nicht überschwänglich. Seine Zustimmung ist maßvoll und durchdacht, was den Effekt verstärkt. „Es steigt einem wirklich zu Kopf, weil man es so selten zu hören bekommt", sagte ein Mitarbeiter. „Er ist sehr geschickt darin, die Egos der Leute anzusprechen."

Natürlich haben nicht alle den Wunsch, Jobs aus dem Weg zu gehen. Es gibt genügend Mitarbeiter bei Apple, die es allzu sehr darauf anlegen,

---

10) Sobotta, David: „Lessons Learned from Nearly Twenty Years at Apple". In: *Applepeels*, 27. Oktober 2006. (http://viewfromthemountain.typepad.com/applepeels/2006/10/lessons_ learned.html)

seine Aufmerksamkeit zu erlangen. Apple hat einen großen Anteil aggressiver, ehrgeiziger Angestellter, die darauf aus sind, aufzufallen und befördert zu werden.

Oft drehen sich die Gespräche am Arbeitsplatz um Jobs. Er ist ein häufiges Gesprächsthema. Ihm wird alles als Verdienst angerechnet, was bei Apple gut läuft, aber auch alles angelastet, was schlecht läuft. Jeder hat etwas zum Thema beizutragen. Die Angestellten reden fürs Leben gerne über seine Wutausbrüche und seine gelegentlichen Marotten.

Genauso wie der texanische Milliardär Ross Perot, der seinen Angestellten verbot, Bärte zu tragen, verfügt auch Jobs über einige Eigenheiten. Ein früherer Manager, der regelmäßig an Sitzungen in Jobs' Büro teilnahm, hatte immer ein Paar Leinen-Turnschuhe unter seinem Schreibtisch stehen. Immer wenn er zu einer Sitzung mit Jobs gerufen wurde, zog er seine Lederschuhe aus und die Turnschuhe an. „Steve ist ein militanter Veganer", erklärte er.

Unternehmensintern wird Jobs nur „Steve" oder „S. J." genannt. Jeder andere, der den Namen Steve trägt, wird mit Vor- und Nachnamen gerufen. Bei Apple gibt es nur einen Steve.

Es gibt auch F.O.S. – Friends of Steve – wichtige Leute, die mit Respekt und manchmal mit Vorsicht behandelt werden müssen: Man weiß nie, was so jemand weitererzählt. Die Mitarbeiter mahnen einander zur Vorsicht, wenn F.O.S. in der Nähe sind. Steves Freunde müssen nicht zwangsläufig in Apples höherem Management sitzen – manchmal sind es normale Kollegen, die als Programmierer und Ingenieure arbeiten und ihm nahestehen.

Unter Jobs gibt es bei Apple flache Hierarchien. Es gibt nur wenige Management-Ebenen. Jobs' Wissen über die Betriebsstruktur – wer macht wo was – ist herausragend. Er hat nur ein kleines Führungsteam – nur zehn Spitzenmanager –, doch er kennt Hunderte der wichtigsten Programmierer, Designer und Ingenieure.

Jobs ist ziemlich leistungsorientiert: Formelle Hierarchien oder Stellenbezeichnungen interessieren ihn nicht. Wenn er will, dass etwas getan wird, weiß er meistens, zu wem er gehen muss, und kontaktiert denjenigen direkt und nicht über dessen Vorgesetzten. Er ist natürlich der Chef und kann sich so etwas erlauben, doch es zeigt seine Geringschätzung gegenüber Hierarchien und Formalitäten. Er nimmt einfach das Telefon und ruft an.

Kritiker haben Jobs mit einem Psychopathen ohne Verständnis oder Mitgefühl verglichen. Mitarbeiter sind angeblich nur Objekte, bloße Werkzeuge. Laut Kritikern dient das Stockholm-Syndrom als Erklärung dafür, warum Angestellte und Mitarbeiter es mit ihm aushalten. Seine Angestellten sind Geiseln, die sich in ihren Entführer verliebt haben. „Alle, die seinen Managementstil kennen, wissen, dass sein Grundprinzip die Trennung von Spreu und Weizen unter den Mitarbeitern ist – wobei diejenigen die Spreu sind, die nicht klug und psychisch stark genug für seine ständigen Forderungen, etwas Unmögliches zu produzieren (wie zum Beispiel einen MP3-Player, bei dem man jedes Musikstück mit drei Klicks starten kann), sind. Sie müssen sich dann anhören, dass ihre Lösung ‚scheiße' sei. Und nur ein paar Tage später wird ihnen aber genau diese Lösung vorgeschlagen", schrieb Charles Arthur in seinem Buch *The Register*. „So wollen die meisten Menschen nicht arbeiten und behandelt werden. In Wahrheit ist Steve Jobs also kein Vorbild für andere Manager, wenn man einmal von den Psychopathen unter ihnen absieht."

Im Vergleich zu anderen großen Psychopathen unter Managern ist Jobs fast ein sanftes Lamm, jedenfalls jetzt in seinen mittleren Jahren. Andere Einschüchterer wie der Filmemacher Harvey Weinstein sind wesentlich aggressiver. Larry Summers, der ehemalige Präsident der Harvard University, der eine Reihe von Reformen durchgeboxt hat, führte berüchtigte „Kennenlern-Sitzungen" mit wissenschaftlichen und sonstigen Mitarbeitern durch, die mit Konfrontation, Skepsis und unbequemen Fragen begannen und von da an immer schlimmer wurden. Jobs ist eher ein fordernder, schwer zufriedenzustellender Vater. Er arbeitet nicht nur mit Angst und Einschüchterung. Untergebene arbeiten hart, um seine Aufmerksamkeit und seine Anerkennung zu bekommen. Ein früherer Pixar-Mitarbeiter äußerte gegenüber Kramer, dass er genauso Angst davor hatte, Jobs hängen zu lassen, wie er Angst davor hatte, seinen Vater zu enttäuschen.

Viele Leute, die für Jobs arbeiten, werden verheizt, doch rückblickend sind sie froh über die Erfahrung, die sie machen durften. Kramer sagte, dass ihn bei seinen Recherchen überraschte, wie viele Mitarbeiter großer Einschüchterer die Erfahrung „höchst lehrreich, sogar bewusstseinsverändernd" fanden. Jobs lässt die Leute hart arbeiten und lädt ihnen eine Menge Stress auf, doch das Resultat ist großartig. „Ob ich es genossen habe, mit Steve Jobs zusammenzuarbeiten? Ja, das habe ich", sagte Cordell Ratzlaff, der Designer von Mac OS X. „Das war wahrscheinlich das Beste, was ich je zustande gebracht habe. Es war beglückend. Es war aufregend. Manchmal war es schwierig, doch er hat die Fähigkeit, das Beste aus den Leuten herauszuholen. Ich habe ungeheuer viel von ihm gelernt. Es gab Höhen und Tiefen, doch auf jeden Fall war es eine Erfahrung." Ratzlaff arbeitete etwa 18 Monate lang direkt mit Jobs zusammen und sagt, auch nur einen Tag länger zu bleiben, wäre schwierig geworden. „Einige Leute halten es jedoch länger aus. Avie Tevanian und Bertrand Serlet zum Beispiel. Ich war Zeuge, wie er beide anschrie, doch irgendwie haben sie herausgefunden, wie sie es ohne großen Schaden durchstehen können. Es gab Fälle, wo Leute eine sehr, sehr lange Zeit für ihn gearbeitet haben. Seine Büroleiterin arbeitete viele Jahre lang bei ihm. Eines Tages schmiss er sie einfach hinaus. Er sagte laut Ratzlaff zu ihr: ‚Das war's, du arbeitest hier nicht mehr.'"

Nach neun Jahren bei Apple, die letzten davon in enger Zusammenarbeit mit Jobs, kündigte der Programmierer Peter Hoddie ziemlich verbittert. Nicht weil er ausgebrannt war, sondern weil er bei Apple mehr Einfluss haben wollte. Er hatte es satt, Befehle von Jobs zu erhalten, und wollte mehr bei den Plänen und Produkten des Unternehmens mitbestimmen. Sie hatten einen Streit, Hoddie kündigte, doch später tat es Jobs leid. Er versuchte, Hoddie zum Bleiben zu bewegen. „So leicht kommst du mir nicht davon", sagte Jobs zu Hoddie. „Lass uns darüber reden." Doch Hoddie blieb dabei. An seinem letzten Tag rief Jobs von seinem Büro am anderen Ende des Firmengeländes aus an. „Steve war bis zum letzten Moment sehr nett zu mir", sagte Hoddie. „Er wünschte mir viel Glück. Er sagte nicht: ‚Fuck you'. Natürlich ist alles, was er tut, in gewisser Weise kalkuliert."

Steves Lehren

- *Es ist in Ordnung, ein Arschloch zu sein, solange man ein leidenschaftliches Arschloch ist.* Jobs schreit und brüllt seine Mitarbeiter an, doch dem liegt sein Wunsch, die Welt zu verändern, zugrunde.
- *Seien Sie leidenschaftlich bei Ihrer Arbeit.* Jobs ist es, und es ist ansteckend.
- *Verwenden Sie Zuckerbrot und Peitsche, um zum Ziel zu gelangen.* Jobs lobt und tadelt, und alle müssen mit der Held-Arschloch-Achterbahn fahren.
- *Treten Sie Leuten in den Hintern, um Ihr Ziel zu erreichen.*
- *Belohnen Sie das Erreichen von Zielen mit ganz besonderem Flair.*
- *Bestehen Sie auf Dingen, die angeblich unmöglich sind.* Jobs weiß, dass am Ende sogar das kniffligste Problem lösbar ist.
- *Werden Sie ein großer Einschüchterer.* Helfen Sie den Leuten durch Angst und den Wunsch, zu gefallen, auf die Sprünge.
- *Seien Sie nicht nur ein großer Einschüchterer, sondern auch ein großer Einschmeichler.* Wenn er ihn braucht, schaltet Jobs seinen Charme ein.
- *Lassen Sie die Leute schuften.* Jobs lädt ihnen viel Stress auf, doch die Mitarbeiter bringen großartige Leistungen.

Kapitel 6

Erfindungsgeist: Woher kommt die Innovation?

„Innovation hat nichts damit zu tun, wie viele Forschungsgelder man ausgibt. Als Apple den Mac erfand, gab IBM mindestens hundertmal so viel für Forschung und Entwicklung aus. Es geht nicht um Geld. Es geht um die Leute, die man hat, darum, wie man beraten wird und wie viel man versteht."

– Steve Jobs im *Fortune* Magazin, 9. November 1998

Am 3.7.2001 legt Apple seinen von der Kritik gepriesenen PowerMac G4 Cube auf Eis. Jobs hatte das würfelförmige Gerät erst ein Jahr zuvor unter dem Jubel der Kritiker vorgestellt. Der 22 cm große Würfel aus durchsichtigem Plastik, der die CDs an der Oberseite auswarf wie ein Toaster die Brotscheiben, begeisterte die Journalisten. Walt Mossberg vom *Wall Street Journal* sagte, er sei „einfach der großartigste Computer, den ich je gesehen oder benutzt habe". Jonathan Ive gewann mehrere Preise für das Design. Doch bei den Verbrauchern war der Cube kein großer Hit. Er verkaufte sich schlecht. Apple hatte sich einen Absatz von 800.000 Stück im ersten Jahr erhofft, erreichte aber weniger als 100.000. Ein Jahr nach der Markteinführung setzte Jobs die Produktion aus und veröffentlichte eine ungewöhnliche Pressemitteilung.[1] „Das Unternehmen teilte mit, es gebe zwar eine geringe Chance für eine überarbeitete Variante, zurzeit bestünden aber keine dahingehenden Pläne", war in der Mitteilung zu lesen. Es schien, als könne Jobs nicht ertragen, den Cube offiziell einzustellen, doch er wollte auch keine weiteren verkaufen. So wurde er also in ein dauerhaftes Produkt-Fegefeuer geschickt.

Der Cube war Jobs' Idee: eine wunderschön designte, technisch ausgereifte Maschine, in der Monate, vielleicht Jahre an Experimenten und zahlreiche Prototypen steckten. Der Cube brachte eine Menge leistungsstarker Hardware auf sehr engem Raum unter. Er war schnell und sicher und machte komplett Schluss mit einem von Steve Jobs' roten Tüchern: dem internen Lüfter. Doch außer ein paar Designmuseen interessierte sich kaum jemand dafür. Mit 2.000 Dollar war er zu teuer für die meisten Konsumenten, die einen billigen, monitorlosen Mac wie den darauffolgenden Mac Mini wollten. Und die, die ihn sich leisten konnten – professionelle Kreative, die in den Bereichen Grafik oder Design arbeiteten –, brauchten einen noch leistungsstärkeren Rechner, in den man leicht neue Grafikkarten oder zusätzliche Festplatten einbauen konnte. Sie kauften stattdessen den billigeren PowerMac G4 Tower. Er war hässlich, funktionierte aber.

Jobs hatte den Markt vollkommen falsch eingeschätzt. Der Cube war das falsche Gerät zum falschen Preis. Im Januar 2001 wies Apple einen Quartalsverlust von 247 Millionen Dollar, den ersten Verlust seit Jobs' Rückkehr, auf. Er war angekratzt.

Der Cube war einer von Jobs' wenigen Fehlern, seit er wieder bei Apple war, und er lernte daraus. Der Cube war eines der wenigen Produkte unter seiner Verantwortung, die völlig vom Design bestimmt waren. Er war ein Experiment, in dem die Form über die Funktion gestellt wurde. Der Würfel war schon immer eine von Jobs' Lieblingsformen. Der Computer, den er

---

1) „Apple Puts Power Mac G4 Cube on Ice". (http://www.apple.com/ pi/library/2001/ jul/03cube.html)

bei NeXT verkaufte – der NeXT Cube –, war ein preisgünstiger, per Laser geschnittener Magnesium-Würfel (der ironischerweise ebenfalls ein Verkaufsflop war). Der unterirdische Apple-Laden in der Fifth Avenue in Manhattan wird durch einen gigantischen Glaswürfel, den Jobs mit entworfen hat (und der kein Flop ist) nach oben abgeschlossen. *The Register* nannte den G4 Cube ein „ruhmreiches Experiment, in dem die Ästhetik über den gesunden Menschenverstand gestellt wurde"[2]. Anstatt sich darauf zu konzentrieren, was die Kunden wollten, dachte Jobs, er könne ihnen ein elegantes Museumsstück geben, und er musste die Konsequenzen dafür tragen.

Jobs achtet normalerweise sehr genau auf die Kundenerfahrung. Das ist einer der Faktoren, die ihm den Ruf eines Innovators eingebracht haben. Eine zentrale Frage über Jobs und Apple ist: Woher kommt die Innovation? Wie jedes komplexe Phänomen hat auch dieses mehrere Quellen, doch ein großer Teil davon ist Jobs' Aufmerksamkeit und Sorgfalt zu verdanken. Vom Scrollrad des iPods bis hin zu dessen Verpackung achtet Jobs auf jeden Aspekt der Kundenerfahrung. Sein Instinkt für die Benutzererfahrung seiner Produkte ist der Motor und die Inspirationsquelle von Apples Innovationen, und der Cube war eine der seltenen Gelegenheiten, bei denen er unachtsam war.

Lust auf Innovation

Innovation ist heutzutage eines der aktuellsten Themen in der Geschäftswelt. Bei ständig zunehmendem Wettbewerb und sich verkürzenden Produktzyklen suchen die Unternehmen verzweifelt nach der Innovations-Zauberformel. Auf der Suche nach einem System werden Mitarbeiter zu Innovations-Workshops geschickt, bei denen sie mit Lego-Steinen spielen müssen, um ihre Kreativität zu entfesseln. Unternehmen stellen Innovationsleiter ein oder eröffnen Innovationszentren, in denen Manager, von Lego-Kisten umgeben, brainstormen, frei assoziieren oder Ideen ersinnen.

---

2) Andrew Orlowski in *The Register,* 15. März 2001. (http://www.theregister.co.uk/2001/03/15/apple_abandons_cube/)

Jobs findet solche Vorstellungen lächerlich. Bei Apple gibt es kein System, um Innovation zu erschließen. Als der *New-York-Times*-Journalist Rob Walker ihn fragte, ob er bewusst über Innovation nachdenkt, antwortete Jobs: „Nein. Wir denken bewusst darüber nach, wie wir großartige Produkte machen. Wir denken nicht: ‚Lasst uns innovativ sein! Lasst uns einen Kurs besuchen! Hier sind die fünf Regeln der Innovation, lasst sie uns im ganzen Unternehmen verwirklichen!'" Jobs verglich die Versuche, Innovation zu systematisieren, „mit jemandem, der nicht cool ist und versucht, cool zu sein. Es tut weh zuzusehen ... Es ist, als würde man Michael Dell beim Tanzen zusehen. *Furchtbar.*"[3]

Dennoch ist Jobs' Ruf als Innovator geradezu legendär. Wie beschrieben sind seine Vorbilder einige der größten Erfinder und Entrepreneure aus der Industrie: Henry Ford, Thomas Edison und Edwin Land. Apples früherer CEO John Sculley schrieb, dass Jobs häufig über Land sprach. „Steve vergötterte Land, sah in ihm einen der größten Erfinder Amerikas. Es ging nicht in seinen Kopf, dass Polaroid Land nach dem einzigen größeren Misserfolg in dessen Karriere – Polavision, einer Sofort-Filmkamera, die sich nicht gegen die Videokamera durchsetzen konnte und 1979 zu einer Abschreibung in Höhe von 70 Millionen Dollar führte – hinauswarf. ‚Alles, was er getan hatte, war, ein paar lausige Millionen in den Wind zu schießen, und sie nahmen ihm seine Firma weg', sagte Steve angewidert."[4]

Sculley erinnerte sich an eine Reise, die er mit Jobs zusammen unternahm, um Land nach seinem Rausschmiss bei Polaroid zu besuchen. „Er hatte sein eigenes Labor am Charles River in Cambridge", berichtete Sculley. „Es war ein faszinierender Nachmittag, wir saßen in einem riesigen Konferenzsaal mit einem leeren Tisch. Dr. Land und Steve schauten während der gesamten Unterhaltung auf die Mitte des Tisches. Dr. Land sagte: ‚Ich hatte eine Vision davon, wie die Polaroid-Kamera werden sollte. Schon bevor ich sie überhaupt gebaut hatte, war sie für mich so real, als ob sie vor mir läge.' Und Steve sagte: ‚Ja, genau auf die gleiche Weise sah ich den Macintosh.' Er sagte: ‚Wenn ich jemanden, der nur einen Taschen-

---

3) Walker, Rob: „The Guts of a New Machine". In: Magazin der *New York Times,* 30. November 2003. (http://www.nytimes.com/2003/11/30/ magazine/30IPOD.html)
4) Sculley, John: *Odyssey: Pepsi to Apple: The Journey of a Marketing Impresario.* HarperCollins, New York 1987, S. 285.

rechner kannte, gefragt hätte, wie der Macintosh aussehen soll, hätte er es mir nicht sagen können. Es gab keine Möglichkeit, Marktforschung darüber zu betreiben. Ich musste ihn einfach erschaffen und ihn anschließend den Leuten zeigen und sie fragen, was sie darüber denken.' Beide hatten diese Fähigkeit, Produkte – nun, nicht zu erfinden, sondern zu entdecken. Beide sagten, die Produkte hätten immer existiert, nur dass sie vor ihnen einfach niemand gesehen habe. Sie waren diejenigen, die sie entdeckten. Die Polaroid-Kamera und den Macintosh hatte es schon immer gegeben. Sie haben sie nur entdeckt. Steve fühlte eine tiefe Bewunderung für Dr. Land. Diese Reise faszinierte ihn."

In Fernseh- und Zeitschrifteninterviews beruft sich Jobs oftmals auf Innovation als Apples Zaubertrank. Auch bei seinen Grundsatzreden hat er mehrmals über Innovation gesprochen. „Wir werden uns durch Innovationen aus diesem Abschwung herausarbeiten", erklärte Jobs 2001, als sich die Computerbranche in der Rezession befand. „Innovation ist unser Tagesgeschäft", prahlte er bei der Macworld Paris im September 2003.

Unter Jobs' Führung hat sich Apple den Ruf als eines der innovativsten Technologieunternehmen überhaupt erworben. Die *Business Week* kürte Apple 2007 zum innovativsten Unternehmen der Welt vor Google, Toyota, Sony, Nokia, Genentech und einer Heerschar anderer Spitzenunternehmen. Es war das dritte Jahr in Folge, dass Apple an der Spitze stand.[5]

Apple hat in der Vergangenheit in regelmäßigen Abständen Innovationen auf den Markt gebracht, darunter drei der vielleicht wichtigsten Innovationen der modernen Computertechnik: den ersten komplett zusammengebauten Personalcomputer – den Apple II –, die erste kommerzielle Anwendung der grafischen Benutzeroberfläche – den Mac – sowie 2001 den iPod, ein internetfähiges Gerät für digitale Medien, das sich als schlichter MP3-Player tarnt.

Apple produzierte Sensationserfolge wie den iMac, den iPod und das iPhone, doch es gibt auch eine Reihe kleinerer und dennoch wichtiger und einflussreicher Produkte wie Airport, eine Produktlinie leicht zu be-

---

5) „The World's 50 Most Innovative Companies". In: *Business Week*. (http://bwnt.businessweek.com/interactive_reports/most_innovative/index.asp)

dienender W-LAN-Basisstationen, die Apples Laptops mit zu den ersten drahtlosen Notebooks machte – einem Trend, der später durch und durch Mainstream wurde –, und AppleTV, das den Fernseher im Wohnzimmer mit dem Computer im Arbeitszimmer verbindet.

Apple genießt für seine Innovationen einen unübertroffenen Ruf, wurde jedoch traditionell eher als eine Art Forschungs-und-Entwicklungs-Labor für den Rest der PC-Branche angesehen. Es mag eine Innovation nach der anderen kreiert haben, doch viele Jahre lang schien es unfähig zu sein, aus seinen Durchbrüchen Kapital zu schlagen. Apple war Vorreiter der grafischen Oberfläche, doch Microsoft brachte diese auf 95 Prozent der weltweiten Computerbildschirme. Apple erfand den ersten PDA, den Newton, doch Palm machte daraus eine Drei-Milliarden-Dollar-Branche. Während Apple die Technik voranbrachte, verdienten Unternehmen wie Microsoft und Dell das große Geld. In dieser Hinsicht ist Apple mit Xerox PARC verglichen worden, der legendären Forschungseinrichtung des Kopierunternehmens, die mehr oder weniger die gesamte moderne Computerwelt erfunden hat – die grafische Benutzeroberfläche, das Ethernet-Netzwerk sowie den Laserdrucker –, aber nichts davon kommerziell verwertete. Genauso erging es Apple, das die grafische Benutzeroberfläche auf den Markt brachte, jedoch Microsoft damit so richtig abräumen ließ.

Jobs selbst war früher geradezu für seine halsbrecherischen Innovationen bekannt. Er war so damit beschäftigt, das nächste bahnbrechende Produkt herauszubringen, dass er unfähig war, aus dem letzten Kapital zu schlagen. Kritiker sagen, dass er so schnell weitereilte, dass er fahrlässig versäumte, seine Produkte weiterzuentwickeln. Nehmen Sie zum Beispiel den Mac und den Apple II. Mitte der achtziger Jahre war der Apple II der erfolgreichste Computer der PC-Branche, 1981 hatte er einen Marktanteil von 17%. Doch als drei Jahre später der Mac herauskam, war er vollständig inkompatibel mit dem Apple II. Dessen Software lief nicht auf dem Mac, und dieser ließ sich auch nicht mit den Peripheriegeräten des Apple II verbinden. Die Entwickler konnten nicht einfach ihre Apple II-Software auf den Mac portieren, sondern mussten sie komplett neu schreiben. Und auch Kunden, die zum Mac wechselten, mussten ganz von vorn anfangen. Sie mussten für teures Geld ganz neue Software und Peripheriegeräte kaufen. Doch Jobs war nicht daran interessiert, auf der starken Position des Apple II aufzubauen. Er war interessiert an der Zukunft, und diese hieß grafische Oberfläche. „Jobs ist ein Erzeuger, keine Krankenschwester", schrieb der frühere Apple-Vorstand Jean Louis Gassée.[6]

Bill Gates hat nie solche Fehler gemacht. Windows wurde auf der Basis von Microsoft DOS und Office auf der Basis von Windows entwickelt. Jede Windows-Version ist zur vorhergehenden kompatibel. Der Fortschritt war langsam, aber regelmäßig – und so floss das Geld.

Produkt- oder Geschäfts-Innovation? Apple will beides

Bis vor kurzem sagte man Jobs nicht gerade nach, Dinge durchziehen zu können. Für die meiste Zeit seines Bestehens wurde Apple zwar als kreativ angesehen, doch Unternehmen wie Microsoft und Dell waren die Ausführenden. Experten unterschieden zwischen Unternehmen wie Apple, die gut in der Produktinnovation waren, und Unternehmen wie Dell, die „Geschäfts-Innovation" praktizierten. In der Wirtschaftsgeschichte waren die erfolgreichsten Unternehmen keine Produkt-Innovatoren, sondern diejenigen, die innovative Geschäftsmodelle entwickelten. Geschäfts-Innovatoren bauen auf den Durchbrüchen von anderen auf, indem sie neue Wege der Herstellung, Distribution oder Vermarktung erfinden. Henry Ford war nicht der Erfinder des Automobils, doch er perfektionierte die Massenproduktion. Dell entwickelt keine neue Arten von Computern, hat aber ein sehr effizientes Direktvermarktungssystem erfunden.

Doch Jobs' Ruf als Produktgenie ohne die Fähigkeit, etwas in die Tat umzusetzen, wird ihm nicht gerecht. Seit er zu Apple zurückkehrte, hat er sich als Meister der Umsetzung erwiesen. Apple hat sich durch hervorragende Ausführung – und Inszenierung – an allen Fronten hervorgehoben: Produkte, Vertrieb, Marketing und Support.

Beispielsweise saß Apple bei Jobs' Übernahme 1997 auf Bergen von Lagerbeständen im Umfang von 70 Tagesproduktionen. Im November 1997 startete Jobs einen Online-Shop, der hinter den Kulissen auf einem Dell-ähnlichen On-Demand-Produktionsprozess basierte. „Mit unseren neuen

---

6) Gassée, Jean Louis: *The Third Apple: Personal Computers and the Cultural Revolution.* Harcourt Brace Jovanovich, Orlando, Fla. 1985, S. 115.

Produkten, unserem neuen Shop und unserem neuen On-Demand-Verfahren sind wir dir auf den Fersen, Freund", warnte Jobs Michael Dell.

Innerhalb eines Jahres reduzierten sich Apples Lagerbestände von 70 Tagen auf einen Monat. Er warb Tim Cook von Compaq als neuen Chef des operativen Geschäfts an und betraute ihn mit der Aufgabe, Apples komplizierte Lieferantenstruktur zu vereinfachen. Damals kaufte Apple Teile von mehr als 100 verschiedenen Zulieferern. Cook lagerte den größten Teil von Apples Herstellung nach Übersee zu Vertragspartnern in Irland, Singapur und China aus. Die meisten tragbaren Produkte – die MacBooks, der iPod und das iPhone – werden jetzt durch Vertragspartner auf dem chinesischen Festland gefertigt. Cook reduzierte die Anzahl der Komponentenzulieferer radikal auf ungefähr 24.[7] Außerdem überzeugte er die Zulieferer, ihre Fabriken und Lagerhallen nahe an Apples Montagewerken anzusiedeln, was einen extrem effizienten Just-in-Time-Fertigungsprozess ermöglichte. Innerhalb von zwei Jahren reduzierte Cook die Lagerbestände weiter auf den heutigen Stand von nur noch sechs bis sieben Tagen.

Das heutige Unternehmen Apple führt das straffste Regiment in der Computerbranche. 2007 nannte AMR Research, ein Marktforschungsunternehmen, Apple das weltweit zweitbeste Unternehmen nach Nokia im Hinblick auf Management und Leistung der Zulieferkette. AMR berechnete mehrere ausführungsbezogene Kennzahlen, darunter Ertragswachstum und Lagerumschlaghäufigkeit. „Apples unvergleichliche Fähigkeit der Nachfragesteuerung lässt seine Zulieferkette spektakuläre Resultate erzielen, und das ohne die horrenden Kosten aller anderen", hieß es bei AMR. Apple schlug Toyota, Wal-Mart, Cisco und Coca-Cola.[8] Dell schaffte es noch nicht einmal auf die AMR-Liste.

Jobs prahlt gern damit, dass Apple effizienter arbeitet als Dell. „Bei den operationalen Kennzahlen schlagen wir Dell jedes Quartal", teilte Jobs dem *Rolling Stone* mit. „Wir sind auf jeden Fall ein genauso guter Hersteller wie Dell. Unsere Logistik ist so gut wie die von Dell. Unser Online-Shop

---

7) Burrows, Peter, Jay Greene: „Apple. Yes, Steve, You Fixed It. Congrats! Now What's Act Two? ". In: *Business Week*, 31. Juli 2000. (http://www.businessweek.com/2000/00_31/b3692001.htm)
8) AMR Research: „The 2007 Supply Chain Top 25". 31. Mai 2007. (http://www.amrresearch.com/content/view.asp?pmillid = 20450)

ist besser als der von Dell."[9] Allerdings muss man auch dazusagen, dass Apple nur halb so viele Computer verkauft wie Dell und eine viel einfachere Produktpalette hat.

Jobs hat durchaus auch innovative Geschäftsmodelle entwickelt. Zum Beispiel den iTunes-Music Store. Bis zu dem Moment, als Jobs die Musiklabels davon überzeugte, Songs einzeln für 99 Cent anzubieten, hatte keiner ein Rezept zum Online-Verkauf von Musik gefunden, das mit illegalen Filesharing-Netzwerken konkurrieren konnte. Seither ist der iTunes-Music Store zum Dell der digitalen Musik geworden.

Außerdem gibt es auch noch Apples Einzelhandelsgeschäfte, die sich so stark vom gesamten übrigen Einzelhandel abheben, dass sie schon einmal als „Erlebnis-Innovation" bezeichnet wurden. Im modernen Einzelhandel dreht sich alles um das Kauferlebnis, und Apples zwanglose, freundliche Läden haben dem Erlebnis des Computerkaufs eine neue Dimension hinzugefügt (mehr dazu später in diesem Kapitel).

Woher kommt die Innovation?

Jobs scheint ein angeborenes Innovationstalent zu besitzen. Es scheint, als träfen ihn die Ideen wie Blitze aus heiterem Himmel. Die Glühbirne geht an, und plötzlich gibt es ein neues Apple-Produkt.

Ganz so ist es aber nicht. Das soll nicht heißen, es gäbe keine Geistesblitze, doch viele von Jobs' Produkten speisen sich aus den üblichen Quellen: der Markt- und Branchenbeobachtung sowie der Wahrnehmung, welche neuen Technologien sich gerade in der Entwicklung befinden und welche möglichen Anwendungen sich daraus ergeben. „Das System besteht darin, dass es kein System gibt", ließ Jobs die *Business Week* 2004 wissen. „Das bedeutet nicht, dass wir keinen Ablauf haben. Apple ist ein sehr diszipliniertes Unternehmen, und wir haben großartige Abläufe. Doch darum geht es nicht. Abläufe steigern die Effizienz."

---

9) „Steve Jobs: The Rolling Stone Interview".

Er fuhr fort: „Doch Innovation entsteht, wenn Leute sich auf dem Korridor treffen oder einander abends um 22:30 Uhr mit einer neuen Idee anrufen oder weil sie plötzlich begriffen haben, dass die Art und Weise, wie wir bislang über ein Problem dachten, auf den Kopf gestellt werden kann. Jemand, der die coolste Erfindung aller Zeiten gefunden zu haben glaubt, ruft dann einfach spontan sechs Leute zusammen und will wissen, was die anderen von seiner Idee halten."[10]

Ein Teil des Prozesses ist Apples übergeordnete Unternehmensstrategie: Auf welche Märkte zielt etwas und wie? Ein anderer Teil ist, mit neuen technologischen Entwicklungen Schritt zu halten und für neue Ideen empfänglich zu sein, besonders außerhalb des Unternehmens. Ein weiterer Teil hat mit Kreativität zu tun und mit ständigem Lernen, außerdem mit Flexibilität und der Bereitschaft, alte Ansichten über Bord zu werfen. Und ganz besonders wichtig ist die Kundenorientierung. Innovation bei Apple bedeutet vor allem, Technologien an die Bedürfnisse des Kunden anzupassen und nicht den Benutzer zwingen zu wollen, sich an die Technologie anzupassen.

Jobs' Innovationsstrategie: die digitale Schnittstelle

An die Grundsatzrede, die Jobs bei der Macworld in San Francisco im Januar 2001 hielt, erinnert man sich heute vor allem wegen der „One more thing"-Überraschung am Ende: Jobs ließ das „i" von „iCEO" fallen und wurde zu Apples dauerhaftem Chef. Doch zuvor in seiner Rede legte Jobs Apples Vision dar – eine Vision, die so überwältigend war, dass sie über ein Jahrzehnt an Innovationen verkörperte und fortan fast alles formte, was das Unternehmen machte, vom iPod bis hin zur Einzelhandelskette und sogar zur Werbung.

Die Strategie der digitalen Schnittstelle ist vielleicht das Wichtigste, was Jobs je in einer Grundsatzrede verkündet hat. Die Grundidee, die heute ziemlich naheliegend wirkt, hatte weitreichende Implikationen für fast alles, was Apple tat. Sie zeigt, wie das Festhalten an einer einfachen, gut

---

10) Burrows, Peter: „The Seed of Apple's Innovation". In: *Business Week*, 12. Oktober 2004. (http://www.businessweek.com/bwdaily/dnflash/oct2004/nf20041012_4018_dbo83.htm)

formulierten Idee ein Unternehmen strategisch zum Erfolg führen und dabei alles, von der Produktentwicklung bis hin zur Ausstattung der Läden, beeinflussen kann.

Glatt rasiert und mit einem schwarzen Rollkragenpullover und Bluejeans bekleidet, zeichnete Jobs zu Beginn seiner Rede ein ziemlich düsteres Bild der Computerbranche. Er stellte fest, dass das Jahr 2000 für Apple sowie für das Computergeschäft als Ganzes ein ziemlich schwieriges Jahr gewesen war. (Im März 2000 war die Dotcom-Blase geplatzt, und die Verkäufe von Computer-Ausrüstung fielen ins Bodenlose.) Jobs zeigte dem Publikum ein Dia, auf dem ein Grabstein mit der Aufschrift „Hier ruht der PC, 1976 bis 2000" zu sehen war.

Jobs stellte fest, dass viele Leute in der Branche besorgt waren, der PC könne seine besten Jahre hinter sich haben und aus der Aufmerksamkeit der Öffentlichkeit verschwinden. Doch Jobs sagte, der PC sei ganz und gar nicht am Verschwinden, sondern befände sich an der Schwelle zu seinem dritten Goldenen Zeitalter.

Das erste, das Zeitalter der Produktivität, hatte um 1980 mit der Erfindung von Tabellenkalkulation, Textverarbeitung und Desktop-Publishing begonnen. Das Goldene Zeitalter der Produktivität habe fast 15 Jahre lang angehalten und die Branche beflügelt, sagte Jobs, die Bühne der Macworld mit Schritten durchmessend. Dann, Mitte der 1990er-Jahre, habe das zweite Goldene Zeitalter begonnen, das Zeitalter des Internets. „Das Internet trieb den PC sowohl bei geschäftlichen als auch bei privaten Anwendungen zu neuen Höhen", bemerkte Jobs.

Doch nun betrete der Computer seine dritte große Epoche: das Zeitalter des digitalen Lebensstils, das durch eine explosionsartige Vermehrung digitaler Endgeräte gekennzeichnet sei. Er wies darauf hin, dass jeder ein Mobiltelefon, einen DVD-Player und eine Digitalkamera besaß. „Wir leben einen digitalen Lebensstil mit einer Explosion digitaler Geräte", sagte er. „Das ist eine riesige Sache."

Besonders wichtig war: Der Computer stand nicht an der Peripherie, sondern genau im Zentrum des digitalen Lebensstils, argumentierte Jobs. Der Computer war die „digitale Schnittstelle", die Zentrale, an die alle digitalen

Geräte andocken konnten. Und indem die Geräte an den Computer ange-schlossen wurden, wurden sie durch ihn in ihrer Funktion erweitert: Mit der Hilfe des Computers lud man Musik auf den MP3-Player oder bearbeitete die Videoaufnahmen eines digitalen Camcorders.

Jobs erklärte, dass er die Idee einer digitalen Schnittstelle erst durch die Entwicklung von iMovie, einer Video-Bearbeitungs-Software, verstanden habe. Mit der iMovie-Software lässt sich rohes Filmmaterial am Computer bearbeiten, was den Camcorder viel wertvoller macht, als er für sich ge-nommen wäre. „Es steigert den Wert Ihres Camcorders um den Faktor 10, weil Sie Rohmaterial in einen unglaublichen Film mit Übergängen, Über-blendungen, Vor- und Abspann und Soundtrack verwandeln können", sagte Jobs. „Sie können Rohmaterial, das Sie normalerweise nie wieder ansehen würden, zu einem unglaublich emotionalen Kommunikations-mittel machen. Professionell. Persönlich. Es ist erstaunlich – das Ergebnis hat einen zehnmal größeren Wert für Sie."

Heute erscheint all das selbstverständlich, doch damals benutzten wenige Leute ihre Computer zu solchen Zwecken, und Mainstream war es ganz bestimmt nicht, dies zu tun. Gewiss, Jobs war mit der Erkenntnis, dass Computer gerade zu einem Lifestyle-Gerät wurden, nicht allein. In dersel-ben Woche hatte Bill Gates bei einer Rede auf der Consumer Electronics Show in Las Vegas über den „digitalen Lifestyle" gesprochen. Der Intel-CEO Craig Barrett hielt ebenfalls Reden, in denen er feststellte, der Com-puter sei „wirklich der Mittelpunkt der digitalen Welt". Doch Jobs' Äuße-rung lief auf ein Leitbild für Apple hinaus. Die „digitale Schnittstelle" war die Anerkennung eines wichtigen Trends in der Computerbranche und zugleich eine Anleitung für Apple, seinen Platz darin zu finden. Sie ermög-lichte Jobs einen Blick auf entstehende Technologien und das Verbrau-cherverhalten sowie die Formulierung geeigneter Produktstrategien. (Mehr über die digitale Schnittstelle in Kapitel 7.)

Produkte als Orientierung

Ein Aspekt des Innovationsprozesses bei Apple ist es, sich auf die Produkte zu konzentrieren, die das Endziel, das die Innovation anleitet und hervor-bringt, sind. Ziellose Innovation ist Verschwendung. Es muss eine Richtung geben, etwas, was alles zusammenhält. Einige Silicon-Valley-Unternehmen entwickeln neue Technologien und suchen hinterher nach Problemen, die diese lösen können. Nehmen Sie zum Beispiel die Internetblase der späten 1990er Jahre. Diese Denkweise machte die Blase aus. Es war ein Feuerwerk wertloser Innovation – halbgare Geschäftsideen wurden in riesige geldverbrennende Unternehmen gepumpt, die in den törichten Versuch verfallen waren, schnell zu wachsen und die Konkurrenz zu schlagen. Entrepreneure starteten Internetseiten, um Tierfutter über das Netz zu verkaufen, oder bauten riesige Lagerhäuser, um Lebensmittel an die Haustür zu liefern, bevor es irgendein Anzeichen gab, dass die Kunden auf diese Weise einkaufen wollten. Am Ende stellte sich heraus, dass sie es nicht wollten. Niemand wollte seine Lebensmittel aus den automatisierten Lagerhäusern der Firma Webvan geliefert bekommen. Die Internetblase platzte und riss die Unternehmen, die Lösungen zu nichtexistenten Problemen entwickelt hatten, mit in den Abgrund.

„Man braucht eine sehr produktorientierte Unternehmenskultur, selbst in einem Technologieunternehmen", sagte Jobs. „Viele Unternehmen haben massenweise großartige Ingenieure und kluge Leute, doch am Ende muss es irgendeine Orientierung geben, die alles zusammenhält."[11]

Jobs bemerkt, dass Apple vor seiner Rückkehr seine produktorientierte Kultur verloren hatte. In den späteren 1980er und frühen 1990er Jahren wurden in den Laboren des Unternehmens großartige Technologien entwickelt, doch es gab keine Produktkultur, um diese Technologien einzusetzen. Stattdessen beschränkte sich das Unternehmen darauf, die wichtigste Kuh im Stall zu melken: die Mac-Benutzeroberfläche. Jobs wies darauf hin, dass Apple fast zehn Jahre lang das Monopol auf die grafische Oberfläche hatte, was den Samen für seinen Niedergang aussäte. Anstatt neue, bahnbrechende Produkte zu entwickeln, konzentrierte sich Apple darauf, den größtmöglichen Profit aus seinem Oberflächenmonopol zu ziehen.

„Die Produktentwickler sind nicht mehr die, die das Unternehmen voranbringen", konstatierte Jobs während dieser Zeit. „Die Marketingleute oder diejenigen, die die Expansion nach Lateinamerika durchführen, oder wer

---

11) Ebd.

auch immer sind dafür zuständig. Denn warum sollte man sich darauf konzentrieren, ein Produkt weiter zu verbessern, wenn das einzige Unternehmen, dem man Marktanteile abjagen kann, man selbst ist?" Jobs sagte, in Situationen wie diesen würden die Leute, die ein Unternehmen ursprünglich aufgebaut hatten – die produktorientierten Mitarbeiter –, häufig durch Leute, die sich vor allem auf den Vertrieb konzentrieren, ersetzt. „Wer schmeißt am Ende meistens den Laden?", fragte Jobs. „Der Vertriebsmensch."[12]

Jobs führte als gutes Beispiel Steve Ballmer, den Vertriebschef von Microsoft, an, der von Bill Gates, dem Programmierer, die Führung übernahm. „Eines Tages läuft nämlich das Monopol aus, aus welchem Grund auch immer", so Jobs weiter. „Doch inzwischen sind die besten Produktmitarbeiter gegangen, oder ihnen wird nicht mehr zugehört. Und dann durchlebt das Unternehmen diese turbulente Zeit, und entweder überlebt es oder nicht." Apple überlebte zum Glück.

Reine gegen angewandte Wissenschaft

Geld ist nicht der Schlüssel zur Innovation. Apple gibt viel weniger für Forschung und Entwicklung aus als andere Unternehmen und scheint doch mehr für sein Geld zu bekommen. Microsoft hat 2006 über sechs Milliarden Dollar für F&E ausgegeben und wird 2007 vermutlich 7,5 Milliarden Dollar ausgeben. Das Unternehmen unterhält mehrere große und finanziell gut ausgestattete Forschungszentren in Redmond, Silicon Valley, Cambridge (UK) und China. In Microsofts Forschungslaboren werden einige sehr beeindruckende Technologien entwickelt. Das Unternehmen prahlt damit, dass es bei der Spracherkennung und der schnellen Suche in großen Datenbanken führend ist. Jedes Jahr führt Microsoft Journalisten durch die Forschungseinrichtung in Redmond, und für alle Eingeladenen ist es ein Genuss, all die coolen Spielzeuge und klugen Technologien zu sehen, die gerade entwickelt werden. Doch es bleibt unklar, wie viel von Microsofts Forschung auf seine Produkte gerichtet ist. Abgesehen von der Spracherkennung in Vista, die ein positives Echo fand, gibt es kaum Hinweise, dass die Arbeit der Labore in größere neue Produktinitiativen einfließt.

---

12) Ebd.

„Wissen Sie, unsere Freunde oben im Norden gaben über fünf Milliarden Dollar für F&E aus, doch alles, was sie zurzeit zu tun scheinen, ist, Google und Apple zu kopieren", sagte Jobs anlässlich von Apples World Wide Developers Conference. „Das zeigt, dass man für Geld nicht alles kaufen kann."

2007 veröffentlichte das Strategieberatungsunternehmen Booz Allen Hamilton eine Studie über die weltweiten Unternehmensausgaben für F&E und kam darin zu dem Schluss, es gebe kaum Hinweise, dass höhere F&E-Investitionen zu besseren Ergebnissen führen. „Der Prozess zählt, nicht die Brieftasche", schloss Booz Allen. „Überlegene Ergebnisse scheinen eher von der Qualität des Innovationsprozesses bei einem Unternehmen abzuhängen – auf welche Entwicklungen es setzt und wie es diese verfolgt – als von der absoluten oder relativen Größe seiner Innovationsausgaben."

Booz Allen führt Apple als eines der, was die F&E-Ausgaben angeht, sparsamsten, aber zugleich als eines der erfolgreichsten Unternehmen der Technologiebranche an. Laut Booz Allen lag Apples F&E-zu-Umsatz-Verhältnis 2004 bei 5,9 Prozent, im Vergleich zu einem Branchendurchschnitt von 7,6 Prozent. „Seine 489 Millionen Dollar an Ausgaben sind ein Bruchteil der Ausgaben seiner größeren Mitbewerber", sagte Booz Allen. „Doch durch die rigorose Konzentration seiner Entwicklungsressourcen auf die kurze Liste der Projekte mit dem größten Potenzial hat das Unternehmen eine Innovationsmaschine geschaffen, die am Ende iMac, iBook, iPod und iTunes produzierte."[13]

Apples F&E-Ausgaben entsprechen der alten Unterscheidung zwischen reiner und angewandter Wissenschaft. Reine Wissenschaft ist das Streben nach Wissen um seiner selbst willen. Angewandte Wissenschaft ist die Anwendung der Wissenschaft auf konkrete Probleme. Selbstverständlich ist die reine Wissenschaft extrem wichtig und wird gelegentlich zu der Art an fundamentalen Durchbrüchen führen, mit denen sich angewandte Wissenschaftler gar nicht erst beschäftigen. Doch die angewandte Wissenschaft, etwa die Ingenieurswissenschaften, konzentriert sich mehr auf praktische, drückende Probleme. Der frühere Leiter von Microsofts Forschungslaboren, Nathan Myhrvold, verdiente sich seine wissenschaftli-

---

13) Hamilton, Booz Allen: „Global Innovation 1000". 17. Oktober 2007. (http://www.boozallen.com.au/media/image/Global_Innovation_1000_17Octo7.pdf)

chen Lorbeeren mit akademischen Aufsätzen über Dinosaurier. Er mag auf dem Feld der Paläontologie einen wirklich wichtigen Beitrag geleistet haben, doch hat Microsoft den iPod erfunden?

Jobs lässt sich von Hewlett-Packard inspirieren, einem der ersten Silicon-Valley-Unternehmen und einem, das schon immer von Ingenieuren geleitet wurde, die für die Produkte verantwortlich waren. „Je älter ich werde, desto mehr bin ich überzeugt davon, dass die Motive einen riesigen Unterschied machen", sagte Jobs. „HPs primäres Ziel war es, großartige Produkte zu machen. Und unser primäres Ziel hier ist es, die besten PCs der Welt zu machen – und nicht, dass wir die Größten oder Reichsten werden." Jobs sagte, Apple habe ein zweites Ziel, und zwar, Profit zu machen – sowohl um Geld zu verdienen, als auch um weiter Produkte entwickeln zu können. „Eine Zeit lang", sagte Jobs, „wurden diese beiden Ziele bei Apple verwechselt, und diese kleine Veränderung machte den ganzen Unterschied aus. Als ich zurückkam, mussten wir daraus wieder ein Produktunternehmen machen."[14]

Der Seher – und Dieb

Jobs hält seine Augen nach vielversprechenden neuen Technologien oder nach vorhandenen Technologien offen, die Apple verbessern kann, wie den ersten MP3-Playern oder jüngst den Smartphones. Jobs hat den Ruf eines Sehers. Er scheint die magische Fähigkeit zu besitzen, in die Zukunft sehen zu können und vor allen anderen zu wissen, was die Verbraucher wollen. Jobs spielt seinen Ruf als Orakel herunter: „Man kann nicht wirklich genau voraussehen, was geschehen wird, aber man kann die Richtung fühlen, in die wir gehen", sagte Jobs dem *Rolling Stone*. „Näher kommt man der Sache nicht. Anschließend hält man sich zurück, geht aus dem Weg, und die Dinge beginnen ein Eigenleben zu entwickeln."[15]

Jobs hat einmal gesagt, er halte nach „Vektoren im Zeitverlauf" Ausschau – danach, welche neuen Technologien auf den Markt kommen und welche

---

14) Burrows, Peter: „The Seed of Apple's Innovation". In: *Business Week*, 12. Oktober 2004. (http://www.businessweek.com/bwdaily/dnflash/oct2004/nf20041012_4018_dbo83.htm)
15) „Steve Jobs: The Rolling Stone Interview".

auslaufen. „Man versucht, diese Dinge auszumachen, wie sie sich mit der Zeit verändern werden und auf welche Pferde man zum jeweiligen Zeitpunkt setzen sollte", sagte Jobs. „Man darf nicht zu weit voraus sein, aber man muss weit genug voraus sein, weil die Umsetzung eine Weile dauert. Man muss also auf einen fahrenden Zug zielen."[16]

Jobs führte den USB als Beispiel an. Intel hatte den heute allgegenwärtigen Universal Serial Bus erfunden, und Apple war einer der ersten PC-Hersteller, der ihn in Computer eingebaut hat. Jobs erkannte sein verbraucherfreundliches Potenzial: Er war nicht schnell, funktionierte aber nach dem Plug-and-Play-Prinzip und konnte Geräte mit Energie versorgen, was ein eigenes Kabel und einen zusätzlichen Akku überflüssig machte. Heute erscheint es als nicht besonders bemerkenswert, dass der USB so populär ist, doch Apple war eines der ersten Unternehmen, das ihn übernahm – und ohne Apple hätte der USB vielleicht nie die notwendige Masse erreicht.

Innovation kann aber auch von anderen Unternehmen kommen – und tut dies auch oft. Es gibt eine lange Liste von Technologien, die nicht bei Apple entwickelt wurden, bei denen Jobs und seine Ingenieure aber das innovative Potenzial erkannten. Das von Lucent und Agere entwickelte W-LAN-Drahtlosnetzwerk gewann erst an Fahrt, als Apple es für ganze Produktlinien von Computern benutzte und es in seine Airport-Basisstationen einbaute, womit die Ära der drahtlosen Laptops eingeleitet wurde.

Einige Beobachter merken an, dass Innovation bei Apple weniger mit der Erfindung brandneuer Technologien zu tun hat als damit, vorhandene Technologien benutzerfreundlich zu machen. Jobs trägt Technologien aus den Laboren heraus und legt sie in die Hände gewöhnlicher Benutzer.

Das erste und beste Beispiel dafür ist die grafische Benutzeroberfläche, die Jobs bereits 1979 mit 24 Jahren bei einer bezahlten Führung durch das berühmte Forschungszentrum von Xerox in Palo Alto in den Blick nahm. Bei seinem Besuch wurde Jobs der Xerox Alto vorgeführt, der erste Computer mit einer Maus und einer Oberfläche zum Ziehen und Klicken. „Ich fand, das war das Beste, was ich je in meinem Leben gesehen hatte. Und

---

16) Krantz, Michael, Steve Jobs: „Steve Jobs at 44". In: *Time,* 10. Oktober 1999.

bedenken Sie, wie fehlerhaft das Ganze noch war; was wir sahen, war unfertig, und sie hatten so einige Dinge falsch gemacht. Doch das wussten wir damals noch nicht, jedenfalls dachten wir, dass sie den Keim der Idee in den Händen hielten und dass sie es sehr gut gemacht hatten. Innerhalb von zehn Minuten war mir klar, dass eines Tages alle Computer so funktionieren würden."[17]

Doch das Management von Xerox hatte keine Vorstellung davon, was seine Forscher da im Labor ausgeheckt hatten. Trotz Dutzender Vorführungen erkannten die Verantwortlichen nicht dessen Potenzial. „Im Grunde waren sie Kopiermaschinen-Bauer, die einfach keine Ahnung von Computern hatten und von dem, was diese zu leisten in der Lage sind", sagte Jobs. „Und so wurde für sie der größte Sieg in der Computerbranche zu einer Niederlage. Xerox könnte heute die gesamte Computerbranche beherrschen."[18]

Wenn es um Innovation geht, gefällt es Jobs, Picassos berühmtes Diktum zu zitieren: Gute Künstler kopieren, großartige Künstler stehlen. Und Jobs fügt hinzu: „Und wir waren immer schamlos, was das Stehlen großartiger Ideen angeht."

Die kreative Verbindung

Für Jobs geht es bei Innovation und Kreativität darum, Dinge auf einmalige Weise zusammenzusetzen. „Kreativität bedeutet einfach, Dinge zu verbinden", sagte Jobs dem *Wired*-Magazin. „Wenn man kreative Leute fragt, wie sie etwas gemacht haben, fühlen sie sich ein wenig schuldig, weil sie nicht wirklich etwas gemacht haben, sondern einfach etwas gesehen haben. Es erschien ihnen nach einer Weile naheliegend. Das liegt daran, dass sie in der Lage waren, ihre verschiedenen Erfahrungen miteinander zu verbinden und so neue Dinge zusammenzusetzen. Und das konnten sie nur deshalb tun, weil sie mehr Erfahrungen durchlebt oder über ihre Erfahrungen mehr nachgedacht haben als andere Leute. (...) Unglück-

---

17) „Triumph of the Nerds: How the Personal Computer Changed the World". In: PBS TV show, Gastgeber: Robert Cringely, 1996. (http:// www.pbs.org/nerds/part3.html)
18) Ebd.

licherweise ist das ein seltener Luxus. Viele Leute in unserer Branche haben keine besonders vielfältigen Erfahrungen gemacht. Daher haben sie nicht genügend Punkte, die sie verbinden können, und werden daher am Ende zu sehr geradlinigen Lösungen ohne einen umfassenden Blick auf das Problem gelangen. Je besser jemand die Auswirkungen der menschlichen Erfahrung versteht, desto besseres Design wird es geben."[19]

Apples Verwendung des Magnetismus ist ein gutes Beispiel dafür, wie das Unternehmen eine Technologie – etwas so Simples wie Magnete – in die Hand nimmt und damit spielt, sie verschiedenen Verwendungen zuführt. Die ersten Magnete erschienen in den Einrastverschlüssen von Apples Notebooks. Ein Magnet zog den Riegel beim Schließen der Klappe aus dem Gehäuse. Anschließend befestigte Apple Magnete an den Fernbedienungen, so dass diese, an der Seite des Computers klebend, sicher verwahrt werden konnten. Bei den neueren MacBooks wird zugunsten stärkerer Magnete, die die Klappe bei Bedarf geschlossen halten können, ganz und gar auf den Riegel verzichtet; außerdem haben diese Mag-Safe-Netzteile, die dank Magneten an Ort und Stelle bleiben. Sie sind so beschaffen, dass sie sich leicht lösen können, damit der Computer nicht mit dem Stromkabel auf den Boden gerissen werden kann. Die Idee hatte Apple von japanischen Reiskochern, die seit Jahren aus demselben Grund magnetische Netzteile verwenden. So kann kein kochendes Wasser durch die Küche geschleudert werden, wenn ein Kind über das Stromkabel stolpert.

Jobs sagt, dass er alles, was er über Produkte weiß, durch Heathkit-Baukästen gelernt habe. Heathkits waren beliebte Baukästen für elektronische Basteleien wie Amateurfunkgeräte, Verstärker und Oszillatoren. Die Baukästen lehrten Jobs, dass Produkte Manifestationen des menschlichen Geistes waren und keine magischen Objekte, die vom Himmel fielen. „Es stärkte meine Selbstsicherheit enorm, dass man durch Erforschen und Lernen scheinbar sehr komplexe Dinge in seiner Umgebung verstehen konnte", sagte er. „In dieser Hinsicht war meine Kindheit sehr glücklich."[20]

---

19) „The Wired Interview: Steve Jobs".
20) Morrow, David: „Steve Jobs". In: *Smithsonian Institution Oral and Video Histories*, 20. April 1995. (http://americanhistory.si.edu/collections/comphist/sji.html)

Jobs ist schon immer ein wissbegieriger Student gewesen. Er interessiert sich für Architektur, Design und Technologie. Seine Büros sind oft vollgestopft mit elektronischen Geräten, deren Verkleidung er entfernt hatte, um zu sehen, wie sie funktionieren. John Sculley erinnerte sich, dass Jobs immer die Produkte anderer Hersteller untersucht hat. „Elektronische Bauteile und Gehäuse von Produkten waren im Raum verteilt", schrieb er. „Alles lag verstreut und chaotisch herum, und an den Wänden klebten Plakate und Bilder. Er war gerade mit einem neuen Produkt, das er auseinandergenommen hatte, aus Japan zurückgekehrt. Teile davon lagen auf seinem Schreibtisch. Ich entdeckte, dass Steve immer, wenn er etwas Neues sah, das ihn interessierte, es kaufte, auseinandernahm und zu verstehen versuchte, wie es funktionierte."[21]

Sculley erinnerte sich an eine Reise, die er zusammen mit Jobs nach Japan unternommen hatte, um Akio Morita, den legendären Mitbegründer von Sony, zu treffen. Morita zeigte den beiden zwei der ersten Walkmans, die aus der Produktion kamen. „Steve war fasziniert", erinnert sich Sculley. „Also war das Erste, was er mit seinem eigenen tat, ihn auseinanderzunehmen und jedes einzelne Teil zu untersuchen. Er wollte wissen, wie die Verarbeitung war und wie es hergestellt wurde."[22]

Jobs lud seine Mitarbeiter oft zu Museumstouren und in besondere Ausstellungen ein, um ihnen etwas über Design oder Architektur beizubringen. Mit dem Mac-Entwicklungsteam ging er einmal in eine Ausstellung des großen Jugendstil-Designers Louis Comfort Tiffany, weil Tiffany ein Künstler war, der seine Arbeit kommerziell vermarktete. Bei NeXT nahm Jobs einmal eine Gruppe auf einen Ausflug zu Frank Lloyd Wrights Haus Fallingwater in Pennsylvania mit, um den Entwurf des großen Architekten zu studieren. Öfters spazierte Jobs bei NeXT auch zu den Sony-Büros auf der anderen Seite des Korridors hinüber. Er nahm Sony-Broschüren mit und untersuchte sorgfältig die Schriftarten und das Layout sowie das Gewicht des Papiers.

Bei einer Gelegenheit traf Sculley Jobs dabei an, wie er gerade wie verrückt auf dem Parkplatz der Apple-Zentrale hin und her hüpfte und Autos unter-

21) Sculley: *Odyssey*. S. 63.
22) John Sculley, persönliches Interview, Dezember 2001.

suchte. Er analysierte Details von deren Design und suchte nach Anregungen, die er für das Design des Macintosh-Gehäuses verwenden konnte. „Sehen Sie sich das Mercedes-Design an", forderte er Sculley auf, „die Proportion zwischen fließenden Linien und hervorstechenden Details. Im Laufe der Jahre haben sie das Design weicher gemacht, aber die Details stärker hervortreten lassen. Das ist es, was wir mit dem Macintosh tun müssen."[23]

Jobs interessiert sich seit langem für deutsches Design. In den achtziger Jahren war seine Junggesellen-Behausung leer bis auf einen Konzertflügel und ein großes schwarzes BMW-Fahrrad. Schon immer hat er Braun, den deutschen Elektronikhersteller, der für sein sauberes Industriedesign berühmt ist, sehr bewundert. Braun verschmolz Hochtechnologie mit künstlerischem Design. Jobs hat schon mehrfach geäußert, dass er technologische Kreativität und künstlerische Kreativität für zwei Seiten derselben Medaille hält. Als ihn das *Time Magazine* nach dem Unterschied zwischen Kunst und Technologie fragte, sagte er: „Ich habe nie geglaubt, dass man sie voneinander trennen kann. Leonardo da Vinci war ein großartiger Künstler und ein großartiger Wissenschaftler. Michelangelo wusste unglaublich viel darüber, wie im Steinbruch der Stein abgebaut wurde. Das beste Dutzend an Informatikern, das ich kenne, besteht nur aus Musikern. Der eine ist besser, der andere ist schlechter, doch alle betrachten Musik als wichtigen Teil ihres Lebens. Ich glaube nicht, dass die besten Leute beider Gebiete sich nur als einen Zweig eines gegabelten Baumes betrachten. Es entspricht einfach nicht meiner Beobachtung. Die Leute verbinden diese Dinge sehr häufig. Dr. Land von Polaroid sagte: ,Ich will, dass Polaroid am Schnittpunkt von Kunst und Wissenschaft steht', und das habe ich nie vergessen. Ich glaube, dass das möglich ist und dass es eine Menge Leute probiert haben."[24]

Flexibles Denken

Früher war Apple ausgesprochen eigenbrötlerisch, schickte seine eigene Technologie ins Rennen und mied Industriestandards. Während seiner frühen Jahre verwendete Apple für fast alles nichtstandardisierte Technologie. Tastaturen, Mäuse und Monitore hatten alle vom Standard abwei-

---

23) Sculley: *Odyssey*, S. 156.
24) Krantz, Michael, Steve Jobs: „Steve Jobs at 44". In: *Time,* 10. Oktober 1999.

chende Anschlussstecker. Doch seit Jobs' Rückkehr ist Apple viel flexibler und praktischer geworden. Es macht sich von einer Menge Ballast frei. In allen Bereichen verwendet Apple so viele Standardkomponenten und -schnittstellen wie möglich, etwa USB oder Intel-Chips. Der Mac unterstützt sogar die Maus mit zwei Tasten.

Kreativität bedeutet, offen und flexibel zu sein und nicht Protektionismus für sein eigenes Geschäftsmodell zu betreiben. Es muss ein Element waghalsiger Sorglosigkeit geben, die Bereitschaft, das Unternehmen für die nächste Neuheit zu verwetten. Ein Beispiel dafür ist Jobs' Entscheidung, den iPod Windows-Usern zugänglich zu machen. Anfangs war der iPod als reines Mac-Produkt gedacht. Jobs wollte ihn verwenden, um Windows-Benutzer zu ködern. Er hoffte, der iPod sei für sie ein Anreiz, um zum Mac zu wechseln. Darüber gab es Apple-intern eine lange, intensiv geführte Debatte. „Es gab eine lange Diskussion", sagte Jon Rubinstein, der ehemalige Leiter von Apples Hardware- und iPod-Abteilung. „Für uns war das eine wichtige Entscheidung. Wir wussten nicht, wie die Auswirkungen sein würden, also diskutierten wir das Für und Wider beider Möglichkeiten und spielten des Teufels Advokat."

Laut Rubinstein kam man am Ende zu dem Schluss, das wenn man Windows-Usern eine Kostprobe von Apples Technologie gäbe, es zu einem „Heiligenschein-Effekt" führen würde – es würde die restlichen Produkte des Unternehmens in einem heiligen Glanz erstrahlen lassen. „Am Ende war dieser Heiligenschein-Effekt viel wichtiger, als ein paar Mac-Verkäufe zu verlieren", sagte Rubinstein. „Der iPod lockte die Leute in die Läden, und bei der Gelegenheit schauten sie sich den Mac an." Rubinstein sagte, dass die Kombination aus Einzelhandelsgeschäften, dem iPod, den Macs und der Windows-fähigen iTunes-Software eine Gesamtstrategie bildete. „Sie beflügeln sich gegenseitig", sagte er. „Sie benutzen iTunes auf Windows-Rechnern und merken dabei, wie sich ein Mac anfühlt."[25]

Den ersten Windows-kompatiblen iPod stellte Jobs im Juli 2002 vor. Dieser war zwar für Windows konfiguriert, benötigte jedoch noch immer einen FireWire-Anschluss, was bei Windows-Rechnern eine Seltenheit war. Die wirkliche Veränderung trat etwa ein Jahr später ein, als Apple die An-

---

25) Jon Rubinstein, persönliches Interview, Oktober 2006.

schlussmöglichkeiten des iPod an den Windows-Computer verbesserte. Mit der Markteinführung der dritten iPod-Generation im Mai 2003 fügte Apple der FireWire- eine USB2-Schnittstelle hinzu. Für Steve Jobs war das eine unglaublich große Änderung. Sie markierte den Abschied von seinem Prinzip, Produkte primär für die Mac-Plattform zu entwickeln. Doch der Schritt hatte auch dramatische Auswirkungen auf den Absatz. Bis dahin hatte Apple eine Million iPods verkauft. Innerhalb der folgenden sechs Monate gingen eine weitere Million, im Laufe eines Jahres drei Millionen Exemplare über den Ladentisch. Innerhalb der folgenden 18 Monate wurden weitere neun Millionen Stück abgesetzt. Heute ist der iPod ganz klar ein Windows-Gerät. Alle iPods werden ab Werk für Windows konfiguriert – nicht für den Mac. Doch während Windows-Computer nicht mit Mac-Dateiformaten kompatibel sind, ist dies umgekehrt der Fall, weswegen der Mac keine Schwierigkeiten hat, eine Verbindung zu für Windows formatierten iPods herzustellen. Auch andere Apple-Geräte sind Windows-freundlich geworden. 2007 kam der Safari-Browser für Windows heraus: Ein weiterer Versuch, einen Heiligenschein rund um die Apple-Software zu erzeugen, gerade weil viele Windows-Benutzer Safari auf ihren iPhones benutzen. Das iPhone funktioniert zusammen mit Windows und Microsoft Outlook genauso gut wie mit einem Mac. AppleTV ist genauso Windows-kompatibel wie die Airport-WiFi-Basisstationen. Apples alter Modus Operandi, sich nur auf die eigene Technologie zu stützen, wurde ein Ende gesetzt. Jobs hat die Windows-Welt voll und ganz akzeptiert.

Sir Howard Stringer strengt sich zurzeit gerade an, Sony zu neuem Leben zu erwecken, etwas von der vitalen Erfindungskraft, die das Unternehmen aufgebaut und definiert hat, zurückzuholen, doch das Unternehmen scheint sein Gespür für Innovation verloren zu haben. Digitale Musik ist das perfekte Beispiel. Das Geschäft hätte Sony gehören können. Schließlich hat Sony mit dem Walkman die Musik zum Mitnehmen erfunden und den Markt tragbarer Abspielgeräte selbst dann noch dominiert, als bereits Dutzende andere Unternehmen Walkman- und Discman-Nachahmer auf den Markt geworfen hatten. Doch bei dem Versuch, seine Musik-Label zu schützen, hat Sony seine ersten digitalen Abspielgeräte verstümmelt. Erstaunlicherweise konnte Sonys digitaler Walkman keine MP3-Dateien abspielen, obwohl diese sich gerade zum Standard für digitale Musik entwickelten. Stattdessen zwang Sony die Benutzer, ihre Musikdateien in das Sony-eigene ATRAC-Format umzuwandeln, wozu diese verständlicherweise keine Lust hatten. Sie hatten bereits Festplatten voller Musik im MP3-Format, die nun nicht auf Sony-Playern abgespielt werden konnten.

Eine Bereitschaft wie die von Jobs, Experimente mit offenem Ausgang zu wagen und anschließend die Ideen zu verbessern, sieht man bei anderen Unternehmen selten. Bei Sony tauchen die Manager zum Beispiel oft mit einem einzigen Screenshot in Sitzungen auf und sagen: „Das ist unser Design". Ein Ingenieur, der mehrere Jahre lang eng mit dem japanischen Giganten zusammengearbeitet hat, sagte, dies hätte er oft erlebt. Erstaunt und etwas schockiert hatte er gefragt, wie man zu diesem speziellen Design gekommen war: Welche Entscheidungen waren getroffen worden? Warum machten sie es auf diese anstatt auf jene Weise? Doch seine Fragen wurden immer mit der schroffen Feststellung: „Dies ist das genehmigte Design" abgeblockt.

„Sie halten sich für wirklich innovativ, doch sie haben Angst, irgendetwas wirklich Neues zu machen", erklärte der Ingenieur. „Ein wichtiger Grund ist, dass niemand schuld sein will. Sie fürchten sich so sehr, einen Fehler zu machen, dass sie immer bei dem bleiben, was sie zuvor gemacht haben."[26]

Dasselbe gilt für die Hardware. Wenn ein Produkt entwickelt wurde, präsentierten Sonys Manager häufig eine Liste mit den Funktionen der Konkurrenzprodukte, die dann als Vorlage diente. Doch wenn das Sony-Produkt endlich fertig war, hatte sich der Markt weiterentwickelt. Rubinstein fand, dass der iPod Sonys Produkt hätte sein sollen. „Der Sony-Walkman änderte die Art und Weise, wie die Menschen Musik hörten", sagte er. „Wie sie sich das haben entgehen lassen, werde ich nie verstehen. Er hätte von ihnen kommen müssen. Der iPod hätte ein Sony sein müssen." Rubinstein sagte, Sony habe den iPod nicht entwickelt, weil es Angst hatte, seinen übrigen Produkten zu schaden. „Einen großen Anteil hat die Angst, die eigenen Produkte überflüssig zu machen", sagte er. „Man möchte seine eigenen Produkte nicht überflüssig machen, wenn sie erfolgreich sind."[27] Jobs aber hat keine Angst. Er stoppte Apples beliebtestes iPod-Modell – den Mini – auf dem Höhepunkt seiner Popularität zugunsten eines neueren,

---

26) Ebd.
27) Ebd.

dünneren Modells, des Nano. „Eine Menge davon liegt an Steve", sagte Rubinstein. „Er ist so ein Typ, der einfach alles wieder zunichte macht, was er vorher aufgebaut hat. Und wenn man das tut, muss man wieder von vorne anfangen und kämpfen."[28]

Die phänomenal erfolgreichen Einzelhandelsgeschäfte sind ein nicht ganz vergleichbares, aber dennoch beredtes Beispiel für Apples funktionierende Innovation. Die Läden wurden aus der Not geboren, durch die digitale Schnittstelle inspiriert und nach dem gleichen Schema wie jedes andere Apple-Produkt entwickelt: Prototyp, Testphase, Verbesserung.

Eine Innovations-Fallstudie: die Apple-Handelskette

Fahren Sie einmal in Ihr nächstgelegenes gehobenes Einkaufszentrum – die Chancen stehen gut, dass Sie dort einen Apple-Store finden werden. Zwischen all den herausgeputzten Lane-Bryant- und Victoria's-Secret-Läden macht es sich eine Hightech-Boutique voller strahlend weißem Plastik und silbernem Metall gemütlich. Der Laden trägt keinen Namen – sondern nur ein großes, hell erleuchtetes Apple-Logo in der Mitte der Fassade aus rostfreiem Stahl. Unterhalb von dieser metallischen Stirn des Ladens werden Sie ein großes, breites Schaufenster vorfinden, in dem als Blickfang die neuesten iPhones oder iPods ausgestellt sind.

Wenn Sie eintreten, werden Sie sehen, dass der Laden von moderater Größe ist, nicht zu groß und nicht zu klein. Außerdem ist er voller Menschen. Wenn er morgens öffnet, muss man oft Schlange stehen, und abends bei Ladenschluss gibt es immer ein paar Nachzügler, die nicht gehen wollen.

Der Laden ist sehr verführerisch. Man fühlt sich wie in einer kubrickschen Zukunftsvision, die mit glitzernder Hardware des Weltraumzeitalters vollgestopft ist. Die Atmosphäre ist einladend und zwanglos. Man darf mit allem, was ausgestellt ist, herumspielen und kann dableiben, solange man will. Man beantwortet ein paar E-Mails und spielt ein paar Spiele. Es gibt keinen Druck, Geld auszugeben, und die Mitarbeiter beantworten bereit-

---

28) Ebd.

willig alle Fragen, sogar die grundlegendsten. Am Nachmittag gibt es in dem kleinen Vorführraum im hinteren Teil des Ladens einen Videobearbeitungskurs. Kostenlos.

Apple eröffnete seinen ersten Laden am 19. Mai 2001 in Glendale, Kalifornien, und seither ist aus der Kette mit über 200 Läden die größte Erfolgsstory des Einzelhandels geworden.

Apples Ladenkette hat innerhalb von drei Jahren einen Umsatz von einer Milliarde Dollar erreicht, womit sie den bisherigen Rekord von The Gap, die in der Geschichte des Einzelhandels am schnellsten wachsende Kette aller Zeiten, übertroffen hat. Im Frühjahr 2006 setzten die Läden bereits eine Milliarde Dollar pro Quartal um.

Die Läden sind für einen großen – und wachsenden – Teil von Apples Geschäft verantwortlich und spielen bei dem Comeback des Unternehmens eine Schlüsselrolle. Das Wachstum der Läden fiel zeitlich mit dem gigantischen Wachstum des iPod zusammen. Die Kunden suchten die Läden auf, um den iPod anzusehen, blieben aber, um mit den Macs zu spielen – und die Umsätze beider Produkte hoben ab.

Die Läden sind unglaublich profitabel. Ein Apple-Laden kann so viel Geld verdienen wie sechs andere Läden im gleichen Einkaufszentrum zusammen – und kann fast so viele Erträge erzielen wie eine große Best-Buy-Filiale – mit nur zehn Prozent der Fläche.

Die Läden sind wie edle Kleiderboutiquen. Sie sind nobel und schick und verkaufen einen Lifestyle, keine Billigangebote. Es wird kein Druck ausgeübt, Geld auszugeben, und die Mitarbeiter sind freundlich und hilfsbereit. Der Service macht den Unterschied aus. Apples Läden sind, ganz anders als die lauten und grell beleuchteten Elektronik-Discounter, entspannte Treffpunkte, wo Kunden mit den Geräten spielen und wieder gehen können, ohne sich schuldig zu fühlen. Es gibt dort keine aggressiven Verkäufer, die den Kunden teures Zubehör und unnötige Garantieverlängerungen aufnötigen.

In anderen Geschäften ist dies üblich, aber bei Apple ist freundliche, einfache Kundenberatung der Schlüssel zum Verkaufserfolg. Es ist erstaunlich, wie wichtig dies gerade dann ist, wenn man neue Kunden gewinnen möchte, die mit der Technologie nicht vertraut sind. Kürzlich wurde ich Zeuge, wie ein potentieller Kunde fragte, ob er einen Computer brauche, um seinen neuen iPod zu benutzen. Eine andere Kundin buchte eine Sitzung an der Genius Bar, die normalerweise für Technische Schwierigkeiten vorbehalten ist, um zu lernen, wie sie ihren iPod an den Computer anschließt und Musikstücke lädt.

Wenn ein Kunde einen neuen Mac kauft, wird der Rechner kostenlos an dessen Bedürfnisse angepasst, bevor er den Laden verlässt. Die Mitarbeiter installieren Treiber für den Drucker oder die Kamera des Kunden und helfen bei der Installation der Internetverbindung. Kunden, die vorher mit Windows gearbeitet haben, gefällt dieses Händchenhalten, und es unterscheidet sich wesentlich von dem Einkauf in großen Kaufhäusern, in denen der einzige Mitarbeiterkontakt das Sicherheitspersonal am Ausgang ist, das Ihre Tasche kontrolliert.

Die Läden werden stark frequentiert. Sie sind immer voll, oft sogar gedrängelt voll. Laut Apple sind es die mit am stärksten frequentierten Geschäfte des gesamten Einzelhandels einschließlich großer Supermärkte und beliebter Restaurants. Wenn Apple einen neuen Laden eröffnet, gibt es immer ein paar Fans, die die Nacht zuvor in der Schlange übernachten. Einige Fans reisen zu jeder Eröffnung in ihrer Gegend, und ein paar besonders Eifrige fliegen quer durchs Land oder sogar ins Ausland, um an großen Eröffnungen in London, Tokio oder Kalifornien teilzunehmen.

Als Jobs zu Apple zurückkehrte, wusste er, dass das Unternehmen eine Präsenz im Einzelhandel brauchte, allein schon deshalb, um zu überleben. Bevor Apple seine Ladenkette eröffnete, war der einzige direkte Kontakt zu den Kunden die Macworld Conference, die in ihren besten Zeiten halbjährlich 80.000 Teilnehmer anzog. (Heutzutage besuchen jeden Vormittag über 80.000 Leute die Apple-Geschäfte, und nachmittags sind es noch einmal so viele!)

Mitte der neunziger Jahre wurden Macs in Versandkatalogen angeboten oder bei Einzelhändlern wie Circuit City und Sears verkauft, bei denen sie häufig in den hinteren Regalen verstaubten. Vernachlässigt und ignoriert, bekamen die Macs nur selten Aufmerksamkeit. Die Verkäufer lenkten die

Kunden zu den Windows-PCs in der vorderen Reihe. Es stand so schlecht um Apple, dass einige Mac-Fans die Sache selbst in die Hand nahmen, abends sowie am Wochenende als inoffizielle Verkaufsmitarbeiter in Geschäften Dienst taten und in ihrer Freizeit verzweifelt versuchten, Macs zu verkaufen.

In den späten 1990ern begann Apple bei CompUSA, einem Elektronikgeschäft, mit eigenen kleinen Filialen im Hauptgeschäft zu experimentieren, was von bescheidenem Erfolg gekrönt war. Jobs lernte daraus, dass Apple zugleich seine Marktpräsenz steigern und den Kauf eines Mac zu einer Apple-gemäßeren Erfahrung machen musste. Doch er wollte die vollständige Kontrolle darüber, die er nur erlangen konnte, wenn Apple seine eigenen Läden eröffnete. Jobs wollte „die beste Kauferfahrung für die Produkte, und ich fand, dass die meisten Einzelhändler nicht genügend in ihre Läden investierten oder andere Maßnahmen zur Verkaufsförderung durchführten", sagte Jobs dem *Wall Street Journal*. Beachten Sie die vielsagende Phrase: „die beste Kauferfahrung". Wie alle Unternehmungen von Jobs werden die Läden von der Kundenerfahrung geleitet.

Damals sagte Jobs, dass 95 Prozent der Kunden „Apple nicht einmal in Erwägung ziehen" und dass das Unternehmen einen Ort mit fachkundigem Personal benötigt, um den potentiellen Kunden zu zeigen, wie der Mac zum Mittelpunkt ihres Lebens werden könnte. Die Läden sollten vor allem Windows-Benutzer ins Visier nehmen. Es sollten angenehme Orte sein, an denen diese Macs ausprobieren konnten. Ein früherer Werbespruch für die Läden lautete: „5 geschafft, noch 95", was sich auf den fünfprozentigen Marktanteil des Mac gegenüber dem 95-prozentigen von Microsoft bezog.

Jobs hütete sich davor, sich im Einzelhandel die Finger zu verbrennen, stattdessen wandte er seinen üblichen Trick an und suchte sich den besten Mitarbeiter, den er finden konnte, der in diesem Fall Milliard „Mickey" Drexler hieß und CEO von The Gap war. Im Mai 1999 trat Drexler in den Apple-Vorstand ein. Drexlers „Expertise in Marketing und Einzelhandel wird eine immense Ressource sein, wenn Apple im Konsumentengeschäft weiter wächst", sagte Jobs in einer Pressemitteilung. „Er wird dem Vorstand von Apple eine komplett neue Dimension hinzufügen."

Dann rief Jobs Ron Johnson an, einen Veteranen des Einzelhandels, der geholfen hatte, Target von einem unbedeutenden Wal-Mart-Konkurrenten zu einem gehobenen Händler erschwinglicher Designartikel zu machen. Johnson hatte Markendesigner beauftragt, Haushaltswaren für Target zu entwerfen, was dem Unternehmen den französisch ausgesprochenen Spitznamen „Targét" einbrachte. „Heute, acht Jahre später, ist Design ein Eckpfeiler ihrer Unternehmensstrategie", sagte Johnson, heute Apples Einzelhandelsvorstand.[29]

Jobs warb Johnson, einen kräftigen, freundlichen Mann aus dem Mittleren Westen der USA mit glattem grauem Haar und breitem Lachen, im Januar 2000 an. Seine ersten drei Worte waren: „Einzelhandel ist schwierig." Jobs ergänzte: „Wir werden mit etwas Angst agieren, weil Einzelhandel ein schwieriges Geschäft ist."[30]

Anfangs durfte Johnson niemandem sagen, dass er für Apple arbeitete. Er verwendete das Pseudonym John Bruce (eine Variation seines zweiten Vornamens) sowie einen falschen Titel, damit die Konkurrenz nicht von Apples Einzelhandelsplänen Wind bekam. Johnson verwendete selbst unternehmensintern seinen richtigen Namen erst, nachdem Apple bereits mehrere Läden eröffnet hatte.

Als Apple im Mai 2001 sein erstes Ladengeschäft eröffnete, befanden die meisten Experten, dass das Unternehmen einen teuren Fehler machte. Gateway, der einzige weitere Computerhersteller mit eigenen Läden, schloss diese gerade. Gateways Läden zogen keine Kunden an. Rätselhafterweise hatten die Gateway-Läden keinerlei Lagerbestand. Die Kunden konnten die Ware ausprobieren, mussten sie aber online bestellen, was die Möglichkeit spontaner Käufe zunichte machte. Stattdessen wurden Gateways Kunden in die großen Kaufhäuser getrieben, wo sie Angebote verschiedener Hersteller vergleichen und das, was sie wollten, an Ort und Stelle kaufen konnten.

---

29) Allen, Gary: Report der Rede Ron Johnsons auf der ThinkEquity Partners Conference in San Francisco, 13. September 2006. In: ifoAppleStore.com. (http://www.ifoapplestore. com/stores/ thinkequity2006rj.html)
30) Ebd.

Unterdessen wurden bei Apple noch kaum Anzeichen einer Umsatzwende sichtbar. Die Internetblase platzte gerade, die NASDAQ war im Keller und Dell, das das perfekte Geschäftsmodell für Computer zu haben schien – Direktverkauf über das Internet – erdrückte alle Neuankömmlinge auf dem Markt. Apples Umsätze waren von zwölf Milliarden auf fünf Milliarden Dollar gesunken, und es wies gerade so überhaupt einen Gewinn aus. Bis zum Start des iPod waren es noch sechs Monate (und niemand konnte ahnen, was für ein Verkaufshit er werden würde). Es schien der denkbar ungünstigste Moment für ein Unternehmen in Schwierigkeiten zu sein, sich auf ein teures, unerprobtes Einzelhandelsexperiment einzulassen.

„Ich gebe ihnen zwei Jahre, bis sie nach einem sehr schmerzhaften und teuren Fehler die Lichter ausschalten", wettete der Einzelhandelsexperte David A. Goldstein in der *Business Week* und gab damit eine damals weit verbreitete Meinung wieder. Kein einziger Branchenbeobachter, Wallstreet-Analyst oder Journalist gab zu Protokoll, dass es eine gute Idee sei. „Kaum jemand außerhalb des Unternehmens denkt, dass neue Läden, wie gut sie auch angenommen werden, Apple auf den Wachstumspfad zurückbringen werden", schrieb die *Business Week*.[31]

Nebenbei das Leben bereichern

Bis in die Neunzigerjahre hinein verkaufen die meisten Läden Waren von einer Vielzahl von Herstellern. Das war das sogenannte Kaufhausprinzip. Ab den späten Achtzigerjahren jedoch revolutionierte The Gap den Einzelhandel, indem andere Marken fallengelassen wurden und man sich auf die eigene Modelinie konzentrierte. Mit seinem großen Angebot an modischer, aber dennoch bezahlbarer Freizeitkleidung hob The Gap ab wie eine Rakete. Die Umsätze stiegen von 480 Millionen Dollar im Jahr 1983 auf 13,7 Milliarden Dollar im Jahr 2000, was dem Unternehmen einen Eintrag in die Geschichtsbücher als am schnellsten wachsende Handelskette aller Zeiten brachte. (Danach stagnierten die Umsätze, aber das ist eine andere Geschichte.) Inzwischen wurde das Modell von Dutzenden von Einzelhandelsunternehmen kopiert, insbesondere von Modeläden, aber

---

31) Edwards, Cliff: „Commentary: Sorry, Steve: Here's Why Apple Stores Won't Work". In: *Business Week*. 21. Mai 2001.

auch von Elektronikfirmen wie Sony, Nokia und Samsung. Selbst Dell, das in den boomenden Neunzigerjahren hartnäckig an seiner Nur-im-Web-Strategie festgehalten hatte, eröffnet in Einkaufszentren sowie in Wal-Mart-, Costco- und Carrefour-Supermärkten kleine Verkaufsräume.

Die meisten Einzelhändler sind nur daran interessiert, so viel Ware wie möglich zu verkaufen. Gateway nannte das: Metall bewegen. Diese Philosophie führte Gateway zu einigen unausweichlichen Schlussfolgerungen: günstig zu sein, den Wettbewerb über den Preis zu führen und die Läden dort zu eröffnen, wo die Mieten günstig sind wie zum Beispiel an abgelegenen Parkplätzen. Doch all diese Entscheidungen erwiesen sich als Desaster.

Das größte Problem war, dass niemand kam. Die meisten Leute kaufen etwa alle zwei bis drei Jahre einen neuen Computer. Um ihn bei Gateway zu kaufen, mussten die Kunden die Läden extra aufsuchen, denn sie befanden sich nicht dort, wo sie normalerweise einkauften – im Einkaufszentrum –, sondern an einem entfernten Parkplatz. Auf dem Höhepunkt seiner Einzelhandels-Operation besaß das Unternehmen fast 200 Läden und beschäftigte etwa 2500 Mitarbeiter – und wöchentlich kamen 250 Besucher. Sie haben richtig gelesen: 250 Besucher *pro Woche*. Im April 2004, nach mehreren Jahren mit indiskutablen Verkaufszahlen, machte Gateway alle seine Läden dicht – und zog damit den Schlussstrich unter einen schmerzhaften und teuren Fehler.

Jobs dagegen wollte die Leute in die Läden bringen. Er wollte „Lifestyle"-Läden, in denen die Kunden an Apples digitalem Lifestyle Gefallen finden konnten – und hoffentlich einen Computer kauften.

Eine frühe Grundsatzentscheidung war, die Läden in Gegenden mit großer Laufkundschaft anzusiedeln. Diese Entscheidung brachte den großen Durchbruch, obwohl sie anfangs allgemein kritisiert worden war, weil in beliebten Gegenden die Mieten hoch waren.

Apple suchte sich gehobene Einkaufszentren und angesagte Stadtviertel aus und suchte nicht nach billigen Mieten am Stadtrand. Die Idee dahinter war, Laufkundschaft zu bekommen und die Art von Geschäften aufzubauen, in denen Neugierige vorbeischauen und einen Eindruck von der anderen Seite, der Mac-Seite, gewinnen konnten. Da die meisten Computerkäufer den Kauf eines Apples nicht einmal in Erwägung zogen, würden sie mit Sicherheit nicht eine 20-minütige Fahrt zu einem entlegenen Laden auf sich nehmen. „Die Mieten waren sehr viel teurer", verriet Jobs dem *Fortune*-Magazin. Doch die Leute „mussten nicht 20 Minuten ihrer Zeit aufs Spiel setzen. Sie mussten nur 20 Schritte riskieren."[32] Das ist das alte Immobilien-Mantra: Lage, Lage und nochmals Lage.

Apple plante seine Geschäftslagen sehr sorgfältig und verwendete dabei Daten von Volkszählungen und von registrierten Kunden. Zwar hat Apple seine Kriterien bei der Auswahl der Standorte nie bekanntgegeben, doch Gary Allen, der Apples Einzelhandelsstrategie genau beobachtet und seine Erkenntnisse auf der Internetseite ifoAppleStore.com mitteilt, hat einiges darüber herausgefunden. Laut Allen sind die wichtigsten Kriterien die Anzahl der registrierten Apple-Kunden in der Region, bestimmte demografische Daten, insbesondere Durchschnittsalter und Durchschnittseinkommen, sowie die Nähe zu größeren Schulen, Universitäten und – geschickterweise – stark frequentierte Autobahnen. Am schwierigsten war es für Apple, Lokalitäten in geeigneten Einkaufszentren zu finden. Selbst in der Heimatstadt des Unternehmens, San Francisco, wartete Apple drei Jahre auf einen guten Standort.

In einer früheren Strategiesitzung mit Jobs wurde Ron Johnson Apples gesamte Produktlinie präsentiert: zwei Laptops und zwei Desktops. Das war noch vor dem Start des iPod. Johnson wurde mit der Aufgabe konfrontiert, 600 m²-Läden mit nur vier Produkten zu füllen. „Das war vielleicht eine Herausforderung", erinnert sich Johnson. „Doch es stellte sich auch als einmalige Gelegenheit heraus, denn wir sagten: ‚Wir haben nicht genügend Produkte, um einen Laden dieser Größe zu füllen, füllen wir ihn also mit dem Erlebnis, einen Mac zu besitzen.'"[33]

Als Jobs und Johnson begannen, über die Läden nachzudenken, hatten sie eine ungewöhnliche Vision, „das Leben zu bereichern", sagte Johnson. „Als wir Apples Einzelhandelskonzept entwarfen, dachten wir, es müsse

---

32) Useem, Jerry: „Apple: America's Best Retailer". In: *Fortune*. 8. März 2007. (http://money.cnn.com/magazines/fortune/fortune_archive/2007/03/19/8402321/)
33) Allen, Gary: „The Stores". In: ifoAppleStore.com, 18. Oktober 2007 (http://www.ifoapplestore.com/the_stores.html)

die Leute mit Apple verbinden. Nichts leichter als das – bereichern wir deren Leben. Das Leben bereichern – das ist das, was Apple schon seit über 30 Jahren tut.""[34]

Das Ziel, das Leben der Kunden zu bereichern, führte zu zwei klaren Maßstäben: zum einen, die Läden rund um das Kundenerlebnis zu gestalten, und zum anderen, die Besitzer-Erfahrung während der gesamten Lebenszeit des Produkts anzupreisen.

Zunächst ist es nicht das Gleiche, den Laden rund um das Kundenerlebnis zu gestalten, wie ihn rund um die Kauferfahrung zu gestalten. Die meisten Einzelhändler konzentrieren sich darauf, wie die Kunden die Artikel im Laden finden und aussuchen und wie man sie dazu bewegt, möglichst viel Geld auszugeben. Doch Jobs und Johnson fragten sich, wie die Produkte in den Kontext des Lebens der Kunden passen würden, in deren Lebenswirklichkeit. Johnson erklärte: „Wir dachten nicht über deren Erfahrung im Laden nach. Wir sagten: ,Lasst uns diesen Laden rund um deren Lebenserfahrung entwerfen.'"

Als Nächstes „wollten wir, dass unsere Läden eine Besitzer-Erfahrung für den Kunden schaffen", erklärte Johnson. Die Läden sollten die Lebenszeit des Produkts darstellen, nicht nur den Moment der Transaktion. In vielen Läden endet die Beziehung zum Kunden mit dem Kauf. Anders bei Apple: „Uns gefällt die Vorstellung, dass die Beziehung dann erst beginnt."

„Also machten wir zuerst eine Liste", sagte Johnson. „Wie bereichert man das Leben?" Sie entschieden, dass es in den Läden nur die eigentlichen Produkte geben solle. Zu viele Extra-Artikel verwirren die Kunden. Johnson hatte die Vorteile einer begrenzten Auswahl bei Target kennengelernt. Einige der Target-Vorstände wollten die Regale mit so vielen Produkten wie möglich vollstopfen. Einmal führte Target 31 verschiedene Toastermodelle zur gleichen Zeit. Doch Johnson stellte fest, dass der führende Küchengeräte-Händler – Williams Sonoma – nur zwei verschiedene Toas-

34) Allen, Gary: Report der Rede Ron Johnsons auf der ThinkEquity Partners conference in San Francisco, 13. September 2006, In: ifoAppleStore.com. (http://www.ifoapplestore. com/stores/ thinkequity2006rj.html)

ter am Lager hatte. „Es geht nicht um ein breites Sortiment", sagte er. „Es geht um das richtige Sortiment."[35]

Außerdem entschieden Jobs und Johnson, dass die Kunden alle Produkte ausprobieren können sollten. Damals stellten die meisten Computergeschäfte funktionierende Geräte aus, doch die Kunden konnten weder Software installieren noch ins Internet gehen oder Bilder von ihrer Digitalkamera herunterladen. In den Apple-Läden sollten die Kunden vor dem Kauf alle Aspekte eines Geräts testen können.

Anfangs erwog Jobs, einfach ein paar Läden aufzumachen, um zu sehen, was passiert. Doch auf Mickey Drexlers Anraten ließ er in einer Lagerhalle in der Nähe der Apple-Zentrale in Cupertino zunächst heimlich ein Modell des Ladens bauen. Der Laden wurde also auf die gleiche Weise entworfen wie Apples Produkte: Es wurde ein Prototyp gebaut, der verbessert wurde, bis er perfekt war.

Johnson stellte ein Team von ungefähr 20 Einzelhandelsexperten und Ladendesignern zusammen und begann mit verschiedenen Entwürfen zu experimentieren. Im Sinne einer freundlichen und zugänglichen Gestaltung entschied das Team sich, Naturmaterialien zu verwenden: Holz, Stein, Glas und Stahl. Diese Palette war neutral, und die Läden sollten eine sehr gute Beleuchtung erhalten, um die Produkte erstrahlen zu lassen. Wie üblich gab es eine kompromisslose Sorgfalt beim Detail. In der Anfangszeit traf sich Jobs jede Woche einen halben Tag lang mit dem Designteam. Bei einer der Sitzungen evaluierte die Gruppe der Zeitschrift *Business 2.0* zufolge bis zur Erschöpfung drei Arten von Beleuchtung, nur um sicherzustellen, dass die vielfarbigen iMacs so leuchteten wie in den Hochglanzanzeigen. „Jedes kleine Element in dem Laden ist bis in diese Details hinein durchgestaltet", sagte Johnson.[36]

Als der Musterladen im Oktober 2000 nach mehreren Monaten Arbeit so gut wie fertig war, hatte Johnson eine Eingebung. Ihm fiel auf, dass der Laden nicht Apples Philosophie der digitalen Schnittstelle widerspiegelte, die den Computer ins Zentrum des digitalen Lifestyles setzte. In dem

---

35) Ebd.
36) Ebd.

Musterladen standen wie bei Best Buy die Computer in der einen Ecke, während die Kameras in der anderen Ecke lagen. Johnson wurde klar, dass der Laden die Computer mit den Kameras verbinden sollte, um den Kunden zu zeigen, was sie eigentlich alles mit ihrem Mac machen konnten, zum Beispiel ein Buch mit digitalen Fotos zusammenzustellen oder eigene Filmaufnahmen auf DVD zu brennen.

„Steve, ich denke, wir liegen falsch", teilte Johnson Jobs mit. „Ich glaube, wir machen einen Fehler. Es geht um die digitale Zukunft, nicht einfach nur um Produkte."[37] Johnson wurde klar, dass es effektiver wäre, den Kunden funktionierende digitale Schnittstellen mit Kameras, Camcordern und MP3-Playern, die an einen Computer angeschlossen sind, vorzuführen. Diese Zusammenstellungen sollten in „solution zones" arrangiert werden, die zeigten, wie man den Mac für digitale Fotografie, Videobearbeitung und zum Musikmachen benutzen konnte – die Anwendungen, die zukünftige Kunden tatsächlich interessierten.

Zuerst war Jobs alles andere als begeistert: „Ist dir klar, was du sagst? Weißt du, dass wir nun von vorne anfangen können?", brüllte Jobs und stürmte verärgert in sein Büro. Doch schnell änderte er seine Meinung. Eine Stunde später kehrte Jobs besser gelaunt in Johnsons Büro zurück. Er sagte zu Johnson, dass bei fast allen der besten Produkte von Apple, einschließlich des iMacs, noch einmal von vorne begonnen wurde. Das war Teil der Entwicklung. Später sagte Jobs in einem *Fortune*-Interview, seine anfängliche Reaktion sei gewesen: „Oh Gott, wir sind am Ende!", doch Johnson habe recht gehabt. „Es hat uns vielleicht sechs oder neun Monate gekostet. Doch es war die absolut richtige Entscheidung", sagte er.[38]

Nach dem Neubeginn wurde der Musterladen in vier Sektionen unterteilt, jede einer von Johnsons „solution zones" gewidmet. Ein Viertel im vorderen Teil gehört den Produkten, ein weiteres beschäftigt sich mit Musik und Fotos, das dritte ist der Film-Abteilung und der Genius-Bar gewidmet, und im vierten geht es um weitere Produkte. Die Idee dahinter ist, einen Ort zu schaffen, an dem den Kunden komplette Lösungen für die Probleme ihres

---

37) Allen, Gary: „Apple Has a List of 100 Potential Store Sites". In: ifoAppleStore.com, 27. April 2004. (http://www.ifoapplestore.com/stores/risd_johnson.html)
38) Useem, Jerry: „Apple: America's Best Retailer"". In: *Fortune*. 8. März 2007. (http://money.cnn.com/magazines/fortune/fortune_archive/2007/03/19/8402321/}

digitalen Alltags – wie das Aufnehmen und Weitergeben digitaler Fotos oder das Bearbeiten und Erstellen von DVDs – angeboten werden.

Die Läden sind als öffentlicher Ort konzipiert, wie eine Bibliothek, und sie sind mehr als eine reine Produktausstellung. „Wir wollen nicht, dass es in dem Laden um das Produkt geht, sondern um eine Reihe von Erfahrungen, die mehr als einen Laden daraus machen", sagte Johnson.[39]

Apple sorgt dafür, dass die Läden immer voll sind, indem es Computer mit unlimitiertem Internetzugang zur Verfügung stellt und im Laden jede Menge Events organisiert. Jede Woche gibt es kostenlose Workshops und Kurse, und in größeren Läden finden Vorträge von Profis aus der Kreativ-Branche und Band-Auftritte statt. Während der Sommerferien, im Einzelhandel traditionell eine ruhige Zeit, zieht Apples Angebot an kostenlosen Computerkursen im Rahmen von „Apple Camp" Tausende Schüler an.

In den größeren Flagship Stores gibt es gläserne Treppen, nur um die Kunden zum Besuch des oberen Stockwerks, in dem es meistens leerer ist, einzuladen. (Die Glastreppen wurden zu einer großen Attraktion und gewannen mehrere Preise.)

Die Genius Bar

Die wichtigste Innovation war die Genius Bar, in der praktisches Training und Service angeboten wurden. Zur damaligen Zeit konnten Computerreparaturen mehrere Wochen dauern. Der Kunde musste eine technische Hotline anrufen, den Rechner einschicken und auf dessen Rücksendung warten. „Das bereichert nicht gerade das Leben von jemandem", sagte Johnson.[40] Apple wollte Reparaturen innerhalb weniger Tage erledigen und machte in Sachen Schnelligkeit somit der örtlichen Chemischen Reinigung Konkurrenz.

---

39) Allen, Gary: „Apple Has a List of 100 Potential Store Sites". In: ifoAppleStore.com, 27. April 2004. (http://www.ifoapplestore.com/stores/risd_johnson.html)
40) Allen, Gary: Report der Rede Ron Johnsons auf der ThinkEquity Partners conference in San Francisco, 13. September 2006, In: ifoAppleStore.com. (http://www.ifoapplestore. com/stores/ thinkequity2006rj.html)

Die Genius Bar macht heute den größten – und beliebtesten – Unterschied
zu anderen Fachgeschäften aus. Die Kunden sind begeistert, ihre Compu-
terprobleme Auge in Auge ansprechen und ihre defekten Geräte im örtlichen Einkaufszentrum abgeben zu können, anstatt sie einschicken zu
müssen. „Die Kunden lieben unsere Genius Bars", sagte Johnson.

Apple schätzte, dass die Genius Bars 2006 durchschnittlich von einer Million Kunden pro Woche aufgesucht wurden. In den Flagship Stores stehen
die Leute oft schon vor Ladenöffnung Schlange, um an die Genius Bar zu
kommen. Die Bars sind fast zu erfolgreich. Dank des phänomenalen An-
stiegs der Besucherzahlen in den Läden sind die Genius Bars zunehmend
überlastet, und viele haben ein Terminvergabesystem eingerichtet, um
mit dem Andrang fertig zu werden.

Die Idee der Genius Bar kam von Kunden. Johnson fragte eine Fokus-
gruppe nach deren bester Erfahrung in Sachen Kundenservice überhaupt.
Die meisten erwähnten die Hotelrezeptionen, die da sind, um zu helfen,
nicht um zu verkaufen. Johnson wurde klar, dass eine Rezeptionstheke für
Computer eine gute Idee sein könnte. Er stellte sie sich wie eine gemütli-
che Bar in der Nachbarschaft vor, in der der Wirt anstelle von alkoholi-
schen Getränken kostenlose Ratschläge verteilt.

Als Johnson diese Idee erstmals Jobs vorschlug, war sein Chef skeptisch.
Ihm gefiel die Idee einer persönlichen Beratung, doch da er viele Computerfreaks kannte, bezweifelte er, dass er genug geschultes Personal bekommen konnte, um genau diese Kunden zufriedenzustellen. Doch Johnson
überzeugte ihn, dass die meisten jungen Leute mit Computern sehr vertraut waren und es ihnen deswegen leicht gelingen würde, sympathische,
serviceorientierte Mitarbeiter zu gewinnen, die mit der Technologie um-
gehen konnten.

Die wichtigste Idee, die Johnson in Sachen Personalpolitik hatte, war, die
Verkaufsprovisionen abzuschaffen, die damals im Elektronik-Einzelhan-
del allgemein üblich waren. „Die Leute bei Apple dachten, ich sei verrückt", sagte er.[41] Doch Johnson wollte in den Läden keine umsatzorien-

---

41) Allen, Gary: „Apple Has a List of 100 Potential Store Sites". In: ifoAppleStore.com,
27. April 2004. (http://www.ifoapplestore.com/stores/risd_johnson.html)

tierte Expressabfertigung. Er wollte, dass die Angestellten den Kunden sympathisch waren und es nicht lediglich auf deren Brieftasche abgesehen hatten.

Apple-Mitarbeiter müssen die Kunden – viele davon Windows-Benutzer, die Apple gegenüber skeptisch eingestellt sind – behutsam überzeugen, zum Mac zu wechseln. Johnson wusste, dass viele potentielle Kunden sich dazu nicht über Nacht entscheiden würden. Viele würden den Laden wahrscheinlich drei- oder viermal besuchen, bevor sie den Schritt wagten, und auf keinen Fall sollten sich die Kunden Sorgen machen, dass der Mitarbeiter, mit dem sie beim ersten Mal gesprochen hatten, diesmal keinen Dienst hatte.

Johnson entschied, dass die Mitarbeiter anstelle von Provisionen Statusverbesserungen erhalten sollten. Die besten Mitarbeiter sollten zum „Mac-Genie" oder zum Kursdozenten befördert werden. „Über den Job kann man zu einem Status gelangen wie: ‚Ich bin ein Mac-Genie. Ich bin der größte Mac-Experte in der Stadt. Die Leute suchen mich im Internet auf, um sich mit mir im Laden zu verabreden, damit ich Ihnen helfen kann", sagte Johnson. „Es ist mein Job, meine Erfahrung zu einer Bereicherung für den Laden und die Leute zu machen."

Das Fehlen einer Provision macht den Arbeitsplatz zu mehr als einem reinen Verkaufsjob, es wird eher so etwas wie ein richtiger Beruf daraus. Obwohl viele Mitarbeiter auf Teilzeitbasis arbeiten oder nach Stunden bezahlt werden, genießen sie teilweise den Status von Profis. „Es hat nichts zu tun mit den üblichen langweiligen, mühsamen ‚Ich-muss-Umsatz-machen-und-mich-um-die-Kunden-kümmern'-Jobs", sagt Johnson. „Plötzlich bereichere ich das Leben der Leute. Und nach diesem Gesichtspunkt wählen wir unsere Leute aus, motivieren und schulen wir sie." Das ist natürlich typisch Apple: Sogar der Einzelhandel wird zur Mission gemacht.

Apple versucht kreative, computerinteressierte High-School-Absolventen einzustellen, die Art von jungen Leuten, die die Arbeit in einem Apple-Laden für einen guten ersten Job halten. Als Anreiz bietet Apple ihnen hausinterne Weiterbildung. Während sie im Laden arbeiten, lernen Mitarbeiter den Umgang mit professionellen Anwendungen wie Final Cut Pro, Garageband und weiteren Programmen, die sich später als nützlich erweisen können. Die Kündigungsrate ist im Branchenvergleich relativ gering: Sie liegt laut Apple bei etwa 20 Prozent bei einem Branchendurchschnitt von über 50 Prozent.

Die Läden entwickeln sich von durchgestylten Einkaufsparadiesen hin zu Lernumgebungen. In einigen der größeren Geschäfte hat Apple zusätzliche Hilfe-Theken eingerichtet, unter anderem eine iPod-Theke für Hilfe und Reparaturen sowie eine Studio-Theke, an der den Kunden bei kreativen Projekten wie Filmen oder der Gestaltung von Fotobüchern geholfen wird. Langsam verbreitet sich die Idee der kostenlosen Hilfe-Theken bei anderen Einzelhändlern. Der Lebensmittelhändler Whole Foods zum Beispiel experimentiert seit 2006 in einem Laden in Austin, Texas, mit einer Hilfe-Theke, an der man kostenlose Ratschläge zu Rezepten und Zutaten erhält.

Während die meisten Computerhersteller ihre Waren in Geschäften anbieten, die es auf große Umsätze anlegen und Service nur per Telefon anbieten, ist das Angebot der Apple-Läden ein radikal anderes. Johnson nennt das Prinzip „high touch" – eine Parallelbildung zu „Hightech", die sich auf den Umgang mit Menschen anstatt mit Computern bezieht. Der Begriff wird manchmal verwendet, um guten Kundenservice zu bezeichnen. Nordstrom und Starbucks werden mit „high touch" betitelt, doch niemand hat den Begriff je in der Computerbranche verwendet. „Wäre es nicht schön, in dieser Hightech-Welt etwas high touch zu haben?", fragte Johnson. Jobs und Johnson entschieden sich, guten Service in den Computerhandel zu bringen und so die Art und Weise, wie die Leute technologische Produkte kauften, zu verändern.

Die Handelskette ist ein praktisches Beispiel dafür, wie bei Apple Innovation funktioniert. Geschäftsphilosophie, Design und Aufbau der Läden wurden von der Strategie der digitalen Schnittstelle abgeleitet, die Ausführung ist ein Resultat von Jobs' kompromissloser Konzentration auf die Kundenerfahrung.

Steves Lehren

- *Verlieren Sie die Kunden nicht aus dem Blick.* Der Cube floppte, weil er für Designer, nicht für die Kunden gemacht war.
- *Beobachten Sie den Markt und die Branche.* Jobs hält ständig nach neuen Technologien Ausschau.
- *Denken Sie nicht bewusst über Innovation nach.* Innovation zu systematisieren ist wie Michael Dell beim Tanzen zuzusehen: schmerzhaft.
- *Konzentrieren Sie sich auf die Produkte.* Produkte sind die Orientierung, die alles zusammenhält.
- *Denken Sie daran, dass die Motive einen Unterschied machen.* Konzentrieren Sie sich darauf, großartige Produkte herzustellen, nicht darauf, der Größte oder Reichste zu werden.
- *Stehlen Sie.* Stehlen Sie schamlos die guten Ideen anderer.
- *Stellen Sie Zusammenhänge her.* Für Jobs ist Kreativität ganz einfach die Fähigkeit, Zusammenhänge zwischen Dingen herzustellen.
- *Lernen Sie.* Jobs bildet sich eifrig über Kunst, Design und Architektur weiter. Er rennt sogar auf Parkplätzen herum, um sich Mercedes-Limousinen genau anzusehen.
- *Seien Sie flexibel.* Jobs warf zahlreiche langgehegte Traditionen über Bord, die Apple besonders machten – und klein hielten.
- *Machen Sie Dinge wieder zunichte.* Jobs stellte die beliebteste iPod-Variante ein, um Platz für ein neues, dünneres Modell zu schaffen. Machen Sie Dinge zunichte, um von vorne anzufangen und zu kämpfen.
- *Bauen Sie Modelle.* Selbst die Läden von Apple wurden entwickelt wie jedes andere Produkt: Prototyp, Testphase, Verbesserung.
- *Fragen Sie die Kunden.* Die beliebte Genius Bar war eine Kundenidee.

Kapitel 7

Eine Fallstudie: Wie der iPod entstand

„Software ist die Kundenerfahrung. Wie iPod und iTunes beweisen, ist sie nicht nur zur Schlüsseltechnologie der Computer-, sondern der gesamten Elektronikbranche geworden."

– Steve Jobs

Der iPod ist das Produkt, das Apple von einem kränkelnden PC-Hersteller zu einem starken Elektronik-Unternehmen machte. Die Entstehung des iPod illustriert viele der Aspekte, die in den vorherigen Kapiteln dargestellt wurden: Bei seiner Entwicklung arbeiteten kleine Teams eng zusammen. Er wurde aus Jobs' Innovationsstrategie heraus entwickelt: der digitalen Schnittstelle. Sein Design wurde durch das Verständnis für die Kundenerfahrung bestimmt – zum Beispiel in Bezug auf die Navigation einer großen digitalen Musikbibliothek. Er kam durch Apples mehrstufigen Designprozess zustande, und einige der Schlüsselideen kamen aus ungewöhnlichen Quellen (das Scrollrad war von einem Marketing-Manager, nicht von einem Designer vorgeschlagen worden). Viele der Schlüsselkomponenten waren nicht im Unternehmen entstanden, doch Apple kombinierte diese auf einmalige, innovative Weise. Und er wurde in solcher Geheimhaltung entwickelt, dass nicht einmal Jobs wusste, dass Apple sich den Namen iPod schon als Marke hatte registrieren lassen.

Doch vor allem war der iPod wirklich eine Teamleistung. „Wir hatten eine Menge Brainstorming-Sitzungen", erklärte ein Teilnehmer. „Die Produkte von Apple entstehen sehr organisch. Es gibt massenhaft Sitzungen mit vielen Leuten und einer Menge Ideen. Es ist ein Teamkonzept."[1]

Die digitale Schnittstelle II

Notwendigkeit ist die Mutter der Erfindung. Apple begann, Anwendungssoftware für OS X zu schreiben, weil andere Softwarefirmen zögerten. Daraus ergab sich eine weitere Chance für das Unternehmen.

Im Jahr 2000 führte der iMac die Offensive für Apples Comeback an, doch Jobs' Versuche, die Entwickler zum Schreiben von Software für OS X zu bewegen, stießen auf ein geteiltes Echo.

Jobs' Handel mit Bill Gates stellte sicher, dass Microsoft neue Versionen von Office und Internet Explorer für OS X bereitstellen würde. Doch Adobe, einer der größten Software-Anbieter für den Mac, weigerte sich rundheraus, seine Anwendersoftware für OS X neu zu schreiben.

„Sie sagten geradeheraus Nein", verriet Jobs dem *Fortune*-Magazin. „Wir waren schockiert, weil sie anfangs große Unterstützer des Mac gewesen waren. Doch wir sagten: ‚Okay, wenn uns niemand helfen will, müssen wir es eben alleine machen.'"

Etwa zur selben Zeit begannen die Verbraucher zahlreiche Geräte zu kaufen, die zum Anschließen an den Computer vorgesehen waren – PDAs, Digitalkameras und Camcorder –, doch Jobs' Meinung nach gab es weder

---

1) Persönliches Interview, 2. Oktober 2006.

für den Mac noch für Windows gute Software, um Bilder zu verwalten oder Filme zu bearbeiten.

Jobs dachte, wenn Apple Software schreiben würde, die diese Geräte verbesserte – die zum Beispiel die Videobearbeitung zu Hause leicht machte –, würden die Kunden vielleicht Macs kaufen, um ihre Bilder zu verwalten, Videos zu bearbeiten und Mobiltelefone zu synchronisieren. Der Mac würde zur digitalen Schnittstelle des Hauses werden, zum technologischen Herzstück, das alle diese digitalen Geräte verbindet.

Wie in Kapitel 6 beschrieben, verkündete Jobs bei der Macworld 2001 das dritte große Computerzeitalter. „Dieses Zeitalter ist durch die allgemeine Verbreitung digitaler Geräte gekennzeichnet: CD-Player, MP3-Player, Mobiltelefone, PDAs, digitale Kameras, digitale Camcorder und vieles mehr. Wir sind zuversichtlich, dass der Mac die Schnittstelle dieses neuen digitalen Lebensstils sein kann, indem er den Einsatz der anderen Geräte so erleichtert."[2]

Die digitale Schnittstelle ist eine neue Wendung der alten „Killerapplikation"-Strategie, die seit langer Zeit das Technologiegeschäft bestimmt. Die Kunden kaufen Computer nur selten wegen der Hardware; die Software, die darauf läuft, interessiert sie mehr. Eine exklusive Killer-Applikation reicht meistens, um den Erfolg des Gerätes, auf dem sie läuft, sicherzustellen. Der Apple II war dank VisiCalc, des ersten Tabellenkalkulationsprogramms, ein Renner. Nintendo wurde nur durch seine Super-Mario-Spiele zu einer Größe im Konsolengeschäft. Und der Mac hob erst ab, als Adobe PostScript entwickelte, eine standardisierte Programmiersprache für Dokumente und Drucker, die die Revolution im Desktop-Publishing einleitete.

Jobs' Strategie der digitalen Schnittstelle ist nur teilweise ein Erfolg. Die darauf basierenden Software-Programme – Anwendungen wie iPhoto, iMovie und Garageband – wurden zwar von Kritikern hochgelobt und werden von einigen als die besten Programme überhaupt angesehen, doch für sich genommen haben sie es nicht geschafft, scharenweise neue Mac-User anzuziehen. Sie haben sich nicht als Killer-Applikationen erwiesen.

---

2) Grundsatzrede bei der Macworld 2001.

Dennoch, als Unternehmensstrategie ist die Idee des Computers als digitale Schnittstelle bis heute phänomenal erfolgreich.

Als die meisten Beobachter Apple immer noch mit Microsoft verglichen und nicht über diesen alten Wettstreit hinausblicken konnten, konzentrierte sich Jobs auf die Verbraucher und sah die Revolution der digitalen Unterhaltung heraufziehen. Computer waren nicht mehr nur die Schlüsseltechnologie für den Arbeitsplatz, sie wurden gerade zur Schlüsseltechnologie des Lebens. Aus der Idee der digitalen Schnittstelle entstand Apples Anwendungs-Suite, die zum Lifestyle-Gegenstück der Office-Suite von Microsoft wird. Und wie wir gesehen haben, inspirierte sie auch den iPod, iTunes sowie Apples phänomenal erfolgreiche Handelskette.

Jobs' Fehleinschätzung: Die Leute wollten Musik, nicht Video

Eine der wichtigsten Funktionen des frühen iMac war seine Fähigkeit, per FireWire eine Verbindung zum Camcorder des Kunden herzustellen. FireWire gehört zur Standard-Ausrüstung vieler Camcorder, und der iMac war einer der ersten Computer, die als häusliches Videobearbeitungsstudio benutzt werden konnten.

Jobs interessierte sich seit langem für den Videobereich und dachte, dass der iMac für die Videobearbeitung das Gleiche leisten könne, wie der erste Mac es für das Desktop Publishing getan hatte. Das erste Programm, was für die digitale Schnittstelle geschrieben wurde, war iMovie, eine benutzerfreundliche Video-Bearbeitungs-Software.

Nur leider waren die Konsumenten in den späten 1990er Jahren mehr an digitaler Musik als an digitalen Videos interessiert. Jobs war so sehr mit den Videos beschäftigt, dass er die Anfänge der digitalen Musikrevolution verpasste. Jobs hat den Ruf eines Technologiepropheten. Angeblich hat er die Fähigkeit, die Technologie der Zukunft vorauszusehen – die grafische Benutzeroberfläche, die Maus, schicke MP3-Player –, doch die Millionen Musikliebhaber, die auf Napster und in anderen Filesharing-Netzwerken Milliarden von Dateien austauschten, waren ihm entgangen. Die Benutzer knackten den Kopierschutz ihrer CD-Sammlung und gaben die Musik über das Internet weiter. Um das Jahr 2000 herum begann die Musik von der Stereoanlage in den Computer zu wandern. Die Digitalisierungswelle machte sich besonders in Studentenwohnheimen bemerkbar, und obwohl College-Studenten große Abnehmer von iMacs waren, hatte Apple keine Jukebox-Software zur Verwaltung digitaler Musiksammlungen.

Im Januar 2001 verkündete Apple einen Verlust von 195 Millionen Dollar, der durch einen allgemeinen wirtschaftlichen Abschwung sowie einen starken Rückgang der Umsätze hervorgerufen worden war. Das war der erste und bisher einzige Quartalsverlust seit Jobs' Rückkehr. Ohne CD-Brenner kauften die Kunden keine iMacs mehr. In einer Telefonkonferenz mit Analysten gab Jobs zu, dass Apple „den Zug verpasst" hatte, indem die iMac-Linie nicht mit CD-Brennern ausgestattet worden war.[3] Er war zerknirscht. „Ich fühlte mich wie ein Dummkopf", sagte er später. „Wir hatten das Ziel verfehlt. Wir mussten hart arbeiten, um den Rückstand aufzuholen."[4]

Andere PC-Hersteller dagegen sind rechtzeitig auf den Zug aufgesprungen. Hewlett-Packard zum Beispiel lieferte seine Computer mit CD-Brenner aus, eine wichtige Funktion, die Apple in Zugzwang brachte. Um aufzuholen, kaufte Apple von einem kleinen Unternehmen die Lizenz eines beliebten Musikplayers namens SoundJam MP und warb zugleich deren fähigsten Programmierer, Jeff Robbin, ab. Dieser verbrachte mehrere Monate damit, den Player unter Jobs' Anleitung zu iTunes umzuprogrammieren (hauptsächlich vereinfachte er ihn). Bei der Macworld im Januar 2001 stellte Jobs das Programm der Öffentlichkeit vor.

„Apple hat das getan, was es am besten kann: komplexe Anwendungen leicht bedienbar zu machen und zu verbessern", sagte Jobs der Zuhörerschaft. „Und wir hoffen, dass die drastisch vereinfachte Benutzeroberfläche noch mehr Leuten den Zugang zur digitalen Musikrevolution ermöglicht."

---

3) George, Wes: „Detailed Analysis—Apple Warns: Inventories Still Growing, Lops 20% off 2001 Revenue Forecast". In: macobserver.com, 6. Dezember 2000. (http://www.macobserver.com/article/2000/12/06.10.shtml)
4) Levy, Steven: *The Perfect Thing: How the iPod Shuffles Commerce, Culture, and Coolness.* Simon & Schuster, New York 2007, S. 29.

Während Robbin an iTunes arbeitete, hielten Jobs und sein Vorstandsteam nach passenden Hardware-Geräten Ausschau. Sie fanden, dass Digitalkameras und Camcorder ziemlich gut konzipiert waren, es bei MP3-Playern aber anders aussah. „Die Produkte waren Schrott", sagte Greg Joswiak, der stellvertretende Leiter der Produktmarketing-Abteilung für den iPod gegenüber *Newsweek*.[5]

Digitale Musikplayer waren entweder groß und klobig oder klein und nutzlos. Die meisten hatten ziemlich kleine Speicherchips, entweder 32 oder 64 MB, auf die nur ein paar Dutzend Songs passten – kein großer Vorteil gegenüber billigen portablen CD-Playern.

Doch ein paar wenige Player hatten eine neue 2,5-Inch-Festplatte von Fujitsu. Der beliebteste davon war die Nomad Jukebox des Unternehmens Creative aus Singapur. Sie war etwa so groß wie ein tragbarer CD-Player, aber doppelt so schwer, und versprach somit, bei relativ geringer Größe Tausende Songs speichern zu können. Doch sie hatte ein paar furchtbare Macken: Die Musikstücke mussten manuell über eine USB-1-Schnittstelle vom Computer übertragen werden, was unerträglich langsam vonstatten ging. Die Oberfläche hatten sich Ingenieure ausgedacht (sie war grauenhaft), und die Batterien waren oft nach 45 Minuten leer.

Das war Apples Chance.

„Ich weiß nicht mehr, wessen Idee es war, einen MP3-Player herzustellen, doch Steve griff die Sache ziemlich schnell auf und bat mich, sie mir anzusehen", sagte Jon Rubinstein, ein altgedienter Ingenieur, der über zehn Jahre lang Apples Hardwareabteilung geleitet hat.[6] Der heutige Vorstandsvorsitzende von Palm ist ein großer, schlanker New Yorker Anfang 50, der sich kurz und knapp fasst und immer freundlich lächelt.

Er kam 1997 von NeXT, wo er ebenfalls für die Hardware verantwortlich war. Bei Apple entstanden unter Rubinsteins Leitung eine ganze Reihe bahnbrechender Geräte vom ersten bondi-blauen iMac über die Worksta-

---

5) Levy, Steven: „iPod Nation". In: *Newsweek,* 26. Juli 2004. (http://www.newsweek.com/id/504529)
6) Jon Rubinstein, persönliches Interview, September 2006.

tions mit Wasserkühlung bis hin zum iPod. Als Apple sich 2004 in eine iPod- und eine Macintosh-Abteilung aufteilte, wurde Rubinstein der iPod-Teil unterstellt, was zeigt, wie wichtig sowohl der iPod als auch er für Apple waren.

Das Apple-Team wusste, dass es die meisten Probleme des Nomad lösen konnte. Mit seiner FireWire-Verbindung konnten Songs schnell vom Computer auf den Player übertragen werden: eine ganze CD in wenigen Sekunden, eine riesige MP3-Bibliothek innerhalb von Minuten. Und dank der rapide wachsenden Mobiltelefonindustrie kamen ständig neue Akkus und Displays auf den Markt. Das sind Jobs' „Zeitvektoren" – er achtet darauf, welche nützlichen technologischen Neuerungen bevorstehen. Zukünftige Versionen des iPod würden von den Fortschritten der Mobiltelefon-Technologie profitieren können.

Anlässlich der Macworld in Tokio im Februar 2001 war Rubinstein für ein Arbeitstreffen bei Toshiba, Apples Festplattenlieferant, zu Gast, und die Vorstände zeigten ihm eine winzige neue Festplatte, die sie gerade entwickelt hatten. Sie hatte nur einen Durchmesser von 4,5 Zentimetern – war also wesentlich kleiner als die 6,5-Zentimeter-Variante von Fujitsu, die in den anderen Playern steckte –, doch bei Toshiba hatte man keinerlei Vorstellung, was man damit anfangen konnte. „Sie sagten, sie wüssten nicht, was sie damit tun sollten. Sie überlegten, sie für ein kleines Notebook zu verwenden", erinnerte sich Rubinstein. „Ich kam zurück zu Steve und sagte: ,Ich weiß, wie wir es machen. Ich habe alle Teile zusammen.' Er sagte: ,Leg los.'"

„Jon ist sehr gut darin, die Qualität einer neuen Technologie unglaublich schnell zu beurteilen", sagte Joswiak gegenüber dem *Cornell Engineering* Magazin. „Der iPod ist ein großartiges Beispiel dafür, dass Jon das Potenzial einer technologischen Entwicklung erkannt hat: diese sehr kleine genormte Festplatte."

Rubinstein wollte die Ingenieure, die an den neuen Macs arbeiteten, nicht ablenken, deswegen stellte er im Februar 2001 einen Berater, den Ingenieur Tony Fadell, ein, um die Details auszutüfteln. Fadell hatte eine Menge Erfahrung mit mobilen Produkten: Er hatte zahlreiche Geräte für General Magic und für Philips entwickelt. Ein gemeinsamer Bekannter gab seine Telefonnummer an Rubinstein weiter. „Ich rief Tony an", sagte Rubinstein. „Er befand sich gerade im Skiurlaub. Bis er hier zur Tür hereinkam, wusste er nicht, woran er arbeiten würde."

Jobs wollte den Player bis Herbst in die Läden bringen, rechtzeitig zum Weihnachtsgeschäft. Fadell wurde ein kleines Team von Ingenieuren und Designern unterstellt, die das Gerät rasch zusammenbauten. Der iPod wurde unter einem Mantel extremer Geheimhaltung gebaut, sagte Rubinstein. Von Anfang bis Ende wussten von den 7.000 Mitarbeitern, die damals in der Apple-Firmenzentrale arbeiteten, nur etwa 50 bis 100 von der Existenz des iPod-Projekts. Um das Projekt so schnell wie möglich abzuschließen, wurden so viele Standard-Teile wie möglich verwendet: die Festplatte von Toshiba, der Akku von Sony und einige Steuerungschips von Texas Instruments.

Der Bauplan der Hardware basierte auf einem Player, der von einem Silicon-Valley-Startup namens PortalPlayer gekauft worden war. Dieses arbeitete an sogenannten Referenzdesigns mehrerer digitaler Abspielgeräte, unter anderem einem Player in Normalgröße für das Wohnzimmer und einem portablen Player von der Größe einer Zigarettenschachtel.

Doch das Team griff auch stark auf die Kompetenzen im eigenen Hause zurück. „Wir mussten nicht von vorne anfangen", sagte Rubinstein. „Uns steht eine Hardware-Konstruktionsgruppe zur Verfügung. Wir benötigen eine Stromversorgung, und wir haben eine Stromversorgungsgruppe. Wir brauchen ein Display, und wir haben eine Displaygruppe. Wir verwendeten das Konstruktionsteam. Dieses Produkt ist durch die Technologien, die wir bereits im Haus hatten, in hohem Maße verbessert worden."

Das kniffligste Problem war die Akkulaufzeit. Wenn das Festplattenlaufwerk in Bewegung blieb, während die Musik abgespielt wurde, wäre der Akku schnell leer. Die Lösung war, mehrere Tracks zugleich in den Arbeitsspeicher zu laden, der sehr viel weniger Energie verbrauchte. Die Festplatte konnte zum Stillstand kommen, bis weitere Songs gebraucht wurden. Andere Hersteller verwendeten einen ähnlichen Aufbau, um Unterbrechungen in der Wiedergabe zu vermeiden. Der erste iPod hatte bereits einen 32-Megabyte-Arbeitsspeicher, der die Akku-Laufzeit von zwei oder drei auf zehn Stunden verlängerte.

Weil alle Einzelteile vorlagen, ergab sich die äußere Form des iPod von selbst. Alle Teile passten ganz natürlich zusammen in ein dünnes Gehäuse von der Größe eines Kartenspiels.

„Manchmal sind die Dinge schon allein aufgrund der Materialien, aus denen sie gemacht sind, vollkommen klar. Und diesmal war das der Fall", sagte Rubinstein. „Es war offensichtlich, wie das Gerät aussehen würde, wenn man es zusammenbaut."

Und dennoch baute Apples Designgruppe unter der Leitung von Jonathan Ive einen Prototyp nach dem anderen. Ives Designgruppe arbeitete eng mit den Herstellern und Ingenieuren zusammen und verfeinerte und optimierte das Design dabei kontinuierlich.

Um die Fehlerbehebung zu vereinfachen, wurden die ersten iPod-Prototypen in Schuhkarton-großen Polykarbonat-Boxen, genannt „stealth units" (Deutsch etwa „Geheimhaltungseinheiten", Anm. d. Ü.), gebaut. Wie sehr viele andere Silicon-Valley-Unternehmen ist auch Apple Opfer von Industriespionage durch Rivalen, die nur zu gern einen Blick auf das werfen würden, woran gerade gearbeitet wird.

Einige Beobachter vermuteten, dass die Polykarbonat-Boxen die Prototypen vor den Blicken von Möchtegern-Spionen schützen sollen. Doch den Ingenieuren zufolge haben die Boxen rein funktionale Gründe: Sie sind groß und zugänglich und erleichtern die Fehlersuche, wenn es ein Problem gibt.

Um bei der Software-Entwicklung des iPod Zeit zu sparen, wurde ebenfalls ein vorhandenes einfaches Betriebssystem eingebracht, das als Basis verwendet wurde. Die Software wurde von Pixo, einem von Paul Mercer gegründeten Silicon-Valley-Startup, eingekauft. Mercer hatte früher bei Apple als Ingenieur am Newton mitgearbeitet und entwickelte nun mit seiner Firma ein Betriebssystem für Mobiltelefone. Die Pixo-Software bewegte sich auf sehr niedrigem Niveau: Sie konnte Dinge wie Anfragen an die Festplatte nach Musik-Dateien verarbeiten. Auch enthielt sie die Bibliotheken mit Befehlen zum Zeichnen von Linien oder Kästen auf einem Display, die zum Aufbau von Oberflächen notwendig waren. Eine fertige Benutzeroberfläche war jedoch noch nicht dabei. Apple baute die gefeierte Benutzeroberfläche des iPod auf der Basis von Pixos einfachem System.

Die Idee für das Scrollrad kam von Apples Marketingchef Phil Schiller, der in einem der ersten Meetings entschieden sagte: „Das Rad ist das richtige Eingabegerät für dieses Produkt." Ein weiterer Vorschlag Schillers war, dass man sich schneller durch die Menüs bewegen solle, je länger man am Rad dreht – ein Geniestreich, der gegenüber dem quälenden Gebrauch der Konkurrenzprodukte einen echten Vorteil darstellt. Die Idee des Scrollrads wäre vielleicht nicht entstanden, wenn Apple den traditionellen stufenweisen Designprozess verfolgt hätte.

Das Scrollrad des iPod war dessen auffälligste Neuerung. Ein Rad zu verwenden, um einen MP3-Player zu steuern, war damals etwas vollkommen Neues, funktionierte aber überraschend gut. Konkurrierende MP3-Player verwendeten normale Knöpfe. Das Scrollrad scheint wie in einem magischen Schöpfungsakt entstanden zu sein. Warum ist vorher niemandem eine derartige Steuerungsvorrichtung eingefallen? Allerdings ist Schillers Scrollrad nicht vom Himmel gefallen, Scrollräder sind in der Elektronik ziemlich weit verbreitet, beispielsweise an Mäusen oder an der Seite von Palm Pilots. Die BeoCom-Telefone von Bang&Olufsen haben für die Navigation der Ruflisten und Kontakte ein Eingabegerät, das einem sehr bekannt vorkommt. Bereits 1983 hatte der Arbeitsplatzrechner Hewlett-Packard 9836 eine Tastatur mit einem ähnlichen Rat, mit dem man sich durch Texte bewegen konnte.

Was die Software angeht, so beauftragte Jobs den Programmierer Jeff Robbin damit, die Entwicklung der Benutzeroberfläche des iPods sowie die Interaktion mit iTunes zu beaufsichtigen. Entworfen wurde die Oberfläche durch den Designer Tim Wasko, der bereits für die saubere, einfache Oberfläche von Apples Quicktime-Player verantwortlich gewesen war. Wie die Hardware-Designer lieferte Wasko einen Entwurf nach dem anderen ab. Er präsentierte die Varianten auf riesigen Hochglanz-Ausdrucken, die auf einem Konferenztisch verteilt wurden und so rasch sortiert und diskutiert werden konnten.

„Ich erinnere mich daran, wie ich mit Steve und einigen anderen Leuten Abend für Abend bis ein Uhr nachts zusammengesessen und die Benutzeroberfläche des ersten iPod ausgearbeitet habe", sagte Robbin. „Im Trial-and-Error-Verfahren wurde das Ganze Tag für Tag, Stück für Stück verein-facht. Eines Tages sahen wir einander an und sagten: ‚Ja, natürlich. Wieso sollte man es irgendwie anders machen?' Da wussten wir, dass wir am Ziel waren."[7] Wie Jonathan Ives Hardware-Prototypen wurde die intuitive Benutzeroberfläche des iPod durch einen mehrstufigen Trial-and-Error-Prozess erreicht.

Jobs bestand darauf, dass der iPod und iTunes perfekt miteinander funk-tionierten und dass viele Funktionen automatisiert wurden, besonders die Übertragung von Songs. Das Vorbild war die HotSync-Software von Palm, die den Palm Pilot automatisch aktualisiert, sobald er angeschlossen wird. Die Benutzer sollten ihren iPod an den Computer anschließen und damit Songs automatisch auf den Player laden können – ohne dass ein manuel-les Eingreifen erforderlich ist. Diese Bequemlichkeit in der Benutzung ist eines der großen Erfolgsgeheimnisse des iPod. Gegenüber früheren Playern machten iPod und iTunes die Verwaltung einer digitalen Musik-sammlung viel einfacher. Bei den meisten anderen Playern musste der Be-nutzer vieles selbst tun. Um Songs zu laden, mussten sie diese manuell auf ein Icon ihres MP3-Players ziehen. Das war lästig und ging den meisten Leuten auf die Nerven. Der iPod änderte dies. Gegenüber dem *Fortune*-Magazin fasste Jobs die leichte Funktionsweise des iPod in fünf Worten zu-sammen: „Schließ ihn an. Brrrrrrrrrrrt. Fertig."[8]

Wie der iPod zu seinem Namen kam

Während Apples Ingenieure die Hardware fertigstellten und Robbin mit seinen Leuten an der iTunes-Software arbeitete, machte sich ein freier Texter Gedanken um einen Namen für das neue Gerät. Der Name iPod wurde von Vinnie Chieco, einem Freiberufler aus San Francisco, angebo-ten, und Jobs hatte ihn ursprünglich abgelehnt.

---

7) Schlender, Brent: „How Big Can Apple Get? ". In: *Fortune,* 21. Februar 2005.
8) Schlender, Brent: „Apple's 21st-century Walkman CEO Steve Jobs thinks he has some-thing pretty nifty. And if he's right, he might even spook Sony and Matsushita". In: *Fortune,* 12. November 2001. (http://money.cnn.com/magazines/fortune/fortune_archive/2001/11/12/ 313342/index.htm)

Chieco wurde von Apple beauftragt, zusammen mit einem kleinen Team herauszufinden, wie man den neuen MP3-Player der allgemeinen Öffentlichkeit, und nicht nur ein paar Computerfreaks, nahebringen konnte. Zu der Aufgabe gehörte, einen Namen für das Gerät zu finden sowie Werbe- und Infomaterial, das die Vorzüge des Gerätes darlegte, zu entwickeln.

Chieco beriet sich mehrere Monate lang mit Apple und traf Jobs während der Arbeit am iPod teilweise zwei- bis dreimal wöchentlich. Das Viererteam arbeitete unter strenger Geheimhaltung und traf sich in einem kleinen, fensterlosen Büro im obersten Stockwerk des Gebäudes, das Apples Grafikdesignabteilung beherbergt. Der Raum hatte ein elektronisches Schloss, und nur vier Leute hatten Zugangsschlüssel, darunter Jobs. In dem Raum gab es einen großen Konferenztisch und einige Computer. Einige Ideen waren an die Wand geheftet worden.

Die Grafikdesignabteilung ist unter anderem für den Entwurf von Apples Produktverpackungen, Broschüren, Werbebannern und Ladenbeschilderung zuständig. Innerhalb von Apples Organisationsstruktur nimmt die Grafikabteilung eine privilegierte Position ein: Sie erfährt oft wesentlich vor dem Produktstart von Apples geheimen Produkten. Um die Geheimhaltung zu wahren, ist Apple in viele Abteilungen unterteilt. Wie bei einem Geheimdienst erfahren die Mitarbeiter nur das, was sie unbedingt wissen müssen. Viele Abteilungen wissen über kleine Einzelheiten neuer Produkte Bescheid, doch nur das Vorstandsteam kennt alle Details.

Um die Verpackungen und Ladenschilder rechtzeitig fertigstellen zu können, erfahren die Künstler und Designer der Grafikabteilung oft als Erste gleich nach dem Vorstandsteam Details über neue Produkte. Beispielsweise erfuhr die Grafikabteilung innerhalb von Apple mit als Erstes den Namen des iPod, damit die Verpackung vorbereitet werden konnte. Die übrigen am iPod beteiligten Gruppen – einschließlich des Hardware- und des Software-Teams – kannten das Gerät nur unter seinem Codenamen: „Dulcimer". Sogar innerhalb der Grafikabteilung wurden die Informationen streng rationiert. Die Abteilung hat etwa 100 Mitarbeiter, doch nur eine kleine Untergruppierung – etwa 20 bis 30 Leute – wussten überhaupt von der Existenz des iPod, geschweige denn alle Details. Der Rest der Abteilung erfuhr erst vom iPod, als Jobs ihn im Oktober 2001 vor der Presse enthüllte.

Während des Namensfindungsprozesses entschied sich Jobs für den deskriptiven Werbespruch: „1000 Songs in deiner Tasche". Dieser Werbespruch befreite den Namen von dem Zwang, erklärend zu sein. Er musste nicht unbedingt einen Bezug zur Musik oder zu Songs geben. Bei der Beschreibung des Players bezog sich Jobs ständig auf Apples Strategie der digitalen Schnittstelle. Der Mac ist eine Schnittstelle oder ein zentraler Verbindungspunkt für eine Reihe von Geräten, was Chieco dazu anregte, über Schnittstellen nachzudenken: Objekte, mit denen sich andere Dinge verbinden.

Die ultimative Schnittstelle, fand Chieco, wäre ein Raumschiff. Man konnte ein Raumschiff mit einem kleineren Schiff (engl. „pod", Anm. d. Ü.) verlassen, doch dieses musste zum Auftanken und Auffüllen der Vorräte zum Mutterschiff zurückkehren. Schließlich wurde Chieco der Prototyp des iPod mit seiner Vorderseite aus gänzlich weißem Plastik gezeigt. „Sobald ich den weißen iPod sah, dachte ich an den Film *2001 - Odyssee im Weltraum*", sagte Chieco. „,Open the pod bay door, Hal!'" („Öffne die Tür zum Schiff, Hal!", Anm. d. Ü.)

Dann musste nur noch das Präfix „i" ergänzt werden – wie beim iMac. Laut Apple stand das „i" ursprünglich für „Internet". Doch das ergibt heute, wo das Präfix für so viele unterschiedliche Produkte vom iPhone bis hin zur Software iMovie verwendet wird, keinen Sinn mehr. Einige verstehen das „i" auch als englische erste Person, wodurch auf die persönliche Natur von Apples Produkten verwiesen würde.

Chieco präsentierte Jobs den Namen zusammen mit mehreren Dutzend auf Karteikarten geschriebenen Alternativen. Er lehnte es ab, mir irgendwelche der übrigen Namensalternativen, die zur Diskussion standen, zu nennen. Als Jobs die Karteikarten einzeln durchging, machte er zwei Stapel, einen für abgelehnte Vorschläge, einen für Kandidaten. Die iPod-Karte wanderte in den abgelehnten Stapel. Doch am Ende der Sitzung fragte Jobs die vier Anwesenden nach deren Meinung. Chieco griff über den Tisch und zog die iPod-Karte wieder hervor. „Die Art und Weise, wie Steve die ganze Sache erklärt hatte, schien mir zu dem Namen zu passen", sagte Chieco. „Es war die perfekte Analogie. Es war sehr logisch. Außerdem war es ein guter Name." Jobs sagte Chieco, er würde darüber nachdenken.

Nach der Sitzung begann Jobs, mehrere der potentiellen Namen an Leuten von innerhalb und außerhalb des Unternehmens, denen er vertraute, auszuprobieren. „Er warf mit einer Menge Namen um sich", sagte Chieco. „Er hatte viele Varianten. Er fragte herum." Ein paar Tage später teilte Jobs Chieco mit, dass er sich zugunsten von iPod entschieden habe. Er erläuterte das nicht näher. Er sagte Chieco einfach: „Ich habe über den Namen nachgedacht. Er gefällt mir. Es ist ein guter Name." Eine Quelle bei Apple, die nicht genannt werden möchte (weil sie ihren Job nicht verlieren will), bestätigte Chiecos Geschichte.

Athol Foden, ein Namensgebungs-Experte und Chef des Unternehmens Brighter Naming in Mountain View, Kalifornien, weist daraufhin, dass Apple sich den Namen iPod bereits am 24.7.2000 als Marke für einen Internet-Kiosk, ein Projekt, das nie das Tageslicht erblickte, hat eintragen lassen. Apple registrierte den Namen iPod laut Akteneintrag für „einen öffentlichen Internet-Kiosk, der Computerzubehör anbietet".

Foden bemerkte, dass der Name „iPod" mehr zu einem Internet-Kiosk passt, den man als „Schiff" für einen Menschen betrachten kann, als für einen MP3-Player. „Sie stießen in ihrer Sammlung registrierter Markennamen auf ‚iPod'", sagte er. „Wenn man an das Produkt denkt, passt das nicht so richtig. Aber das macht nichts. Er ist kurz und griffig."

Foden hält den Namen für einen Geniestreich: Er ist einfach, bleibt im Gedächtnis und, ganz besonders wichtig, beschreibt das Gerät nicht, so dass er, falls sich die Technologie weiterentwickelt oder sich gar die Funktionen des Gerätes ändern, weiterhin verwendet werden kann. Auch er verwies auf die doppelte Bedeutung des „i"-Präfixes, für „Internet" wie in iMac oder für „I" im Sinne von „Ich".

Chieco war überrascht, als ich ihm sagte, Apple habe den Namen iPod schon zuvor registriert gehabt. Es war ihm nicht bewusst und Steve Jobs offensichtlich ebenso wenig. Chieco sagte, der Internet-Kiosk müsse ein Zufall sein. Er vermutete, dass vielleicht ein anderes Apple-Team den Namen für das andere Projekt registriert habe, aber dies wegen des Hangs zur Geheimhaltung bei Apple niemandem bewusst gewesen sei.

Am 23.10.2001, etwa fünf Wochen nach den Ereignissen des 11. September, stellte Jobs das fertige Produkt im Rahmen einer besonderen Veranstaltung in Apples Firmenzentrale vor. „Dies ist ein großer Durchbruch", ließ Jobs die versammelten Journalisten wissen.

Und er hatte recht. Der erste iPod sieht aus heutiger Sicht primitiv aus: eine große, weiße Zigarettenschachtel mit einem eckigen Schwarz-Weiß-Display. Doch alle sechs Monate hat Apple das Gerät verbessert, aktualisiert und erweitert, so dass es heute eine ganze Familie verschiedener Modelle vom schlichten iPod Shuffle bis zum luxuriösen iPhone gibt.

Das Resultat: Bis April 2007 wurden mehr als 100 Millionen Stück verkauft, knapp die Hälfte seiner explodierenden Umsätze macht Apple mit dem iPod. Bis Ende 2008 kann das Unternehmen voraussichtlich die Marke von 200 Millionen und bis Ende 2009 300 Millionen Stück erreichen. Einige Analysten schätzen, dass vom iPod 500 Millionen Stück verkauft werden können, bis der Markt gesättigt ist. All das würde den iPod zu einem Anwärter auf den größten Elektronik-Verkaufshit aller Zeiten machen. Vom gegenwärtigen Rekordhalter, dem Walkman von Sony, wurden während dessen fünfzehnjähriger Herrschaft in den 1980er und frühen 1990er Jahren 350 Millionen Einheiten verkauft.

Der vielleicht wichtigste Aspekt beim Erfolg des iPods ist die totale Kontrolle, die Jobs über das Gerät ausübte: über Hardware, Software und den Online-Musicstore. Die vollständige Kontrolle ist der Schlüssel zur Funktionalität, Benutzerfreundlichkeit und Zuverlässigkeit des iPods. Und sie wird für die Zukunft von Apple im mächtig hereinbrechenden Zeitalter der digitalen Unterhaltung entscheidend sein, wie wir im nächsten Kapitel sehen werden.

Steves Lehren

- *Wenn Sie den Zug verpassen, müssen Sie sich anstrengen, um aufzuholen.* Jobs verpasste den Anfang der digitalen Musikrevolution, holte aber schnell auf.
- *Suchen Sie nach Gelegenheiten.* Apple war nicht im Abspielgeräte-Geschäft, doch Jobs hielt nach Marktlücken Ausschau.
- *Suchen Sie nach „Zeitvektoren" – größeren Veränderungen auch außerhalb der Branche, die Sie zu Ihrem Vorteil nutzen können.* Der iPod profitierte in hohem Maße von Verbesserungen von Batterien und Displays, die aus der Mobiltelefonbranche hervorgingen.
- *Setzen Sie Fristen.* Jobs wollte den iPod im Herbst in den Läden sehen. Das waren sechs Monate, um ihn marktreif zu machen. Das war strapaziös, aber notwendig.
- *Kümmern Sie sich nicht darum, wo die Ideen herkommen.* Phil Schiller, Apples Marketingchef, schlug das Scrollrad des iPod vor. Bei anderen Unternehmen würde ein Marketingmitarbeiter nicht einmal bei einer Produktentwicklungssitzung dabei sein.
- *Kümmern Sie sich nicht darum, wo die Technik herkommt – es kommt auf die Kombination an.* Der iPod ist mehr als die Summe seiner Teile.
- *Greifen sie auf vorhandene Stärken zurück.* Fangen Sie nie ganz von vorn an – Apples Stromversorgungsteam kümmerte sich um den Akku, die Programmierer arbeiteten an der Oberfläche. Sechs Monate bis zur Marktreife wäre eine unmögliche Frist gewesen, wenn Apple das Rad neu erfunden hätte.
- *Vertrauen Sie Ihren Abläufen.* Der iPod war kein plötzlicher Geistesblitz und keine einzelne bahnbrechende Idee. Er ging aus Apples altbewährtem und sich wiederholendem Designprozess hervor.
- *Haben Sie keine Angst vor „Trial and Error".* Wie Jonathan Ives zahllose Prototypen wurde auch die bahnbrechende Benutzeroberfläche des iPods mithilfe von „Trial and Error" entwickelt.
- *Beziehen Sie das Team mit ein.* Der iPod hat keinen alleinigen Urheber, es gibt keinen einzelnen „Podfather". Es ist nie nur eine Person – der Erfolg hat immer viele Väter.

Kapitel 8

Das ganze System kontrollieren

„Ich wollte immer die Haupttechnologie dessen, was wir tun, besitzen und kontrollieren."

– Steve Jobs

1984 wurde Steve Jobs' Erfindung – der erste Macintosh-Computer – ohne internen Lüftungsventilator ausgeliefert. Das Geräusch eines Ventilators machte Jobs verrückt, also bestand er darauf, dass der Mac keinen haben sollte, obwohl seine Ingenieure hartnäckig dagegen protestierten (und in spätere Modelle sogar ohne sein Wissen Lüfter einbauten). Um die Überhitzung ihrer Rechner zu vermeiden, kauften die Kunden einen „Mac-Kamin" – eine Art Ofenrohr aus Pappe, das man oben auf dem Rechner platzierte und das durch Konvektion Hitze nach außen transportierte. Der Kamin sah lächerlich aus – wie eine Narrenkappe –, bewahrte die Rechner aber vor dem Schmelzen.

Jobs ist ein kompromissloser Perfektionist, eine Eigenschaft, die ihn und die von ihm gegründeten Unternehmen zu einer ungewöhnlichen Arbeitsweise führte: die genaue Kontrolle über Hardware, Software und die Dienste, die durch sie zugänglich gemacht werden, aufrechtzuerhalten. Vom ersten Tag an hat Jobs immer vollständig geschlossene Geräte produziert. Vom ersten Mac bis zum neuesten iPhone waren Jobs' Systeme immer komplett versiegelt, um deren Nutzer am eigenmächtigen Basteln und Modifizieren zu hindern. Selbst die Software ist schwer anzupassen.

Diese Herangehensweise ist für eine Branche, in der Hacker und Ingenieure dominieren, die ihre Technologie gern personalisieren, ungewöhnlich. In den von Microsoft dominierten Zeiten günstig verfügbarer Hardware-Bauteile wurde sie sogar als ärgerliche Einschränkung empfunden. Heute wollen die Verbraucher jedoch gut gemachte, leicht bedienbare digitale Geräte für Musik, Fotografie und Video. Jobs' Beharrlichkeit, „die ganze Sache" zu kontrollieren, ist in der Hightech-Branche zum neuen Mantra geworden. Selbst Bill Gates, der Vorreiter des gegenteiligen Ansatzes, ist umgeschwenkt und ahmt Jobs nach. Microsoft bringt neuerdings neben Software auch Hardware auf den Markt – Zune und die Xbox bilden das Zentrum von Microsofts eigener „digitaler Schnittstelle". Das ganze System zu kontrollieren, mag während der vergangenen 30 Jahre das falsche Modell gewesen sein, für die kommenden 30 Jahre – das Zeitalter der digitalen Unterhaltung – ist es jedenfalls das Richtige.

In dieser neuen Ära machen Hollywood und die Musikindustrie CDs und DVDs durch Filme und Musikstücke übers Internet zugänglich, und die Konsumenten wollen zum Abspielen leicht bedienbare Unterhaltungselektronik wie den iPod. Steve Jobs' Modell liefert sie ihnen. Apples Trumpfkarte ist, dass das Unternehmen seine eigene Software machen kann, vom Mac-Betriebssystem bis hin zu Anwendungen wie iPhoto und iTunes.

Jobs als Kontrollfreak

Jobs ist ein unglaublicher Kontrollfreak. Er kontrolliert Apples Software, Hardware, Design, Marketing und Apples Online-Angebote. Er kontrolliert jeden Aspekt der Unternehmensabläufe, von den Mahlzeiten, die die Angestellten erhalten, bis hin zu der Frage, wie viel diese ihren Familien über ihre Arbeit verraten dürfen (fast nichts).

Vor Jobs' Rückkehr war das Unternehmen berühmt für seine Entspannt-heit. Die Mitarbeiter kamen später und gingen früher. Sie faulenzten auf der Rasenfläche des Hofes, spielten Hacky-Sack oder warfen die Frisbee-Scheibe für ihre Hunde. Doch Jobs implementierte rasch neue Regeln und eine neue Strenge. Das Rauchen und das Mitbringen von Hunden wurden verboten, und im Unternehmen herrschte ein neues Gefühl von Dring-lichkeit und Fleiß.

Einige Leute unterstellen, dass Jobs bei Apple die Zügel so straff hält, um nicht wieder verdrängt zu werden. Beim letzten Mal, als er die Kontrolle an seinen vermeintlichen Freund und Verbündeten John Sculley abtrat, warf ihn dieser aus dem Unternehmen. Andere spekulieren, Jobs' Kont-rollversessenheit sei eine Folge seiner Adoption als Kind. Sein Wunsch, zu kontrollieren, sei eine Reaktion auf die Hilflosigkeit, von seinen leiblichen Eltern verlassen worden zu sein. Doch wie wir gesehen haben, wirkt sich seine Kontrollsucht in letzter Zeit günstig auf das Geschäft sowie auf die Entwicklung verbraucherfreundlicher Geräte aus. Die enge Aufsicht über Hardware und Software macht sich in Benutzerfreundlichkeit, Sicherheit und Zuverlässigkeit bezahlt.

Was auch immer der Ursprung für Jobs' Tendenz zum Kontrollieren ist, sie ist jedenfalls legendär. In früheren Jahren stritt er sich mit seinem Freund und Apple-Mitbegründer Steve Wozniak, der unbedingt für offene, zu-gängliche Rechner war. Wozniak, der ultimative Hacker, wollte Computer, die man leicht öffnen und umbauen konnte. Jobs wollte das genaue Ge-genteil: Computer, die fest verschlossen und nicht zu verändern waren. Die ersten Macs, die Jobs weitgehend ohne Wozniaks Hilfe konzipierte, waren mit Spezialschrauben versiegelt, die man nur mit einem speziellen 30 cm langen Schraubenzieher öffnen konnte.

In jüngerer Zeit schloss Jobs Softwareentwickler vom iPhone aus, jeden-falls zu Beginn. In den Wochen nach Jobs' Einführung des iPhone gab es einen Sturm der Entrüstung von Bloggern und Fachleuten, die wild dage-gen wetterten, dass das iPhone eine geschlossene Plattform war. Keine Fremdsoftware würde auf ihm laufen. Das iPhone war kurz davor, zu ei-nem der größten Unterhaltungselektronik-Hits der jüngeren Geschichte zu werden, doch für die Softwarebranche war es eine verbotene Frucht. Anwendungen Dritter waren mit Ausnahme von Internetprogrammen, die über den Browser des Telefons liefen, verboten. Viele Kritiker sagten, die Softwareentwickler auf diese Weise auszuschließen, sei typisch für Jobs' Hang zum Kontrollieren. Er wollte nicht, dass irgendwelche schmierigen Programmierer die vollkommene Welt seines Erzeugnisses ruinierten.

„Jobs ist ein willensstarker, elitärer Künstler, der seine Kreationen nicht von unwürdigen Programmierern verschandeln lassen möchte", schrieb Dan Farber, Chefredakteur von ZDNet. „Das wäre, als wenn irgendjemand einfach ein paar Pinselstriche an einem Picasso-Gemälde hinzufügen oder den Text eines Bob-Dylan-Songs verändern würde."[1]

Kritiker hielten das Ausschließen von Fremdsoftware für einen schwerwiegenden Fehler. Es würde das iPhone seine Killerapplikation kosten – die entscheidende Anwendung, die das Gerät zu einem Muss machen würde. In der Geschichte des PCs war der Erfolg einer Hardware oft von einer exklusiven Software-Anwendung abhängig: VisiCalc beim Apple II, Aldus Pagemaker und das Desktop Publishing beim Mac, Halo bei der Xbox.

Jobs' strategische Entscheidung, das iPod-/iTunes-Ökosystem vor potentiellen Partnern zu verschließen, wurde von Fachleuten ebenfalls als Beispiel für seinen Wunsch gesehen, die Kontrolle zu behalten. Kritiker verlangten, dass Jobs iTunes-Lizenzen an die Konkurrenz vergeben sollte, wodurch online bei iTunes gekaufte Songs auf fremdproduzierten MP3-Playern abgespielt werden könnten. Gegenwärtig können bei iTunes gekaufte Songs wegen des in den Dateien enthaltenen Kopierschutzes (genannt Digital Rights Management, DRM) nur auf iPods abgespielt werden.

Andere haben das Gegenteil vorgeschlagen: Jobs sollte den iPod für das konkurrierende Windows-Media-Format von Microsoft öffnen. WMA ist das Standardformat für Musikdateien auf Windows-PCs. CDs, die auf einem Windows-PC gerippt wurden, oder Musikstücke, die in Online-Shops wie Napster oder Virgin Digital gekauft wurden, sind normalerweise im WMA-Format gespeichert. (Im Augenblick importieren der iPod und

---

1) Farber, Dan: „Steve Jobs, the iPhone and Open Platforms", In: ZDnet.com, 13. Januar 2007.

iTunes WMA-Dateien und konvertieren diese in das vom iPod bevorzugte Format: AAC.)

Natürlich wurde auch Jobs' Weigerung, iPod und iTunes gegenüber den Microsoft-Formaten oder Kooperationspartnern zu öffnen, mit Jobs' extremem Kontrollzwang in Verbindung gebracht. Rob Glaser, der Gründer und Chef von RealNetworks, das den konkurrierenden Rhapsody Musikservice anbietet, äußerte gegenüber der *New York Times*, dass Jobs die wirtschaftliche Vernunft seiner „Ideologie" opfere. 2003 sagte Glaser: „Es ist bereits heute absolut klar, dass Apple in fünf Jahren bei Playern einen Marktanteil von drei bis fünf Prozent haben wird. (...) Die Weltgeschichte hat gezeigt, dass Hybridisierung bessere Resultate hervorbringt."[2]

Glaser und andere Kritiker sahen klare Parallelen zu dem alten Krieg Windows gegen Mac: Apples Weigerung, den Mac zu lizensieren, kostete das Unternehmen seinen riesigen Vorsprung auf dem Computermarkt. Während Microsoft allen Herstellern Lizenzen seines Betriebssystems gab und so rasch eine dominierende Marktposition erreichte, behielt Apple seine Spielzeuge für sich. Obwohl der Mac viel ausgereifter war als Windows, war er zu einer Nischenexistenz am Markt verurteilt.

Einige Kritiker prophezeien, dass iPod und iTunes das gleiche Schicksal droht. Jobs' Weigerung, Kooperationsbereitschaft zu zeigen, wird Apple im Bereich der digitalen Musik die gleichen Prügel bescheren, die es auf dem PC-Markt erhalten hat. Beobachter sind der Meinung, dass am Ende offene, an jeden Interessenten lizensierte Systeme wie Microsofts PlayForSure, das von Dutzenden von Online-Musikgeschäften und Herstellern von MP3-Playern übernommen wurde, Apples Alleingangs-Ansatz schlagen wird. Kritiker sagten, Apple würde einem rauen Wettbewerb gegenüberstehen, der automatisch aus einem offenen Markt hervorgeht. Konkurrierende Hersteller, die einander im Preis und in der Funktionalität übertrumpfen wollten, würden die Preise kontinuierlich nach unten schrauben und zugleich ihre Geräte verbessern. Apple dagegen würde in sein eigenes Wolkenkuckucksheim der teureren Player, die nur Songs aus dem eigenen Laden abspielen konnten, eingeschlossen sein. Für Kritiker

---

2) Walker, Rob: „The Guts of a New Machine". In: *New York Times Magazine,* 30. November 2003. (http://www.nytimes.com/2003/11/30/magazine/30IPOD.html)

war es dasselbe Spiel wie immer bei Steve Jobs: Sein Wunsch, alles für sich zu behalten, würde den iPod zum Scheitern verurteilen. Microsoft mit seinen Legionen an Kooperationspartnern würde mit dem iPod das Gleiche tun, wie es mit dem Mac getan hatte.

Und mit der Markteinführung des iPhone, das sich ursprünglich ebenfalls fremden Softwareentwicklern verschloss, wurden die gleichen Kritiker wieder auf den Plan gerufen. Auf dem iPhone liefen eine Handvoll Anwendungen von Apple und Google wie GoogleMaps, iPhoto und iCal. Anwendungen von Drittanbietern war der Zugang versperrt.

Der Wunsch der Entwickler, ihre Programme auf das Gerät zu bekommen, war von Beginn an offensichtlich. Innerhalb von Tagen nach seiner Veröffentlichung war das iPhone von tatkräftigen Hackern geknackt worden, sodass die Besitzer Fremdanwendungen auf das Telefon laden konnten. Ein paar Wochen später gab es bereits über 200 Anwendungen für das iPhone, unter anderem innovative Spiele und clevere Programme zur Adresssuche.

Doch der Hacker-Zugang basierte auf einer Sicherheitslücke, die Apple rasch mit einem Software-Update schloss. Das Update schloss ebenfalls ein paar Löcher, die es einigen – um genau zu sein, ziemlich vielen – iPhone-Besitzern ermöglichte, ihre Telefone aus dem AT&T-Netz zu „befreien" und sie mit anderen Mobilfunkanbietern zu betreiben. (Apple teilte mit, dass 25.000 iPhones nicht bei AT&T registriert worden waren, was bedeutet, dass annähernd 1/6 der verkauften iPhones mit anderen Anbietern benutzt wurden, viele wahrscheinlich in Übersee.)

Das Update machte einige iPhones unbrauchbar, insbesondere solche, die gehackt worden waren. Dies scheint von Apples Seite aus Versehen passiert zu sein, doch das „Abschneiden" so vieler Geräte wurde zu einem PR-Albtraum. Für viele Kommentatoren, Kunden und Blogger war das Apple von seiner schlechtesten Seite: Die ersten und loyalsten Kunden wurden wie Dreck behandelt, ihre Geräte wurden abgeschnitten, weil sie gewagt hatten, daran herumzubasteln.

Die Entwickler-Community war ebenfalls schockiert und verärgert und warf Apple vor, die Gelegenheit, sich auf dem Smartphone-Markt einen

Vorsprung auf Konkurrenten wie Microsoft, Google, Nokia und Symbian zu sichern, in den Sand zu setzen. Um die Gemüter zu beruhigen, verkündete Apple den Plan, das iPhone im Februar 2008 mithilfe eines Software-Entwicklungs-Kits für Drittentwickler zu öffnen.

Die ganze Sache kontrollieren

Jobs' Wunsch, die ganze Sache unter Kontrolle zu halten, gründet sowohl auf Weltanschauung wie auch auf praktischer Erfahrung. Er kontrolliert nicht um der Kontrolle willen. Jobs möchte komplizierte Geräte wie Computer und Smartphones zu Produkten für den Massenmarkt machen, und dazu muss Apple seiner Überzeugung nach den Konsumenten einen Teil der Kontrolle über die Geräte wegnehmen. Der iPod ist ein gutes Beispiel. Die Kompliziertheit eines MP3-Players wird vor dem Kunden verborgen, indem die iTunes-Software und der iTunes-Online-Shop dazwischengeschaltet werden. Die Kunden können zwar keine Musikstücke bei anderen Online-Shops ihrer Wahl kaufen, doch dafür stürzt der iPod nicht ab, wenn man Musik auf ihn überträgt. Das ist der praktische Aspekt. Die enge Integration von Hardware und Software führt zu einem kontrollier- und berechenbareren System. Ein geschlossenes System begrenzt die Auswahl, ist aber dafür stabiler und zuverlässiger. Ein offenes System ist weitaus fragiler und unzuverlässiger – das ist der Preis der Freiheit.

Jobs' Wunsch, geschlossene Systeme zu bauen, kann bis zum allerersten Mac zurückverfolgt werden. In den frühen Tagen des PC waren Computer notorisch unzuverlässig. Ständig stürzten sie ab, froren ein und starteten neu. Die Chancen, Stunden an Arbeit an einem Dokument zu verlieren oder dieses Dokument erfolgreich auszudrucken, hielten sich in etwa die Waage. Das galt für Apple-Computer genauso wie für solche von IBM, Compaq oder Dell.

Eines der größten Probleme waren die Steckplätze, die es den Besitzern erlaubten, ihre Computer aufzurüsten und mit zusätzlicher Hardware wie neuen Grafik- oder Netzwerkkarten, Fax oder Modem auszustatten. Diese Steckplätze waren bei Geschäftsleuten und Elektronikbastlern beliebt, die die Option haben wollten, ihre Rechner anzupassen. Für viele dieser Kunden war das der entscheidende Punkt: Sie wollten Computer, die leicht für ihre Zwecke umgebaut werden konnten. Doch die Steckplätze waren auch dafür verantwortlich, dass die ersten Computer so unzuverlässig wurden. Das Problem war, dass jede zusätzliche Hardware eine eigene Treibersoftware benötigte, damit sie auf dem Betriebssystem des Computers lief. Treibersoftware hilft dem Betriebssystem dabei, die Hardware zu erkennen und Befehle an sie zu senden, jedoch kann sie auch Konflikte mit anderer Software verursachen, was zu Abstürzen führt. Mehr noch, Treiber waren oft schlecht programmiert: Sie waren fehlerhaft und unzuverlässig, besonders in der Anfangszeit.

1984 entschieden Jobs und das Mac-Entwicklungsteam, dass sie mit den Abstürzen und eingefrorenen Bildschirmen Schluss machen wollten. Sie trafen die Entscheidung, dass der Mac keine zusätzlichen Steckplätze haben würde. Wenn er nicht ausgebaut werden könnte, würde er nicht unter Treiberkonflikten leiden. Um sicherzustellen, dass an dem Gerät nicht herumgebastelt wurde, wurde das Gehäuse mit speziellen Schrauben, die nicht mit einem normalen Schraubenzieher geöffnet werden konnten, versiegelt.

Kritiker sahen darin klare Anzeichen für Jobs' Kontrollzwang. Nicht nur, dass sein Rechner nicht ausbaufähig war, nein, er verschloss und versiegelte ihn physisch. Jobs hat damit geprahlt, dass der Mac die „perfekte Maschine" sein würde, und nun stellte er dies sicher. Die Perfektion des Mac würde sogar überleben, nachdem dieser an seine Benutzer ausgeliefert war. Er war verschlossen, um diese vor sich selbst zu schützen: Sie würden es nicht schaffen, ihn zu ruinieren.

Doch er wollte die Benutzer nicht bestrafen; es ging darum, den Mac stabiler und weniger anfällig für Fehler zu machen sowie die Integration der einzelnen Programme miteinander zu ermöglichen. „Das Ziel, das System geschlossen zu halten, sollte das Chaos, das ältere Computer betraf, beenden", sagte Daniel Kottke, ein Jugendfreund von Jobs und zugleich einer von Apples ersten Mitarbeitern.[3]

---

3) Hawn, Carleen: „If He's So Smart . . . Steve Jobs, Apple, and the Limits of Innovation". In: *Fast Company*, Ausgabe 78, Januar 2004, S. 68.

Zusätzlich erlaubte der Mangel an Steckplätzen, dass die Hardware einfacher gestaltet und billiger produziert werden konnte. Der Mac würde ohnehin ein teurer Rechner sein, die Kartensteckplätze zu eliminieren würde ihn ein kleines bisschen billiger machen.

Doch dies sollte sich zu Beginn des schnelllebigen PC-Zeitalters als Fehlentscheidung erweisen. Wie Andy Hertzfeld, der Programmier-Crack im Entwicklungsteam des ersten Mac, erklärte: „Das größte Problem der Macintosh-Hardware war ziemlich offensichtlich: nämlich seine begrenzte Ausbaufähigkeit", schrieb Hertzfeld. „Doch das Problem war nicht unbedingt ein technisches, sondern eher ein strategisches. Wir wollten die Komplexität, die eine unausweichliche Konsequenz der Ausbaufähigkeit gewesen wäre, vermeiden – sowohl im Interesse des Benutzers wie auch des Entwicklers. Jeder Macintosh sollte gleich sein. Das war ein diskutabler Standpunkt, sogar ein ziemlich mutiger, doch leider kein sehr praktischer, denn die Dinge änderten sich in der Computerindustrie zu schnell, als dass es so hätte funktionieren können."[4]

Die Vorteile des Kontrollzwangs: Stabilität, Sicherheit und leichte Bedienung

Heutzutage sind die meisten Apple-Computer ausbaufähig. Die Computer am oberen Ende von Apples Qualitätsscala haben mehrere zusätzliche Steckplätze. Dank neuer Programmiertools und Zertifizierungsprogramme, die rigorose Tests vorschreiben, laufen sowohl Mac- als auch Windows-Treiber heute wesentlich zuverlässiger. Dennoch stehen die Macs noch immer in dem Ruf, viel stabiler als Windows-Computer zu sein.

Moderne Macs bestehen weitgehend aus den gleichen Komponenten wie Windows-PCs. Das Innere ist fast identisch, von den Intel-Prozessorkernen bis zum Arbeitsspeicher. Das Gleiche gilt für Festplatten, Videokarten, PCI-Slots sowie die Chipsätze für USB, WiFi und Bluetooth. Die internen Komponenten der meisten Computer sind austauschbar, egal, ob sie von

---

4) Hertzfeld, Andy: „Mea Culpa". In: Folklore.org. (http://www.folklore.org/StoryView.py?project=Macintosh&story=Mea_Culpa.txt)

Dell, HP oder Apple kommen. Die Folge ist eine wesentlich größere Kompatibilität im Computergeschäft als früher. Viele Peripheriegeräte wie Drucker oder Webcams sind mit beiden Plattformen kompatibel. Microsofts IntelliMouse kann man direkt an den Mac anschließen, und sie funktioniert sofort und ohne Probleme.

Der größte Unterschied zwischen Mac und PC ist heute das Betriebssystem. Apple ist branchenweit der letzte Anbieter, der noch immer seine eigene Software produziert. Dell und HP kaufen Betriebssystem-Lizenzen von Microsoft. Das Problem ist, dass das Betriebssystem von Microsoft Hunderte – vielleicht Tausende – verschiedener Hardware-Komponenten unterstützen muss, die potentiell auf Millionen verschiedene Arten kombiniert werden können. Apple hat es viel einfacher. Apple stellt nur zwei oder drei größere Computer-Produktlinien her, von denen die meisten aus den gleichen Komponenten bestehen. Der Mac Mini, der iMac und das MacBoock sind im Wesentlichen der gleiche Computer in verschiedenen Verpackungen.

Aus dieser Perspektive stellt Windows eine außerordentliche Ingenieurleistung dar. Die Breite und die verschiedenen Anwendungsbereiche der Hardware, auf der es läuft, sind ziemlich beeindruckend. Doch es gibt so viele unbekannte Faktoren, dass keine Hoffnung besteht, jemals den gleichen Grad an Kompatibilität und Stabilität zu erreichen. Microsofts große Initiative, die Hardware kompatibler zu machen – Plug and Play – wurde bald „Plug and Pray" genannt, weil es so viele Kombinationen aus Hardware und Software gab, dass das Resultat unvorhersehbar war.

Apple dagegen muss sich um eine viel kleinere Hardware-Basis kümmern, daher sind die Resultate viel vorhersehbarer. Wenn etwas schiefläuft, muss man außerdem nur ein Unternehmen anrufen. Die Kunden von Dell oder Compaq fürchten den telefonischen Kundendienst wie der Teufel das Weihwasser, weil der Hardware-Hersteller Microsoft und Microsoft wiederum dem Hardware-Hersteller die Schuld in die Schuhe schiebt.

„PlaysForShit". Nehmen Sie beispielsweise Microsofts Musiksystem „PlaysForSure", das 2005 herauskam. Mit der Lizenzierung an Dutzende Online-Musikfirmen und Hersteller tragbarer MP3-Player sollte PlaysForSure den iPod in die Knie zwingen. Es würde zu mehr Wettbewerb und besseren Preisen führen. Das Problem war, dass es unglaublich unzuverlässig war.

Ich habe selbst mehr als eine albtraumhafte Erfahrung damit gemacht. Ich wusste, dass es Probleme gab, aber ich war schockiert darüber, wie schlecht es wirklich funktionierte. 2006 führte Amazon einen Video-Download-Service namens Amazon Unbox ein. Mit Pauken und Trompeten gestartet, versprach der Dienst, Hunderte von Spiel- und Fernsehfilmen auf Abruf bereitzustellen, die man schnell und einfach per Mausklick auf eine PC-Festplatte herunterladen könne. Es wurde versprochen, dass die Videos problemlos auf PlaysForSure-Geräte wie den SanDisk-Player mit 8 GB Speicher, den ich gerade testete, laufen würden.

Genau genommen versprach Amazon nicht, dass seine Videos auf Plays-ForSure-Geräten laufen würden; es wurde behauptet, die Videos *könnten* abspielbar sein. „Wenn ihr Gerät PlaysForSure-kompatibel ist, könnte es funktionieren", war auf der Amazon-Webseite zu lesen. *Könnte* funktionieren? Das war doch ein Witz, oder? Bei PlaysForSure ging es, wie der Name schon sagte, doch gerade darum, dass Mediendateien *sicher* abspielbar waren. Leider funktioniert es nicht. Nach stundenlangem Gefummel, und nachdem ich den Player angeschlossen und wieder getrennt, den PC neu gestartet, die Software neu installiert und das Internet nach Tipps durchsucht hatte, gab ich auf. Für so etwas ist das Leben zu kurz.

Das Problem ist, dass Microsoft die Software für den Computer, aber San-Disk die Software für den Player macht. Im Laufe der Zeit hat Microsoft mehrere Updates seiner PlaysForSure-Software veröffentlicht, die Programmierfehler und Sicherheitslücken korrigierten; doch um die neue Software wirklich nutzen zu können, mussten die SanDisk-Player ebenfalls ein Update erhalten. Dadurch, dass Microsoft und SanDisk ihre Updates koordinieren mussten, gab es einige Male Konflikte und Verzögerungen. Je mehr Unternehmen beteiligt waren, desto mehr Chaos richteten die Probleme an. Microsoft kämpfte damit, Dutzende von Online-Shops sowie Dutzende von Player-Herstellern zu betreuen, die ihrerseits wieder Dutzende verschiedener Modelle anboten. Die Hardware-Firmen hatten Schwierigkeiten, Microsoft zum Beheben der PlaysForSure-Probleme (unter anderem Fehler bei der Übertragung der gekauften Songs und sogar Fehler beim Erkennen der angeschlossenen Player) zu überreden. „Wir können sie nicht überzeugen, die Fehler zu beheben", teilte Anu Kirk, ein Direktor von Real CNet mit.[5]

Außerdem mussten alle Updates vom Benutzer selbst vorgenommen werden, sie mussten diese erst mühsam heraussuchen und installieren.

Apple dagegen konnte die entsprechenden Updates Millionen von iPod-Benutzern schnell und effizient über die iTunes-Software zur Verfügung stellen. Sobald es eine neue Version der iPod-Software gab, nahm diese ein automatisches Update an den iPods vor, sobald sie das nächste Mal an den Computer angeschlossen waren – mit der Zustimmung des Benutzers natürlich. Das war und ist ein hocheffizientes, automatisiertes System. Es gibt nur eine Software und im Wesentlichen ein Gerät, was betreut werden muss (auch wenn es mehrere verschiedene Modelle gibt).

Anfangs gab es eine Menge Kritik an Apples zunehmendem Monopol auf dem Online-Musikmarkt und an der engen Integration zwischen iPod und iTunes. Und obwohl es mich rational stört, an Apples System gebunden zu sein, muss ich feststellen: Es funktioniert wenigstens. Ich benutze seit mehreren Jahren einen iPod, und man vergisst leicht, wie reibungslos das System funktioniert. Nur wenn mit Geräten etwas schiefläuft, nimmt man sie überhaupt wahr. In den Jahren, seit ich einen iPod benutze, hatte ich nie Probleme – keine verlorenen Dateien, keine Synchronisierungsprobleme, keinen leeren Akku und keine kaputte Festplatte.

Stabilität und Benutzererfahrung: das iPhone. Eines der großen Verkaufsargumente für den Mac ist die iLive-Suite: iTunes, iPhoto, Garageband und Ähnliche. Die Anwendungen sind für alltägliche kreative Aktivitäten konzipiert: zum Ablegen und Verwalten digitaler Fotos, zur Herstellung von Amateurfilmen, zum Aufnehmen von Songs für MySpace.

Die iLive-Anwendungen sind ein großer Teil dessen, was den Mac zum Mac macht. Für Windows gibt es nichts Vergleichbares. Steve Jobs hebt dies oft als Alleinstellungsmerkmal hervor. Es ist wie eine exklusive Ver-

---

5) Kim, James: „The Sansa-Rhapsody Connection". In: CNet Reviews, 5. Oktober 2006. (http://reviews.cnet.com/4520-6450_7-6648758-1.html)

sion von Microsoft Office, die es nur für den Mac gibt, mit dem Unterschied, dass es um Spaß, um kreative Projekte, nicht um Arbeit geht.

Ein Verkaufsargument, was für die iLive-Suite spricht, ist, dass die Anwendungen eng integriert sind. Das Foto-Programm, iPhoto, kann auf die gesamte Musikbibliothek von iTunes zurückgreifen, was es leicht macht, einer Dia-Show einen Soundtrack hinzuzufügen. Der HTML-Editor iWeb hat Zugang zu allen iPhoto-Bildern, wodurch man mit nur zwei Klicks Fotos in eine Online-Galerie laden kann. Doch die Integration ist beim Mac nicht auf die iLive-Suite beschränkt. Ein großer Teil von Apples Software ist aufeinander abgestimmt: das Adressbuch mit iCal, iCal mit iSync, iSync mit dem Adressbuch und so weiter. Diesen Grad an Zusammenspiel gibt es nur bei Apple. Die Microsoft Office-Suite ist in ähnlichem Maße integriert, doch bleibt die Integration auf die zum Office-Paket gehörenden Anwendungen beschränkt und erstreckt sich nicht auf das ganze System.

Dieselbe Philosophie der Integration und des Benutzerkomforts gilt auch für das iPhone. Jobs musste eine Menge Kritik dafür einstecken, dass er das iPhone für fremde Entwickler gesperrt hat, doch er tat dies, um Stabilität, Sicherheit und Benutzerkomfort zu garantieren. „Man will nicht, dass das eigene Telefon eine offene Plattform darstellt", erklärte Jobs der *Newsweek*. „Man will, dass es funktioniert, wenn man es braucht. Cingular will schließlich auch nicht, dass deren Westküsten-Netz wegen irgendeiner Anwendung zusammenbricht."[6]

Auch wenn Jobs mit der Behauptung, eine defekte Anwendung könne ein Mobiltelefon-Netz zusammenbrechen lassen, übertreibt – ein einzelnes Telefon kann sie sicher zusammenbrechen lassen. Schauen Sie sich nur an, was der Ansatz der offenen Plattform mit Windows (und, zugegeben, in geringerem Maße auch mit Mac OS X) gemacht hat: Es ist eine Welt der Viren, Trojaner und der Spyware. Was kann man dagegen tun? Das iPhone zum geschlossenen System machen. Jobs geht es nicht um Ästhetik, sondern um Benutzererfahrung. Um die beste Benutzererfahrung sicherzustellen, müssen Software, Hardware und Online-Dienste eng integriert sein. Einige sehen dies nur als Abriegelung, für Jobs dagegen macht dies

---

6) Levy, Steven: „Apple Computer Is Dead; Long Live Apple". In: *Newsweek*. 10. Januar 2007. (http://www.newsweek.com/id/52593)

den Unterschied zwischen dem Komfort des iPhones und der Qual eines verwirrenden No-Name-Handys aus. Ich würde das iPhone wählen. Weil Apple das ganze System kontrolliert, kann es eine größere Stabilität, eine größere Integration und schnellere Innovation anbieten.

Ein Gerät wird immer gut funktionieren, wenn seine Bestandteile gut zusammenarbeiten, und es ist leichter, neue Funktionen hinzuzufügen, wenn alle Teile eines Systems unter demselben Dach entwickelt wurden. Samsungs Fernsehgeräte stürzen nicht ab, weil Samsung sich sowohl um die Software als auch um die Hardware kümmert. TiVo tut dasselbe.

Selbstverständlich ist Apples iPhone-/iPod-/iTunes-System nicht perfekt. Es stürzt ebenfalls manchmal ab, friert ein und verliert Dateien. Die Integration der Apple-Anwendungen bietet eine Menge Vorteile, führt aber zugleich dazu, dass Apple sich manchmal zu sehr auf sich selbst konzentriert, wenn ein neuer, besserer Anbieter auf den Markt kommt. Viele Leute halten Flickr beim Hochladen und Austauschen von Fotos für die insgesamt komfortablere Anwendung, jedoch benötigt man ein Plug-in eines Fremdanbieters, um das Hochladen von Fotos so einfach zu gestalten, wie dies bei Apples Webangeboten der Fall ist. Macs können immer noch abstürzen und Peripheriegeräte nicht erkennen – normalerweise ist ihre Stabilität und Kompatibilität jedoch besser als die von Windows. Und das alles dank Jobs' Kontrollzwang.

Der System-Ansatz

Jobs' Verlangen, das ganze System zu kontrollieren, hatte eine unerwartete Folge, die Apple zu einem fundamental neuen Produktentwicklungsprozess führte. Anstatt einzelne Computer und sonstige Geräte zu produzieren, stellt Apple heute komplette Geschäftssysteme her.

Zum ersten Mal warf Jobs bei der Entwicklung von iMovie 2 im Jahr 2000 sein Auge auf den Systemansatz. Das Programm war eine der ersten benutzerfreundlichen Videobearbeitungsanwendungen auf dem Markt. Mithilfe dieser Software konnten die Leute aus den Filmaufnahmen ihres Camcorders fertige Filme mit Schnitten, Überblendungen, Soundtrack und Abspann machen. Mit den Folgeversionen konnten die Filme dann

auch ins Internet gestellt oder auf DVD gebrannt werden, um sie der Groß-
mutter vorzuführen.

Jobs war entzückt von der Software – er liebt digitale Videos –, doch rasch
wurde ihm klar, dass die Magie, die von iMovie ausging, nicht nur durch
die Software hervorgerufen wurde. Um richtig zu funktionieren, musste
diese in Verbindung mit mehreren anderen Komponenten verwendet
werden: einer schnellen Plug-and-Play-Verbindung zum Camcorder, einem Betriebssystem, das die Kamera erkannte und automatisch eine Verbindung herstellte, sowie einer ganzen Reihe von im Hintergrund laufenden Multimedia-Tools, die Videocodes und Echtzeiteffekte bereitstellten
(QuickTime). Jobs fiel auf, dass es nicht mehr viele Unternehmen in der
Computerbranche gab, die all diese Elemente zur Verfügung stellten.

„Wir bemerkten, dass Apple wie geschaffen dafür war, weil wir das letzte
Unternehmen der Branche waren, das alle Komponenten unter einem
Dach hatte", sagte Jobs bei der Macworld 2001. „Wir halten das für eine
große Stärke, und bei iMovie bemerkten wir, dass diese den Wert eines digitalen Geräts wie einem Camcorder verzehnfachen kann. Dadurch ist es
zehnmal mehr wert."

Nach der Auslieferung von iMovie wandte Jobs seine Aufmerksamkeit der
digitalen Musik zu und schmiedete damit den größten Durchbruch seiner
Karriere, denn das beste Beispiel für Jobs' neuen Systemansatz ist der
iPod, der nicht nur einen MP3-Player, sondern eine Kombination aus Gerät, Computer, iTunes-Software und Online-Musikgeschäft ist.

„Ich denke, die Definition von ‚Produkt' hat sich im Laufe der Jahrzehnte
geändert", sagte Tony Fadell, der stellvertretende Leiter der iPod-Abteilung, der seinerzeit die Hardware-Entwicklung des ersten iPod betreute.
„Das Produkt besteht heute aus dem iTunes-Online-Shop, iTunes, dem
iPod und der Software, die auf dem iPod läuft. Viele Unternehmen haben
keine Kontrolle über alle Bestandteile, oder sie haben nicht die kooperati-
ven Abläufe, um ein wirkliches System zu schaffen. Unser Vorteil ist wirklich das System."[7]

---

7) Grossman, Lev: „How Apple Does It". In: *Time,* 16. Oktober 2005. (http://www.time.com/
time/magazine/article/0,9171,1118384,00.html)

Im Anfangsstadium des iPods erwarteten viele, dass Apple bald von Konkurrenten überholt werden würde. Ständig rief die Presse neue „iPod-Killer" aus. Doch bis zum Erscheinen von Microsofts Zune gab es keine anderen Geräte, die mehr waren als einfach nur Player. Apples Konkurrenten konzentrierten sich auf das Gerät, nicht auf die Software und die Dienste, die es begleiteten.

Apples früherer Hardware-Chef, Jon Rubinstein, unter dessen Leitung die erste Generation des iPods entstand, ist skeptisch, dass irgendein Mitbewerber in nächster Zeit den iPod überholen kann. Einige Kritiker hatten den iPod mit Sonys Walkman verglichen, der am Ende durch billigere Nachahmer verdrängt wurde. Doch Rubinstein hält es für unwahrscheinlich, dass es dem iPod genauso ergehen wird. „Der iPod ist erheblich schwieriger zu kopieren, als es der Walkman war", sagte er. „Er enthält einen ganzen Kosmos verschiedener Elemente, die aufeinander abgestimmt sind: Hardware, Software und unser iTunes Music Store im Internet."[8]

Heute sind die meisten Apple-Produkte genau solche Kombination aus Hardware, Software und Onlinediensten. AppleTV, das Computer per WiFi mit dem Fernseher verbindet, ist ein weiteres Kombi-Produkt: Es besteht aus dem Kasten, der an den Fernseher angeschlossen wird, der Software, die eine Verbindung zu anderen Computern im Haus herstellt – sowohl zu Mac- als auch zu Windows-Rechnern – sowie der iTunes-Software nebst Online-Shop zum Kaufen und Herunterladen von Fernsehshows und Spielfilmen. Zum iPhone gehören neben dem Telefon selbst die iTunes-Software, die es mit dem Computer synchronisiert, sowie Netzwerkdienste wie Visual Voicemail, die das Abrufen von Nachrichten erleichtern.

Mehrere von Apples iLive-Anwendungen nutzen das Internet. Apples Foto-Software iPhoto kann Bilder über einen Mechanismus namens „photocasting" ins Internet stellen sowie Abzüge und Fotoalben online bestellen. iMovie hat eine Exportfunktion, um Filme auf Homepages einzustellen, Apples Backup-Programm kann wichtige Daten online speichern und iSync benutzt das Netz, um Kalender und Kontaktinformationen verschie-

---

8) Oswald, Ed: „iPod Chief Not Excited About iTunes Phone". In: *BetaNews*, 27. September 2005. (http://www.betanews.com/amcle/iPod_Chief_Not_Excited_About_iTunes_Phone/ 1127851994?do=reply&reply_to=91676)

dener Computer zu synchronisieren. Sicher, nichts davon für sich genommen gibt es nur bei Apple, doch kaum ein anderes Unternehmen hat das Hardware, Software und Dienste einschließende Integrationsmodell so umfassend und effektiv umgesetzt.

Die Rückkehr der vertikalen Integration

Mittlerweile fangen Apples Konkurrenten ebenfalls an, die Vorteile der vertikalen Integration oder des System-Ansatzes zu verstehen. Im August 2006 übernahm Nokia Loudeye, ein Musiklizenzierungsunternehmen, das mehrere Online-Musikshops für andere Unternehmen aufbaute. Nokia kaufte Loudeye, um seinen eigenen iTunes-Dienst für seine Multimedia-Handys anzukurbeln.

2006 taten sich RealNetworks und SanDisk, der zweitgrößte Hersteller nach Apple in den Vereinigten Staaten, zusammen, um ihre Hardware- und Software-Angebote à la iPod miteinander zu verknüpfen. Sie ließen den Zwischenschritt – Microsofts PlaysForSure – einfach weg und entschieden sich, das Real-Programm Helix, das eine engere Integration versprach, zur digitalen Rechteverwaltung zu verwenden.

Sony, das Jahrzehnte an Erfahrung im Hardware-, aber wenig bis keine Erfahrung im Software-Bereich hat, hat in Kalifornien eine Software-Gruppe aufgebaut, die die Software-Entwicklung quer durch all die verschiedenen Produktgruppen des Riesen koordinieren soll.

Diese Gruppe wird von Tim Schaff geleitet, einem früheren Apple-Vorstand, der zu Sonys „Software-Zar" gekrönt wurde. Schaff wurde vor die Aufgabe gestellt, eine einheitliche, wiedererkennbare Software-Plattform für die zahlreichen Sony-Produkte zu schaffen. Er wird auch versuchen, die Zusammenarbeit zwischen den verschiedenen Produktgruppen, von denen jede bisher in ihrer eigenen Welt arbeitet, zu fördern. Bei Sony gab es in der Vergangenheit wenig wechselseitige Beeinflussung zwischen den einzelnen Produktgruppen, vieles wird doppelt gemacht und nur wenig untereinander ausgetauscht.

Sir Howard Stringer, der erste nichtjapanische CEO von Sony, strukturierte das Unternehmen um und ermöglichte Schaffs Software-Entwicklungs-Gruppe, diese Probleme anzugehen. „Es steht außer Zweifel, dass der iPod ein Weckruf für Sony war", sagte Sir Howard in der CBS-Sendung *60 Minutes*. „Uns wurde bewusst, dass Steve Jobs es in Sachen Software klüger angestellt hatte als wir."

Besonders bedeutsam aber war, dass Microsoft sein eigenes PlaysForSure-System zugunsten des Zune, einer Kombination aus Player, digitaler Jukebox und Onlinestore, aufgab.

Auch wenn Microsoft versprochen hat, den Support für PlaysForSure weiterzuführen, zeigt die Entscheidung für das neue, vertikal integrierte Zune-Musiksystem deutlich, dass der horizontale Ansatz gescheitert ist.

Zune und Xbox

Der Zune ist in Microsofts Entertainment & Devices-Abteilung entstanden, einer einzigartigen Hardware- und Software-Werkstatt, die der Technik-Journalist Walt Mossberg als „kleines Apple" innerhalb von Microsoft beschrieben hat.[9] Die von Robbie Bach, einem Microsoft-Veteranen, der sich emporgearbeitet hat, geleitete Abteilung ist für die Zune-Player sowie für die Xbox-Spielekonsolen verantwortlich. Wie Apple entwickelt sie ihre eigene Hardware und Software und betreibt die Online-Stores und Community-Dienste, die an die Geräte angebunden sind. Im Frühjahr 2007 enthüllte die Abteilung ein neues Produkt: eine interaktive Touchscreen-Tischplatte namens Surface.

Die Abteilung hat Sony und Nintendo sowie Apple im Blick und verfolgt eine Strategie, die sie „integrierte Unterhaltung" nennt – laut Microsofts Website handelt es sich dabei um „neue und fesselnde Marken-Unterhaltungserlebnisse über die Grenzen von Musik, Spielen, Videos und mobiler Kommunikation hinweg".

---

9) Mossberg, Walt: „Hardware and Software – The Lines Are Blurring". In: *All Things Digital*, 30. April 2007. (http://mossblog.alkhingsd.com/20070430/hardware-software-success/)

„Man soll zu seinen Medien – egal, ob es sich um Musik, Videos, Fotos, Spiele oder um etwas anderes handelt – immer Zugang haben, wo auch immer man ist und welches Gerät man auch benutzt – den PC, die Xbox, den Zune, das Handy; alles funktioniert überall", sagte Bach dem *San Francisco Chronicle*. „Um das zu erreichen, hat Microsoft Kapazitäten aus dem gesamten Unternehmen in dieser Abteilung zusammengezogen. (...) Wir arbeiten auf den einzelnen Gebieten – Video, Musik, Spiele und Mobilfunk – und versuchen zugleich, all diese Dinge auf schlüssige, logische Weise zusammenzuführen."[10]

Doch damit das auf schlüssige, logische Weise funktioniert, muss ein Unternehmen alle Komponenten kontrollieren. Im Technologie-Jargon nennt man das „vertikale Integration".

Als der *Chronicle* Bach bat, die Ansätze von Apple und Microsoft im Bereich der Endverbrauchergeräte – horizontale gegenüber vertikale Integration – zu vergleichen, druckste Bach ein wenig herum, um dann die Stärke des Ansatzes seiner Konkurrenz anzuerkennen. „Auf einigen Märkten kommen die Vorteile von Wahlmöglichkeiten und Umfang erfolgreich zum Tragen. Auf der anderen Seite gibt es Märkte, auf denen die Leute wirklich nach der Benutzerfreundlichkeit einer vertikal integrierten Lösung suchen. Was Apple mit seinem iPod gezeigt hat, ist, dass eine vertikal integrierte Lösung auf dem Massenmarkt Erfolg haben kann." Bach gab zu, dass seine Abteilung Apples Modell der vertikalen Integration übernommen hat: Hardware, Software und Onlinedienste werden aufeinander abgestimmt. „Der Markt machte deutlich, dass die Verbraucher genau das wollen", sagte er.

Was Verbraucher wollen

Heutzutage sprechen Technologieunternehmen zunehmend weniger von Produkten und stattdessen von „Lösungen" oder „Kundenerfahrungen". Microsofts Pressemitteilung, in der der Zune-Player angekündigt wurde,

---

10) Post, Dan, Ryan Kim: „Getting in the game at Microsoft. Robbie Bach's job is to make software giant's entertainment division profitable". In: *San Francisco Chronicle*, 28. Mai, 2007. (http://www.sfgate.com/cgi-bin/article.cgi?f=/c/a/2007/05/28/MICROSOFT.TMP)

enthielt die Überschrift: „Microsoft wird die Zune-Erfahrung am 14. November in die Hände der Verbraucher legen." Die Mitteilung betonte nicht den Player selbst, sondern die nahtlose Kundenerfahrung einschließlich der Möglichkeit, sich mithilfe der WiFi-Schnittstelle des Zune online und offline mit anderen Musikliebhabern in Verbindung zu setzen. Der Zune sei „eine komplette Lösung für die integrierte Unterhaltung", sagte Microsoft.

Das Marktforschungsunternehmen Forrester Research publizierte im Dezember 2005 eine Untersuchung mit dem Thema: „Verkaufen Sie digitale Erfahrungen, keine Produkte." Forrester wies darauf hin, dass die Konsumenten ein Vermögen für teure neue Spielzeuge wie große, hochauflösende Fernseher ausgaben, jedoch anschließend keine Dienste oder Inhalte kauften, die sie zum Leben erweckten, wie hochauflösendes Kabelfernsehen. Die Firma empfahl: „Um diese Lücke zu schließen, müssen die digitalen Branchen aufhören, einzelne Geräte und Dienste anzubieten, und anfangen, digitale Erfahrungen zu liefern – integrierte Produkte und Dienste, die von Anfang bis Ende von einer einzigen Anwendung gesteuert werden."[11] Kommt Ihnen das bekannt vor?

Bei einem speziellen Presse-Event im September 2007 in San Francisco sprang Steve Jobs mit einem breiten Grinsen auf die Bühne, um den iPod Touch vorzustellen: den ersten berührungsempfindlichen iPod. Während der 90-minütigen Präsentation enthüllte Jobs eine Fülle von Weihnachts-Leckerbissen, unter anderem eine völlig umgearbeitete iPod-Linie sowie einen WiFi-Musikladen, der bald in Tausende von Starbucks-Filialen Einzug halten sollte.

Den Branchenanalysten Tim Bajarin, Chef von Creative Strategies, der die Hightech-Branche schon seit Jahrzehnten beobachtet und schon so ziemlich alles gesehen hat, haut so schnell nichts um. Und dennoch, als Jobs nach seiner Präsentation im Gang stand und mit Journalisten sprach, schüttelte Bajarin ungläubig den Kopf. Er zählte die Neuheiten, eine nach der anderen, auf – neue iPods, der WiFi-Musikladen, die Starbucks-Part-

---

11) Schadler, Ted: „Sell digital experiences, not products. Solution boutiques will help consumers buy digital experiences". In: *Forrester Research*, 20. Dezember 2005. (http://www.forrester.com/Research/ Document/Excerpt/0,7211,38277,00.html)

nerschaft – und stellte fest, dass Apple in allen Bereichen und in jedem Preissegment unschlagbare Geräte im Angebot hatte und dazu ein umfassendes Medienvertriebssystem. „Ich weiß nicht, wie Microsoft und der Zune da mithalten wollen", sagte er. „Das Industriedesign, die Preisgestaltung, die neue Maßstäbe setzt, die Innovation, WiFi." Nun schüttelte er noch entschiedener den Kopf. „Es ist nicht nur Microsoft. Wen gibt es sonst, der damit konkurrieren kann?"

In den 30 Jahren seit der Apple-Gründung ist Jobs sich auf bemerkenswerte Weise treu geblieben. Die Forderung nach Exzellenz, das Streben nach großartigem Design, der Vermarktungsinstinkt, das Bestehen auf Bedienkomfort und Kompatibilität, all das ist von Anfang an da gewesen. Nur, dass dies die richtigen Instinkte zur falschen Zeit waren.

In der Anfangszeit der Computerindustrie – der Ära der Großrechner und zentralisierten Datenverarbeitung – war vertikale Integration das Gebot der Stunde. Die Giganten des Großrechnergeschäfts, IBM, Honeywell und Burroughs, sandten Armeen von Beratern mit Schlips und Kragen aus, die die Systeme entwickelten, entwarfen und bauten. Sie bauten IBM-Hardware und installierten IBM-Software und betrieben, unterhielten und warteten das System im Auftrag des Kunden. Für die technophoben Unternehmen der sechziger und siebziger Jahre war vertikale Integration genau das Richtige, doch sie hatte zur Folge, dass man an das System eines Herstellers gebunden war.

Doch dann reifte die Computerindustrie heran und diversifizierte sich. Die Unternehmen begannen sich zu spezialisieren. Intel und National Semiconductor produzierten Chips, Compaq und HP bauten Computer und Microsoft stellte die Software bereit. Die Branche wuchs, was den Wettbewerb ankurbelte und zu einer größeren Auswahl sowie ständig fallenden Preisen führte. Die Kunden konnten sich ihre Hardware und Software aus den Angeboten verschiedener Unternehmen auswählen. Sie betrieben Datenbanken von Oracle auf Hardware von IBM.

Nur Apple blieb bei seiner ganzheitlichen Strategie. Apple war der letzte vertikal integrierte Computerhersteller. Alle übrigen Unternehmen, die sowohl Hardware als auch Software produziert hatten – Commodore, Amiga und Olivetti – sind längst verschwunden.

Damals gab die Kontrolle über das ganze System Apple zwar einen Vorteil in Bezug auf die Stabilität und den Bedienkomfort, dieser wurde jedoch bald durch die Skaleneffekte, die sich mit der Kommodifizierung der PC-Industrie einstellten, zunichte gemacht. Preis und Leistung wurden wichtiger als Integration und Benutzerfreundlichkeit, und Apple stand in den späten neunziger Jahren, als Microsoft an Dominanz gewann, kurz vor dem Aus.

Doch die PC-Branche ändert sich. Wir stehen am Beginn eines neuen Zeitalters, das das Potenzial hat, die produktive Ära der vergangenen 30 Jahre in den Schatten zu stellen. Das Zeitalter der digitalen Unterhaltung ist angebrochen. es ist durch Apparate und Kommunikationsgeräte gekennzeichnet, die kleine PC-Ableger sind: Smartphones und Video-Player, Digitalkameras, Set-Top-Boxen und Spielekonsolen mit Internetanschluss.

Die Experten sind besessen von der alten Arbeitsplatz-Schlacht Apple gegen Microsoft. Doch Jobs hat schon vor zehn Jahren gegenüber Microsoft nachgegeben. „Der Ursprung von Apple war, Computer für Menschen, nicht für Unternehmen zu bauen", sagte Jobs gegenüber dem *Time Magazine*. „Die Welt benötigt kein weiteres Dell oder Compaq."[12] Jobs hat seine Augen auf den explodierenden Markt der digitalen Unterhaltung gerichtet – und der iPod, das iPhone und AppleTV sind Geräte der digitalen Unterhaltung. Auf diesem Markt wollen Verbraucher Geräte, die gut konzipiert und leicht zu benutzen sind und reibungslos laufen. Heute müssen sich Hardware-Unternehmen mit Software beschäftigen und umgekehrt.

Weil sie nicht das ganze System kontrollierten, hat es kein anderes Unternehmen geschafft, einen iPod-Killer zu bauen. Die meisten Rivalen konzentrieren sich auf die Hardware – das Gerät –, doch das Erfolgsgeheimnis ist das nahtlose Zusammenspiel von Hardware, Software und Diensten.

Heute besitzt auch Microsoft zwei komplette Produktsysteme – die Xbox und Zune –, und die Verbraucherelektronik-Branche drängt verstärkt ins Software-Geschäft. Jobs ist beständig geblieben, während sich die Welt um ihn herum verändert hat. „Die Zeiten haben sich unglaublich geän-

---

12) Krantz, Michael und Steve Jobs: „Steve Jobs at 44". In: *Time,* 10. Oktober 1999.

dert", sagte Walt Mossberg. „Heute, wo die Computer, das Internet und die Verbraucherelektronik verschmelzen und ineinander übergehen, sieht Apple mehr wie ein Rollenmodell als etwas, das man bemitleiden sollte, aus."[13] Die Dinge, die Jobs wichtig sind – Design, Benutzerfreundlichkeit, gute Werbung – sind genau das, was in der neuen Computerindustrie im Fokus steht.

„Apple ist das einzige Unternehmen in der Branche, das nie aufgehört hat, das ganze System zu gestalten", sagte Jobs dem *Time Magazine*. „Hardware, Software, Zielgruppenkontakte und Marketing. Meiner Meinung nach zeigt sich, dass dies Apples größter strategischer Vorteil ist. Als wir noch kein übergreifendes Konzept hatten, sah dies nach einem gewaltigen Defizit aus. Doch mit einem Konzept besteht darin der Kern von Apples strategischem Vorsprung, zumindest wenn man glaubt, dass es in dieser Branche noch Raum für Innovationen gibt (ich glaube daran), denn bei Apple gehen Innovationen schneller als irgendwo sonst."[14]

Jobs war seiner Zeit um 30 Jahre voraus. Die Werte, die er dem frühen PC-Markt anbot – Design, Marketing, Benutzerfreundlichkeit –, waren damals die falschen. Das Wachstum des frühen PC-Markts kam aus den Verkäufen an Unternehmen, denen der Preis wichtiger als die Eleganz, die Standardisierung wichtiger als die Benutzerfreundlichkeit war. Doch heute werden die Wachstumsmärkte von der digitalen Unterhaltung sowie den privaten Verbrauchern, die digitale Unterhaltung, Kommunikation und Kreativität wollen, regiert – drei Gebiete, auf denen Jobs stark ist. „Das Großartige ist, dass Apples DNA sich nicht geändert hat", sagte Jobs. „Apple befindet sich seit 20 Jahren an einem Punkt, wo die Märkte für Computertechnologie und Unterhaltungselektronik zusammenfließen. Es ist also nicht so, dass wir den Fluss überqueren müssen, um irgendwohin zu gelangen, das andere Ufer des Flusses kommt stattdessen zu uns."[15]

Auf einem Endverbrauchermarkt sind Design, Zuverlässigkeit, Einfachheit, gute Vermarktung und elegante Verpackung Schlüsselwerte. Wir

---

13) Mossberg, Walt: „Hardware and Software — -The Lines Are Blurring". In: *All Things Digital,* 30. April 2007. (http://mossblog.alkhingsd.com/20070430/hardware-software-success/)
14) Krantz, Michael und Steve Jobs: "Steve Jobs at 44". In: *Time,* 10. Oktober 1999.
15) Schlender, Brent: „How Big Can Apple Get? ". In: *Fortune,* 21. Februar 2005.

kommen so also zum Ausgangspunkt zurück – das Unternehmen, das alles das macht, ist in der besten Ausgangsposition.

„Es ist offenbar eine ganz ungewöhnliche Kombination aus Technologien, Talent, Geschäftssinn, Marketing und Glück nötig, um in unserer Branche signifikante Änderungen zu bewirken", sagte Steve Jobs 1994 gegenüber dem *Rolling Stone*. „Das gab es nicht sehr oft."

Danksagungen

Vielen Dank für die Hilfe und Unterstützung von allen, die mir ihre Zeit für Interviews zur Verfügung stellten, ihr Wissen und ihre Geschichten beitrugen und mir ihre Ermutigung und Unterstützung zuteil werden ließen. Zu diesen Personen gehören ohne Anspruch auf Vollständigkeit: Gordon Bell, Warren Berger, Robert Brunner, Vinnie Chieco, Traci Dauphin, Seth Godin, Evan Hansen, Nobuyuki Hayashi, Peter Hoddie, Guy Kawasaki, John Maeda, Geoffrey Moore, Bill Moggridge, Pete Mortensen, Don Norman, Jim Oliver, Cordell Ratzlaff, Jon Rubinstein, John Sculley, Adrienne Schultz, Dag Spicer, Patrick Whitney sowie andere Quellen, die nicht namentlich erwähnt werden möchten.

Besonderer Dank geht an Ted Weinstein, der dieses Buch angeregt und mich kontinuierlich ermutigt hat.

Index

243

Karin Kneissl
Die Energiepoker
Wie Erdöl und Erdgas
die Weltwirtschaft
beeinflussen

Daniel Nissanoff
Future Shop
Konsumgesellschaft
im Wandel

Michael Brückner
**Uhren als
Kapitalanlage**
Status, Luxus,
lukrative Investition

ISBN 978-3-89879-187-8
Preis 29,90 Euro (D),
30,80 Euro (A), sFr. 49,90
248 Seiten

ISBN 978-3-89879-259-2
Preis 29,90 Euro (D),
30,80 Euro (A), sFr. 49,90
248 Seiten

ISBN 978-3-89879-152-6
Preis 34,90 Euro (D),
35,90 Euro (A), sFr. 59,00
294 Seiten

Adrian Gostick
Chester Elton
**Zuckerbrot statt
Peitsche**
Wie man mit einer täg-
lichen Dosis Anerken-
nung sein Unternehmen
nach vorn bringt
ISBN 978-3-89879-374-2
Preis 34,90 Euro (D),
35,90 Euro (A), sFr. 59,00
234 Seiten

Bernard Baumohl
**Die Geheimnisse
der Wirtschafts-
indikatoren**
Von den Anfängen der
Finanzmeile bis zum
Untergang Enrons
ISBN 978-3-89879-261-5
Preis 34,90 Euro (D),
35,90 Euro (A), sFr. 59,00
407 Seiten

Steffen Klusmann (Hrsg.)
**Die 101 Haudegen
der deutschen
Wirtschaft**
Köpfe, Karrieren und
Konzepte
ISBN 978-3-89879-186-1
Preis 29,90 Euro (D),
30,80 Euro (A), sFr. 49,90
471 Seiten